U0378207

第 2 章

图像文件基本操作

Photoshop 在绘图和图像处理方面都发挥着很大的作用，用户使用 Photoshop 进行绘画创作或图像编辑之前，首先要掌握 Photoshop 基本的编辑操作，如新建文件、保存文件、应用辅助工具、设置颜色、图层应用等基本操作。本章主要介绍图像文件基本编辑操作。

本章重点
◎ 文件操作　　　　　　　　　◎ 设置绘图颜色
◎ 图像和画布尺寸的调整　　　◎ 图层的基本操作

二维码教学视频

【例 2-1】 设置新建图像文件	【例 2-7】 创建调整图层
【例 2-2】 打开已有的图像文件	【例 2-8】 对齐、分布图层
【例 2-3】 存储图像文件	【例 2-9】 链接图层
【例 2-4】 更改图像文件大小	【例 2-10】 创建嵌套图层组
【例 2-5】 更改画布大小	【例 2-11】 从图层新建画板
【例 2-6】 创建新色板	本章其他视频参见视频二维码列表

①

②

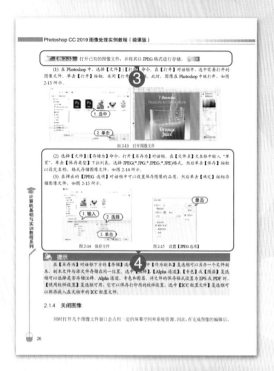

【例 2-3】 打开已有的图像文件，并将其以 JPEG 格式进行存储。

(1) 在 Photoshop 中，选择【文件】命令，在【打开】对话框中，选中需要打开的图像文件，单击【打开】按钮，关闭【打开】对话框，此时，图像在 Photoshop 中被打开，如图 2-13 所示。

图 2-13　打开图像文件

(2) 选择【文件】|【存储为】命令，打开【另存为】对话框，在【文件名】文本框中输入"单页"，单击【保存类型】下拉列表，选择 JPEG(*.JPG;*.JPEG;*.JPE)格式，然后单击【保存】按钮，以设定名称，格式和存储位置保存文件，如图 2-14 所示。

(3) 在弹出的【JPEG 选项】对话框中可以设置保存图像的品质，然后单击【确定】按钮存储图像文件，如图 2-15 所示。

图 2-14　保存文件　　　　　　　　　图 2-15　设置【JPEG 选项】

④

提示
在【另存为】对话框下方的【保存】选项中，选中【作为副本】复选框可以另存为一个文件副本，副本文件与源文件存储在同一位置。选中【Alpha 通道】、【专色】和【图层】复选框可以保留是否存储注释、Alpha 通道、专色和图层，将文件的保存格式设置为 EPS 或 PDF 时，【使用校样设置】复选框可用，它可以保存扔用的校样设置；选中【ICC 配置文件】复选框可以保存嵌入在文档中的 ICC 配置文件。

2.1.4 关闭图像

同时打开几个图像文件窗口会占用一定的屏幕空间和系统资源，因此，在完成图像的编辑后，

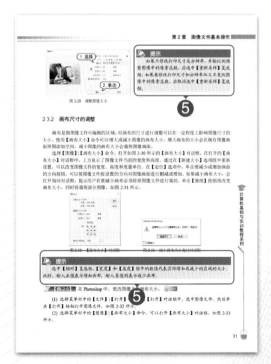

提示
如果只修改打印尺寸或分辨率，并按比例调整图像中的像素总数，应选中【重新采样】复选框；如果要修改打印尺寸而不分辨率并且又不更改图像中的像素总数，应取消选中【重新采样】复选框。

图 2-29　调整图像大小

⑤

2.3.2 画布尺寸的调整

画布是指图像文件可编辑的区域，对画布的尺寸进行调整可以在一定程度上影响图像尺寸的大小。使用【画布大小】命令可以增大或减小图像的画布大小。增大画布的大小会在现有图像周围图像添加空间，减小图像的画布大小会裁剪图像画面。

选择【图像】|【画布大小】命令，打开如图 2-30 所示的【画布大小】对话框。在打开的【画布大小】对话框中，上方显示了图像文件当前的宽度和高度。通过在【新建大小】选项组中重新设置，可以改变图像文件的宽度、高度和度量单位。在【定位】选项中，单击要增加或减少画布添加的向按钮，可以指定图像文件按设置的方向对图像画布进行剪或增加。如果减小画布大小，会打开询问对话框，提示用户若要减小画布必须得剪裁原图像文件进行裁剪。单击【继续】按钮将改变画布大小，同时将裁剪部分图像，如图 2-31 所示。

图 2-29　画布大小　　　　　　　　図 2-31　减小画布大小询问对话框

提示
选中【相对】复选框，【宽度】和【高度】框中的数值代表实际增加或减少的区域的大小。此时，输入正值表示增加画布，输入负值则表示减少画布。

【例 2-4】 在 Photoshop 中，更改图像文件的画布大小。

(1) 选择菜单栏中的【文件】|【打开】命令，在【打开】对话框中，选中图像文件，然后单击【打开】按钮打开图像文件，如图 2-32 所示。

(2) 选择菜单栏中的【图像】|【画布大小】命令，可以打开【画布大小】对话框，如图 2-33 所示。

⑤

---

① 导读与重点：
以言简意赅的语言表述本章介绍的主要内容和教学重点。

② 教学视频：
列出本章有同步教学视频的操作案例，让读者随时扫码学习。

③ 实例概述：
简要描述实例内容，同时让读者明确该实例是否附带教学视频。

④ 操作步骤：
图文并茂，详略得当，让读者对实例操作过程轻松上手。

⑤ 技巧提示：
讲述软件操作在实际应用中的技巧，让读者少走弯路、事半功倍。

[配套资源使用说明]

▶▶ 观看二维码教学视频的操作方法

　　本套丛书提供书中实例操作的二维码教学视频，读者可以使用手机微信中的"扫一扫"功能，扫描本书前言中的"扫一扫，看视频"二维码图标，即可打开本书对应的同步教学视频界面。

▶▶ 推送配套资源到邮箱的操作方法

　　本套丛书提供扫码推送配套资源到邮箱的功能，读者可以使用手机微信中的"扫一扫"功能，扫描本书前言中的"扫码推送配套资源到邮箱"二维码图标，即可快速下载图书配套的相关资源文件。

制作相册模板

制作CD封套

制作立体包装效果

制作极简风格登录界面

制作网站导航页

制作家具画册

制作汽车展示海报

制作汽车服务广告

制作促销广告横幅版式

制作网页广告

制作化妆品广告

制作开学有礼广告

制作水墨版式

制作立体文字广告

制作运动健身APP界面

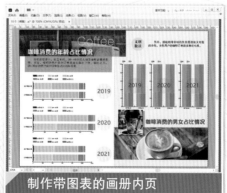

制作带图表的画册内页

计算机基础与实训教材系列

Illustrator 2020平面设计实例教程(微课版)

黄俊萍 编著

清华大学出版社
北京

内 容 简 介

本书由浅入深、循序渐进地介绍了矢量图形创作软件 Illustrator 2020 的操作方法和使用技巧。全书共分 11 章，分别为初识 Illustrator 2020、文档基础操作、绘制简单图稿对象、图稿填充与描边、绘制复杂图稿对象、变换图稿对象、编辑图稿对象、管理图稿对象、应用文本操作、制作图表、Illustrator 滤镜与效果。

本书内容丰富、结构清晰、语言简练、图文并茂，具有很强的实用性和可操作性，适合作为高等院校相关专业的教材，也可作为广大初、中级计算机用户的自学参考书。

本书对应的电子课件、实例源文件和习题答案可以到 http://www.tupwk.com.cn/edu 网站下载，也可以通过扫描前言中的二维码下载，读者扫描前言中的教学视频二维码可以观看学习视频。

图书在版编目(CIP)数据

Illustrator 2020 平面设计实例教程：微课版 / 黄俊萍编著. —北京：清华大学出版社，2022.4

计算机基础与实训教材系列

ISBN 978-7-302-60350-4

I. ①I… II. ①黄… III. ①平面设计－图形软件－教材 IV. ①TP391.412

中国版本图书馆 CIP 数据核字(2022)第 042225 号

责任编辑： 胡辰浩
封面设计： 高娟妮
版式设计： 妙思品位
责任校对： 成凤进
责任印制： 杨 艳

出版发行： 清华大学出版社

网 址：http://www.tup.com.cn，http://www.wqbook.com

地 址：北京清华大学学研大厦 A 座 邮 编：100084

社 总 机：010-83470000 邮 购：010-62786544

投稿与读者服务：010-62776969，c-service@tup.tsinghua.edu.cn

质 量 反 馈：010-62772015，zhiliang@tup.tsinghua.edu.cn

印 装 者： 小森印刷霸州有限公司

经 销： 全国新华书店

开 本： 190mm×260mm **印 张：** 18.75 **插 页：** 2 **字 数：** 506 千字

版 次： 2022 年 6 月第 1 版 **印 次：** 2022 年 6 月第 1 次印刷

定 价： 79.00 元

产品编号：093091-01

本书是"计算机基础与实训教材系列"丛书中的一种。本书从教学实际需求出发，合理安排知识结构，由浅入深、循序渐进地讲解 Illustrator 2020 的基本知识和使用方法。全书共分 11 章，主要内容如下。

第 1、2 章介绍 Illustrator 2020 工作界面的设置和文档基础操作的方法及技巧。

第 3、4 章介绍绘制简单图稿对象及对图稿对象进行填充与描边的方法及技巧。

第 5 章介绍绘制复杂图稿对象，应用符号工具的操作方法及技巧。

第 6~8 章介绍变换、编辑和管理图稿对象的方法及技巧。

第 9、10 章介绍文本对象和表对象的创建与编辑方法。

第 11 章介绍 Illustrator 滤镜与效果的使用方法及技巧。

本书图文并茂、条理清晰、通俗易懂、内容丰富，在讲解每个知识点时都配有相应的实例，方便读者上机实践。同时，为了方便老师教学，免费提供本书对应的电子课件、实例源文件和习题答案。本书提供书中实例操作的二维码教学视频，读者使用手机微信和 QQ 中的"扫一扫"功能，扫描下方的二维码，即可观看本书对应的同步教学视频。

👉 本书配套素材和教学课件的下载地址如下。

http://www.tupwk.com.cn/edu

👉 本书同步教学视频的二维码如下。

扫一扫，看视频

扫码推送配套资源到邮箱

本书由闽南理工学院的黄俊萍编撰。由于作者水平有限，本书难免有不足之处，欢迎广大读者批评指正。我们的邮箱是 992116@qq.com，电话是 010-62796045。

编 者

2022 年 3 月

推荐课时安排

章　名	重点掌握内容	教 学 课 时
第 1 章　初识 Illustrator 2020	熟悉 Illustrator 2020 工作区、设置工作区、查看图稿、运用画板	2 学时
第 2 章　文档基础操作	新建文件、打开文件、置入——向文档中添加其他内容、存储文件、使用辅助工具	3 学时
第 3 章　绘制简单图稿对象	绘制基本几何图形、绘制线型对象和网格	3 学时
第 4 章　图稿填充与描边	使用标准颜色控件、常用的颜色选择面板、填充渐变、填充图案、编辑描边属性	5 学时
第 5 章　绘制复杂图稿对象	使用【钢笔】工具绘图、【橡皮擦】工具组、透视图工具组、符号工具组	5 学时
第 6 章　变换图稿对象	图形的选择、使用工具变换对象、使用面板和菜单命令变换对象	4 学时
第 7 章　编辑图稿对象	编辑路径对象、封套扭曲、使用【路径查找器】面板、混合对象、剪切蒙版、不透明蒙版、透明度和混合模式	6 学时
第 8 章　管理图稿对象	对象的排列、对齐与分布、使用外观属性、图层的应用	3 学时
第 9 章　应用文本操作	使用文字工具、应用区域文字、应用路径文字、编辑文字、应用串接文本、创建文本绕排、将文本转换为轮廓	6 学时
第 10 章　制作图表	创建图表、改变图表的表现形式、设计图表	4 学时
第 11 章　Illustrator 滤镜与效果	应用效果、3D 效果、【扭曲和变换】效果、【风格化】效果	3 学时

注：1. 教学课时安排仅供参考，授课教师可根据情况进行调整；

　　2. 建议每章安排与教学课时相同时间的上机练习。

目录

计算机基础与实训教材系列

V

计算机基础与实训教材系列

第1章

初识Illustrator 2020

Illustrator 是由 Adobe 公司开发的一款经典的基于矢量绘图的平面设计软件。自推出以来，其一直以强大的功能和人性化的界面深受设计师的喜爱，广泛应用于出版、多媒体和在线图像等领域。用户使用它不但可以方便地制作出各种形状复杂、色彩丰富的图形和文字效果，还可以在同一版面中实现图文混排，甚至可以制作出极具视觉效果的图表。

本章重点

- 熟悉 Illustrator 2020 工作区
- 设置工作区
- 查看图稿
- 运用画板

二维码教学视频

【例 1-1】 新建工具栏
【例 1-2】 自定义快捷键
【例 1-3】 使用【导航器】面板
【例 1-4】 创建新画板
【例 1-5】 制作名片模板

1.1 熟悉 Illustrator 2020 工作区

　　Illustrator 具有强大的绘图功能，可以使用户根据需要自由使用其提供的多种绘图工具。例如，使用相应的几何图形工具可以绘制简单的几何图形，使用铅笔工具可以徒手绘画，使用画笔工具可以模拟毛笔的效果，使用【钢笔】工具可以绘制复杂的图案，还可以自定义笔刷等。用户绘制基本图形后，利用 Illustrator 完善的编辑功能可以对图形进行编辑、组织、排列及填充等操作以创建复杂的图形对象。除此之外，Illustrator 还提供了丰富的滤镜和效果命令，以及强大的文字与图表处理功能。通过这些功能，用户可以为图形对象添加一些特殊效果，进行文本、图表设计，使绘制的图形更加生动，从而增强作品的表现力。

　　启动 Illustrator 应用程序，在没有打开文档时，系统将显示如图 1-1 所示的【开始】工作区。通过 Illustrator 的【开始】工作区，用户可以快速访问最近打开的文件、库和预设。

图 1-1 【开始】工作区

提示

　　如果需要自定义【开始】工作区中显示的最近打开的文档数，可以选择【编辑】|【首选项】|【文件处理和剪贴板】命令，打开【首选项】对话框。然后在【要显示的最近使用的文件数】数值框中指定所需的值(0~30)，默认数值为 20。

　　在 Illustrator 中打开图像文件后，即可默认显示如图 1-2 所示的【基本功能】工作区。【基本功能】工作区是创建、编辑、处理图形和图像的操作平台，它由菜单栏、工具栏、【属性】面板、文档窗口、状态栏和功能面板等部分组成。

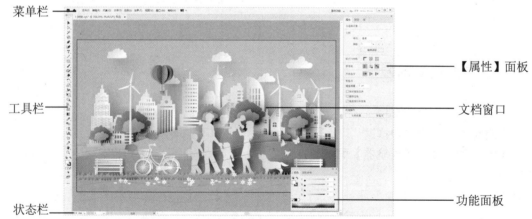

图 1-2 Illustrator 工作区

1.1.1 菜单栏

　　Illustrator 2020 应用程序的菜单栏包括如图 1-3 所示的【文件】【编辑】【对象】【文字】【选

择】【效果】【视图】【窗口】和【帮助】9 个菜单项。

文件(F)　编辑(E)　对象(O)　文字(T)　选择(S)　效果(C)　视图(V)　窗口(W)　帮助(H)

图 1-3　菜单栏

用户单击其中一个菜单项，随即便会出现相应的命令菜单，如图 1-4 所示。在命令菜单中，如果命令显示为浅灰色，则表示该命令目前状态为不可执行；命令右侧的字母组合代表该命令的键盘快捷键，按下该快捷键即可快速执行该命令；若该命令后带有省略号，则表示执行该命令后，工作区中会打开相应的设置对话框。

文件(F)　编辑(E)　对象(O)　文字(T)　选择(S)　效果(C)　视图(V)	
新建(N)...	Ctrl+N
从模板新建(T)...	Shift+Ctrl+N
打开(O)...	Ctrl+O
最近打开的文件(F)	>
在 Bridge 中浏览...	Alt+Ctrl+O
关闭(C)	Ctrl+W
存储(S)	Ctrl+S
存储为(A)...	Shift+Ctrl+S
存储副本(Y)...	Alt+Ctrl+S
存储为模板...	

图 1-4　命令菜单

> **提示**
>
> 有些命令只提供了快捷键字母，要通过快捷键方式执行命令，可以按下 Alt+主菜单的字母键，再按下命令后的字母，执行该命令。

1.1.2　工具栏和控制栏

工具栏是 Illustrator 中非常重要的功能组件。它包含了常用的图形绘制、编辑、处理的操作工具，如【钢笔】工具、【选择】工具、【旋转】工具及【网格】工具等。用户需要使用某个工具时，只需单击该工具即可。

> **提示**
>
> 工具栏可以折叠显示或展开显示。单击工具栏顶部的 ▸▸ 图标，可以将其展开为双栏显示，如图 1-5 所示。再单击 ◂◂ 图标，可以将其还原为单栏显示。将光标置于工具栏顶部，然后按住鼠标左键拖动，还可以将工具栏设置为浮动状态。

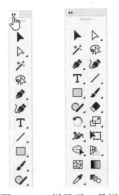

图 1-5　双栏显示工具栏

由于工具栏大小的限制，许多工具并未直接显示在工具栏中，因此许多工具都隐藏在工具组中。在工具栏中，如果某一工具的右下角有黑色三角形，则表明该工具属于某一工具组，工具组中的其他工具处于隐藏状态。将鼠标移至工具图标上单击即可打开隐藏工具组；单击隐藏工具组后面的小三角按钮即可将隐藏工具组分离出来，如图 1-6 所示。

图1-6 展开工具组

控制栏显示着一些常用的工具参数选项,如填色、描边等参数。在使用不同工具时,控制栏中的参数选项会发生变化,如图 1-7 所示。如果控制栏默认情况下没有显示,可以选择【窗口】|【控制】命令,显示控制栏。

(a) 【选择】工具控制栏

(b) 【钢笔】工具控制栏

(c) 【文字】工具控制栏

图1-7 控制栏

1.1.3 【属性】面板

Illustrator中的【属性】面板用来辅助工具栏中工具或菜单命令的使用,对图形或图像的编辑起着重要作用。选择不同的工具或命令,【属性】面板显示的内容也不同,如图 1-8 所示。灵活掌握【属性】面板的基本使用方法能够帮助用户快速地进行图形编辑。

> **提示**
>
> 如果用户觉得通过将工具组分离出来选取工具太过烦琐,那么只需按住 Alt 键,在工具栏中单击工具图标即可进行隐藏工具的切换。

> **提示**
>
> 按键盘上的 Tab 键可以隐藏或显示工具栏、【属性】面板和其他功能面板。按 Shift+Tab 键仅可以隐藏或显示【属性】面板和其他功能面板。

图1-8 【属性】面板

1.1.4　文档窗口

文档窗口是图稿内容的所在位置，如图 1-9 所示。打开的图像文件默认情况下以选项卡模式显示在工作区中，其上方的标签会显示图像的相关信息，包括文件名、显示比例、颜色模式和预览方式等。

图 1-9　文档窗口

1.1.5　状态栏

状态栏位于工作区中绘图窗口的底部，用于显示当前图像的缩放比例、文件大小，以及有关当前使用工具的简要说明等信息。在状态栏最左端的数值框中输入显示比例数值，然后按下 Enter 键，或单击数值框右侧的 ∨ 按钮，从弹出的下拉列表中选择显示比例，即可改变绘图窗口的显示比例，如图 1-10 所示。

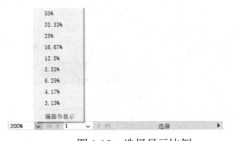

图 1-10　选择显示比例

> **提示**
>
> 在状态栏中，单击【显示】选项右侧的 ▶ 按钮，从弹出的菜单中可以选择状态栏将显示的信息，如图 1-11 所示。

图 1-11　选择状态栏要显示的信息

状态栏的中间一栏用于显示当前文档的画板数量，可以通过单击【上一项】按钮 ◀、【下一项】按钮 ▶、【首项】按钮 |◀、【末项】按钮 ▶| 来切换画板，或直接单击数值框右侧的 ∨ 按钮，在弹出的下拉列表中直接选择画板，如图 1-12 所示。

图 1-12   选择画板

1.1.6   功能面板

要完成图形制作,面板的应用是不可或缺的。Illustrator 提供了大量的面板,其中常用的有图层、画笔、颜色、描边、渐变和透明度等面板,这些面板可以帮助用户控制和修改图形外观。在面板的应用过程中,用户可以根据个人需要对面板进行移动、拆分、组合及折叠等操作。用户将鼠标移到面板名称标签上单击并按住向后拖动,即可将选中的面板放置到面板组的后方,如图 1-13 所示。

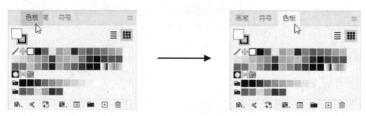

图 1-13   调整面板顺序

将鼠标放置在需要拆分的面板名称标签上单击并按住拖动,当将面板拖出面板组后,释放鼠标即可拆分面板,如图 1-14 所示。

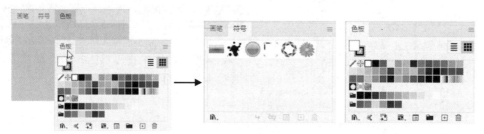

图 1-14   拆分面板

如果要组合面板,将鼠标置于面板名称标签上单击并按住拖动至需要组合的面板组中释放即可。用户也可以将鼠标放置在需要组合的面板标签上单击并按住拖动,当将面板拖动至面板组边缘,出现蓝色突出显示的放置区域提示线时,释放鼠标即可将面板放置在此区域,如图 1-15 所示。

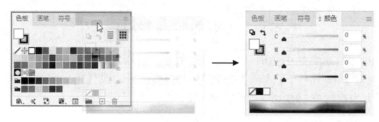

图 1-15   组合面板

用户也可以根据需要改变面板的大小，还可以通过单击面板名称标签旁的 ⬙ 按钮，或双击面板标签，选择显示或隐藏面板选项。图 1-16 所示为隐藏面板选项。

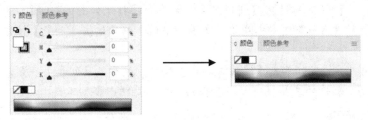

图 1-16　隐藏面板选项

1.2　设置工作区

在 Illustrator 2020 中，用户可以根据操作需要新建工具栏、设置工具或命令快捷键，还可以自定义工作区。

1.2.1　新建工具栏

在 Illustrator 2020 中，工具栏中默认显示的工具组并不包括所有可用的工具。在工具栏底部单击【编辑工具栏】按钮 ⋯，可以展开如图 1-17 所示的工具列表。单击工具列表右上角的 ≣ 按钮，在弹出的菜单中选择【高级】或【基本】命令，可以更改工具栏的显示，如图 1-18 所示。在该工具列表中，显示为灰色的工具已经包含在默认工具栏中。其他任意工具可以按住鼠标左键拖曳至工具栏中，以便选择并使用。除此之外，用户还可以将常用工具组合在新工具栏中，并可以管理工作区中的工具栏。

图 1-17　展开工具列表

图 1-18　更改工具栏的显示

【例 1-1】 新建工具栏。 视频

(1) 选择【窗口】|【工具栏】|【新建工具栏】命令，打开如图 1-19 所示的【新建工具栏】对话框。在对话框的【名称】文本框中输入工具栏名称，然后单击【确定】按钮，即可新建自定义工具栏。

(2) 在新建的工具栏底部单击【编辑工具栏】按钮，展开工具列表。在列表中选择【选择】工具，并将其拖动至新建的工具栏中，即可在新建的工具栏中添加工具，如图 1-20 所示。

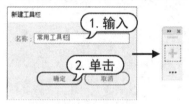

图 1-19 新建工具栏

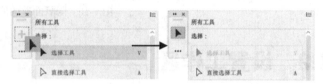

图 1-20 添加工具至新建的工具栏

(3) 按 Shift 键，在列表中选择【钢笔工具】组，并将其拖动至新建的工具栏中，即可在新建的工具栏中添加多个工具，如图 1-21 所示。

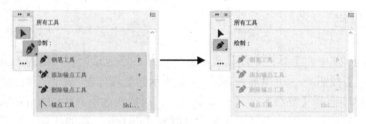

图 1-21 添加工具组至新建的工具栏

提示

选择【窗口】|【工具】|【管理工具栏】命令，打开如图 1-22 所示的【管理工具栏】对话框。在该对话框中单击【新建工具栏】按钮⊞，可新建工具栏；单击【删除工具栏】按钮🗑，可删除选中的工具栏。

图 1-22 【管理工具栏】对话框

1.2.2 修改键盘快捷键

在 Illustrator 中，用户除了可以使用应用程序设置的快捷键外，还可以根据个人的使用习惯创建、编辑、存储快捷键。

【例 1-2】 自定义快捷键。 视频

(1) 在工作区中，选择【编辑】|【键盘快捷键】命令，打开如图 1-23 所示的【键盘快捷键】对话框。

(2) 在【键集】选项下方的下拉列表中选择需要修改的【菜单命令】快捷键或【工具】快捷
键。这里选择【工具】选项，如图 1-24 所示。

图 1-23 【键盘快捷键】对话框　　　　　　　　　　图 1-24 选择【工具】选项

(3) 在下方的列表框中选择【饼图】工具，单击【快捷键】列，在显示的文本框中输入新的
快捷键 Shift+J，如图 1-25 所示。

(4) 在【键盘快捷键】对话框的【键集】选项右侧单击【存储…】按钮，打开【存储键集
文件】对话框。在该对话框的【名称】文本框中输入"自定义快捷键"，最后单击【确定】按钮，
即可完成快捷键的自定义，如图 1-26 所示。

图 1-25 输入新的快捷键　　　　　　　　　　图 1-26 存储自定义快捷键

 提示

如果输入的快捷键已指定给另一命令或工
具，在该对话框的底部将显示警告信息，如图 1-27
所示。此时，可以单击【还原】按钮以还原更改，
或单击【转到冲突处】按钮以转到其他命令或工
具并为其指定一个新的快捷键。在【符号】列中，
可以输入要显示在命令或工具的菜单或工具提示
中的符号。

图 1-27 显示警告信息

1.2.3 选择预设工作区

Illustrator 为不同制图需求的用户提供了多种工作区。在工作区顶部的菜单栏中单击【切换

预设工作区】按钮，在弹出的下拉菜单中可选择系统预设的工作区；也可以通过【窗口】|【工作区】命令的子菜单来选择合适的工作区，如图 1-28 所示。

图 1-28　选择预设工作区

1.2.4　自定义工作区

在 Illustrator 2020 中，除了可以使用应用程序提供的预设工作区，用户还可以创建自定义的工作区。在 Illustrator 中，按照个人工作需要设置工作区布局后，选择【窗口】|【工作区】|【新建工作区】命令，打开如图 1-29 所示的【新建工作区】对话框。在该对话框的【名称】文本框中输入工作区名称，然后单击【确定】按钮即可创建自定义工作区。

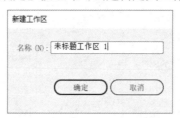

图 1-29　【新建工作区】对话框

1.3　查看图稿

Illustrator 2020 为用户提供了多种查看图稿的方式。

1.3.1　切换屏幕模式

单击工具栏底部的【更改屏幕模式】按钮 ⊡，在弹出的下拉菜单中可以选择屏幕显示模式，如图 1-30 所示。

▽ 演示文稿模式：将图稿显示为演示文稿，其中应用程序菜单、面板、参考线会处于隐藏状态。

▽ 正常屏幕模式：在标准窗口中显示图稿，菜单栏位于窗口顶部，工具栏和面板堆栈位于两侧，如图 1-31 所示。按下键盘上的 Tab 键可隐藏工具栏和面板堆栈，再次按下 Tab 键可将其显示。

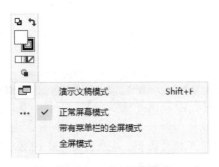

图 1-30　更改屏幕模式　　　　　　　　　　　　图 1-31　正常屏幕模式

▽ 带有菜单栏的全屏模式：在全屏窗口中显示图稿，菜单栏显示在顶部，工具栏和面板堆栈位于两侧，系统任务栏和文档窗口标签会隐藏，如图 1-32 所示。

▽ 全屏模式：在全屏窗口中只显示图稿，如图 1-33 所示。

图 1-32　带有菜单栏的全屏模式　　　　　　　　图 1-33　全屏模式

在【全屏模式】下，按下键盘上的 Tab 键可显示隐藏的菜单栏、【属性】面板、工具栏和面板堆栈；再次按下 Tab 键可将其隐藏。按下键盘上的 Shift+Tab 键仅显示【属性】面板和面板堆栈，如图 1-34 所示。

图 1-34　显示面板

提示

在【全屏模式】状态下，还可以通过将鼠标移至工作区的边缘处稍作停留的方式来显示隐藏的工具栏、【属性】面板或面板堆栈。

在【演示文稿模式】【带有菜单栏的全屏模式】【全屏模式】下，按键盘上的 Esc 键可以返回至【正常屏幕模式】。

1.3.2 使用【缩放】工具和【抓手】工具

Illustrator 提供了两个用于浏览图稿的工具：一个是用于图稿缩放的【缩放】工具；另一个是用于移动图稿显示区域的【抓手】工具。

选择工具栏中的【缩放】工具 🔍 并在工作区中单击，即可放大图稿，如图 1-35 所示。按住 Alt 键再使用【缩放】工具单击，可以缩小图稿。

图 1-35 使用【缩放】工具

> **提示**
> 用户也可以在选择【缩放】工具后，在需要放大的区域单击并按住鼠标左键向外拖动，然后释放鼠标即可放大图稿。或在需要缩小的区域单击并按住鼠标左键向内拖动，然后释放鼠标即可缩小图稿。

在放大显示的工作区域中观察图形时，经常需要观察文档窗口以外的视图区域。因此，需要通过移动视图显示区域来进行观察。如果需要实现该操作，用户可以选择工具栏中的【抓手】工具 ✋ ，然后在工作区中按下并拖动鼠标即可移动视图显示画面，如图 1-36 所示。在使用其他工具时，按住键盘上的空格键可快速切换到【抓手】工具。

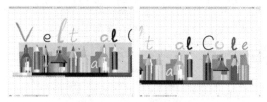

图 1-36 使用【抓手】工具

> **提示**
> 使用键盘快捷键也可以快速地放大或缩小窗口中的图稿。按 Ctrl++键可以放大图稿，按 Ctrl+-键可以缩小图稿。按 Ctrl+0 键可以使画板适合窗口显示。

1.3.3 使用【导航器】面板

在 Illustrator 中，通过【导航器】面板，用户不仅可以很方便地对工作区中所显示的图形对象进行移动观察，还可以对视图显示的比例进行缩放调节。通过选择菜单栏中的【窗口】|【导航器】命令，即可显示或隐藏【导航器】面板。

👉 【例 1-3】 使用【导航器】面板改变图形文档的显示比例和区域。 🔵 视频

(1) 选择【文件】|【打开】命令，在打开的【打开】对话框中选中一个图形文档，然后单击【打开】按钮将其在 Illustrator 中打开，如图 1-37 所示。

(2) 选择菜单栏中的【窗口】|【导航器】命令，可以在工作区中显示【导航器】面板，如图 1-38 所示。

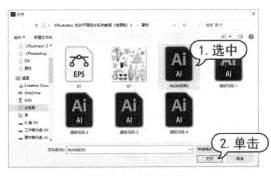

图 1-37　打开文档　　　　　图 1-38　显示【导航器】面板

(3) 在【导航器】面板底部【显示比例】文本框中直接输入 100%，然后按 Enter 键应用设置，可以改变图形文档窗口的显示比例，如图 1-39 所示。

(4) 单击【显示比例】文本框左侧的【缩小】按钮，可以缩小画面的显示比例；单击【显示比例】文本框右侧的【放大】按钮，可以放大画面的显示比例。在调整画面显示时，【导航器】面板中的红色矩形框也会同时进行相应的缩放，如图 1-40 所示。

图 1-39　改变显示比例　　　　　图 1-40　使用缩放按钮

(5)【导航器】面板中的红色矩形框表示当前窗口显示的画面范围。当把光标移动至【导航器】面板预览窗口中的红色矩形框内时，光标会变为手形标记。按住并拖动手形标记，即可通过移动红色矩形框来改变放大的图形文档窗口中显示的画面区域，如图 1-41 所示。

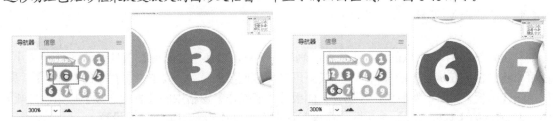

图 1-41　调整显示区域

1.3.4　使用【视图】命令

Illustrator 的【视图】菜单提供了几种浏览图像的方式。

▽　选择【视图】|【放大】命令，可以放大图像显示比例到下一个预设百分比。

▽　选择【视图】|【缩小】命令，可以缩小图像显示比例到下一个预设百分比。

▽　选择【视图】|【画板适合窗口大小】命令，可以将当前画板按照屏幕尺寸进行缩放。

▽　选择【视图】|【全部适合窗口大小】命令，可以查看窗口中的所有内容。

▽　选择【视图】|【实际大小】命令，将以 100%比例显示文件。

1.3.5 更改文件的显示状态

在 Illustrator 中，图形对象有两种显示状态：一种是预览显示；另一种是轮廓显示。在预览显示的状态下，图形会显示全部的色彩、描边、文本和置入图形等构成信息。而选择菜单栏中的【视图】|【轮廓】命令，或按 Ctrl+Y 快捷键可将当前所显示的图形以无填充、无颜色、无画笔效果的原线条状态显示，如图 1-42 所示。利用轮廓显示模式，可以加快显示速度。如果要返回预览显示状态，选择【视图】|【在 CPU 上预览】命令，或按 Ctrl+E 快捷键即可。

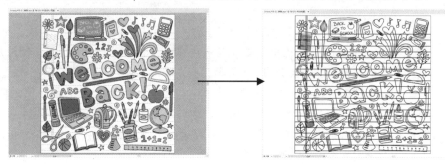

图 1-42　更改文件的显示状态

1.4 运用画板

在 Illustrator 中，画板表示包含可打印图稿的区域，可以将画板作为裁剪区域以满足打印或置入的需要。每个文档可以有 1~1000 个画板。用户可以在新建文档时指定文档的画板数，也可以在处理文档的过程中随时添加和删除画板。

1.4.1 【画板】工具

在 Illustrator 中，可以创建大小不同的画板，并且可以使用【画板】工具 调整画板大小，还可以将画板放在屏幕上的任何位置，甚至可以使它们彼此重叠。双击工具栏中的【画板】工具，或单击【画板】工具，然后单击【属性】面板【快速操作】窗格中的【画板选项】按钮，打开如图 1-43 所示的【画板选项】对话框，在该对话框中可进行相应的画板参数设置。

▽ 【预设】选项组：用于指定画板尺寸，如图 1-44 所示。用户可以在【预设】下拉列表中选择预设的画板大小，或选择【自定】然后在【宽度】和【高度】选项中指定画板大小。【方向】选项用于指定横向和纵向的页面方向。X 和 Y 选项用于根据 Illustrator 工作区标尺来指定画板位置。如果手动调整画板大小，选中【约束比例】复选框则可以保持画板长宽比不变。

▽ 【显示】选项组：该选项组如图 1-45 所示。【显示中心标记】复选框用于在画板中显示中心点位置。【显示十字线】复选框用于显示通过画板每条边中心的十字线。【显示视频安全区域】复选框用于显示参考线，这些参考线表示位于可查看的视频区域内的区域。

用户需要将必须能够查看的所有文本和图稿都放在视频安全区域内。【视频标尺像素长宽比】文本框用于指定画板标尺的像素长宽比。

图 1-43 【画板选项】对话框

图 1-44 【预设】选项组

▽ 【全局】选项组：该选项组如图 1-46 所示。选中【渐隐画板之外的区域】复选框，当【画板】工具为选中状态时，显示的画板外的区域比画板内的区域暗。选中【拖动时更新】复选框，当拖动画板以调整其大小时，可使画板之外的区域变暗。

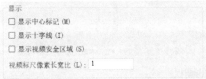

图 1-45 【显示】选项组

图 1-46 【全局】选项组

【例 1-4】 创建新画板。 视频

(1) 选择菜单栏中的【文件】|【打开】命令，打开【打开】对话框。在【打开】对话框中选择"素材"文件夹下的文档，然后单击【打开】按钮打开文档，如图 1-47 所示。

(2) 单击【画板】工具，然后在【属性】面板上单击【新建画板】按钮 ◻，即可在界面中创建新画板，如图 1-48 所示。

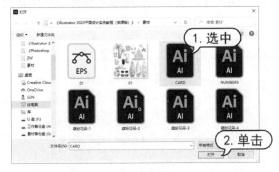

图 1-47 打开文档

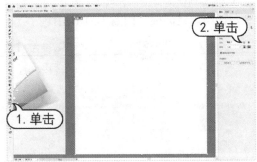

图 1-48 新建画板

(3) 创建成功后要确认该画板并退出画板编辑模式,可单击工具栏中的其他工具或按 Esc 键,结果如图 1-49 所示。

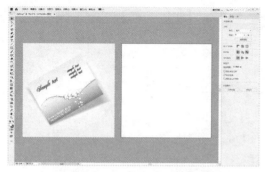

图 1-49　退出画板编辑模式

提示

若要复制带内容的画板,可选择【画板】工具,在【属性】面板中选中【随画板移动图稿】复选框,按住 Alt 键并拖动即可,效果如图 1-50 所示。

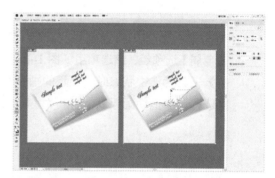

图 1-50　复制带内容的画板

1.4.2　【画板】面板

在【画板】面板中可以对画板进行添加、删除、重新排序、编号等操作。选择【窗口】|【画板】命令,即可打开【画板】面板。

1. 新建画板

单击【画板】面板底部的【新建画板】按钮，或从【画板】面板菜单中选择【新建画板】命令,即可新建画板,如图 1-51 所示。

图 1-51　新建画板

2. 复制画板

选择要复制的一个或多个画板,将其拖动到【画板】面板的【新建画板】按钮上,或选择【画板】面板菜单中的【复制画板】命令，即可快速复制一个或多个画板，如图 1-52 所示。

3. 删除画板

如果要删除画板，在选中画板后，单击【画板】面板底部的【删除画板】按钮 ⌷ ，或选择【画板】面板菜单中的【删除画板】命令即可。若要删除多个连续的画板，先选择一个要删除的面板，然后按住 Shift 键后选择面板中的最后一个面板，再单击【删除面板】按钮。若要删除多个不连续的画板，可以按住 Ctrl 键并在【画板】面板上单击选择需要删除的画板，然后单击【删除画板】按钮，如图 1-53 所示。

图 1-52　复制画板

图 1-53　删除画板

1.4.3　重新排列画板

若要重新排列【画板】面板中的画板，可以单击【画板】面板中的【重新排列所有画板】按钮 ⚏ ，或选择面板菜单中的【重新排列所有画板】命令，在打开的如图 1-54 所示的【重新排列所有画板】对话框中进行相应的设置。

图 1-54　【重新排列所有画板】对话框

▽　【按行设置网格】按钮 ⚏ ：在指定的行数中排列多个画板。

▽　【按列设置网格】按钮 ⚏ ：在指定的列数中排列多个画板。

▽　【按行排列】按钮 ➡ ：将所有画板排列为一行。

▽　【按列排列】按钮 ⬇ ：将所有画板排列为一列。

▽　【更改为从右至左的版面】按钮 ⬅ /【更改为从左至右的版面】按钮 ➡ ：将画板从右至左或从左至右排列。默认情况下，画板从左至右排列。

▽　【列数】数值框：指定多个画板排列的列数。

▽　【间距】数值框：指定画板的间距。该设置同时应用于水平间距和垂直间距。

1.5 排列多个文档

当在 Illustrator 中打开多个文档时，文档将以选项卡的形式在文档窗口顶部打开。用户可以通过其他方式排列打开的文档，这样便于比较不同文档或将对象从一个文档拖动到另一个文档。此外，还可以使用【窗口】|【排列】命令中的子菜单以各种预设快速显示打开的文档，如图 1-55 所示。用户也可以单击菜单栏中的【排列文档】按钮，在弹出的如图 1-56 所示的下拉面板中选择一种预设显示方式。

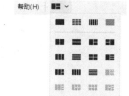

图 1-55 【排列】命令   图 1-56 【排列文档】下拉面板

▽ 【层叠】：选择该命令，将全部打开的文档层叠堆放在文档窗口中，如图 1-57 所示

▽ 【平铺】：选择该命令，文档窗口的可用空间将按照文档数量进行划分，如图 1-58 所示。

▽ 【在窗口中浮动】：选择该命令，将当前选中的文档在文档窗口中浮动。

▽ 【全部在窗口中浮动】：选择该命令，将全部打开的文档在文档窗口中浮动。

▽ 【合并所有窗口】：选择该命令，将打开的文档合并到同一组选项卡中。

图 1-57 使用【层叠】命令   图 1-58 使用【平铺】命令

1.6 实例演练

本章的实例演练部分通过制作名片模板文件的综合实例操作，使用户更好地掌握本章所学的 Illustrator 基础操作知识。

【例 1-5】 制作名片模板。 视频

(1) 选择【文件】|【新建】命令，打开【新建文档】对话框。在该对话框的【名称】文本框中输入"名片模板"，单击【单位】按钮，从弹出的下拉列表中选择【毫米】选项，设置【宽度】数值为 90mm，【高度】数值为 55mm，然后单击【创建】按钮新建空白文档，如图 1-59 所示。

图 1-59 新建文档

(2) 选择【文件】|【置入】命令, 打开【置入】对话框。在该对话框中, 选中所需的图像文件, 然后单击【置入】按钮。在画板中单击, 置入图像, 然后在控制栏中单击【嵌入】按钮, 选择【对齐画板】选项, 再单击【水平右对齐】按钮和【垂直居中对齐】按钮, 如图 1-60 所示。

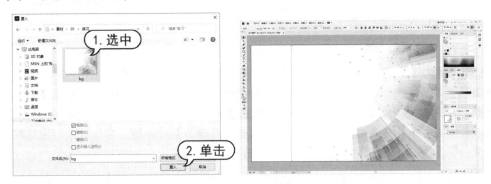

图 1-60 置入图像文件

(3) 选择【画板】工具, 在控制栏中选中【移动/复制带画板的图稿】按钮, 然后按 Ctrl+Alt+Shift 快捷键移动并复制画板 1, 如图 1-61 所示。

(4) 按 Esc 键, 退出画板编辑状态。选择【文字】工具, 在画板 1 中单击并输入文字内容。输入完成后按 Ctrl+Enter 快捷键。然后在控制栏中单击填充设置按钮, 在弹出的【色板】面板中设置 R=77、G=77、B=77; 单击【设置字体系列】按钮, 从弹出的列表中选择 Berlin Sans FB 字体, 设置【字体大小】为 18pt; 然后再分别单击【水平居中对齐】和【垂直居中对齐】按钮, 如图 1-62 所示。

图 1-61 移动并复制画板

图 1-62 输入并设置文本

(5) 选中【画板 1 副本】中的图像，打开【透明度】面板，并设置【不透明度】数值为 60%，如图 1-63 所示。

(6) 选择【文字】工具，在【画板 1 副本】中单击并输入文字内容。输入完成后按 Ctrl+Enter 快捷键。在控制栏中单击填充设置按钮，在弹出的【色板】面板中设置 R=77、G=77、B=77，单击【设置字体系列】按钮，从弹出的列表中选择 Arial 字体，设置【字体大小】为 14pt，如图 1-64 所示。

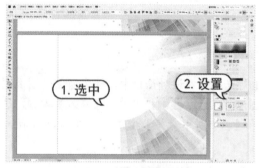

图1-63　设置不透明度

图1-64　输入文字(一)

(7) 使用【文字】工具在【画板 1 副本】中拖动创建文本框，并输入文字内容，然后在控制栏中单击填充设置按钮，在弹出的【色板】面板中设置 R=77、G=77、B=77，单击【设置字体系列】按钮，从弹出的列表中选择 Arial 字体，设置【字体大小】为 9pt，如图 1-65 所示。

(8) 选择【文件】|【存储为模板】命令，打开【存储为】对话框。在该对话框中选择存储模板的位置，并单击【保存】按钮，如图 1-66 所示。

图1-65　输入文字(二)

图1-66　存储为模板

1.7　习题

1. 在 Illustrator 2020 中，根据个人需要自定义工作区。
2. 在 Illustrator 2020 中，根据个人需要组合工具栏。
3. 描述两种更改文档视图的方法。

第 2 章

文档基础操作

用户在学习使用 Illustrator 绘制图形之前，应该先了解 Illustrator 文件的基本操作，如文件的新建、打开、保存、关闭、置入、导出，以及辅助工具的应用等。

本章重点

- 新建文件
- 置入文件
- 存储文件
- 使用辅助工具

二维码教学视频

【例 2-1】 创建空白文档

【例 2-2】 制作相册模板

【例 2-3】 打包文件素材

【例 2-4】 导出 JPEG 格式文件

【例 2-5】 显示并设置网格

【例 2-6】 制作天气 App 界面

2.1　新建文件

需要在 Illustrator 中创建一个新文档时，可以使用【新建】命令新建一个空白文档，也可以使用【从模板新建】命令新建一个包含基础对象的文档。

2.1.1　使用【新建】命令

要新建图像文件，可以在【开始】工作区中单击【新建】按钮，或选择菜单栏中的【文件】|【新建】命令，或按 Ctrl+N 快捷键，在打开的如图 2-1 所示的【新建文档】对话框中进行参数设置。

在【新建文档】对话框的顶部选项中，可以选择最近使用过的文档设置、已保存的预设文档设置或应用程序预设的常用尺寸，包含【最近使用项】【已保存】【移动设备】【Web】【打印】【胶片和视频】【图稿和插图】选项卡，如图 2-2 所示。选择一个预设选项卡后，其下方会显示该类型中常用的设计尺寸。

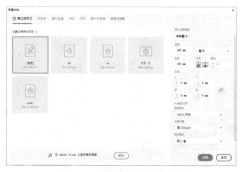

图 2-1　【新建文档】对话框

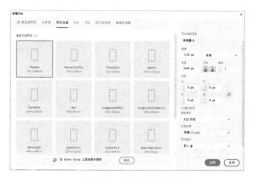

图 2-2　预设常用尺寸

在【新建文档】对话框中可以设置文件的名称、尺寸、颜色模式和分辨率等参数，完成后单击【创建】按钮即可新建一个空白文档，如图 2-3 所示。

单击【新建文档】对话框中【高级选项】左侧的￫按钮可以在展开的选项中对文档的颜色模式、光栅效果和预览模式等进行设置，如图 2-4 所示。

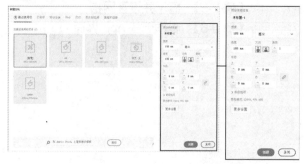

图 2-3　新建文档设置选项

图 2-4　展开【高级选项】选项

在【新建文档】对话框中，单击【更多设置】按钮，可以打开如图 2-5 所示的【更多设置】对话框。

图 2-5　【更多设置】对话框

【例 2-1】 在 Illustrator 2020 中，创建空白文档。 📹视频

(1) 启动 Illustrator 2020，选择菜单栏中的【文件】|【新建】命令，或按 Ctrl+N 快捷键，打开【新建文档】对话框。在该对话框中，选中【移动设备】选项卡中的 iPad 选项，如图 2-6 所示。

(2) 在对话框的名称文本框中输入 "UI 设计"，在【画板】下面的数值框中输入 4，如图 2-7 所示。

图 2-6　设置新建文档

图 2-7　设置画板

(3) 在【新建文档】对话框中，单击【更多设置】按钮，打开【更多设置】对话框。在【更多设置】对话框中单击【按行排列】按钮，设置【间距】为 50px，【栅格效果】为【中(150 ppi)】，如图 2-8 所示。

(4) 在【更多设置】对话框中完成设置后，单击【创建文档】按钮，即可按照设置在工作区中创建文档，如图 2-9 所示。

图 2-8　【更多设置】对话框

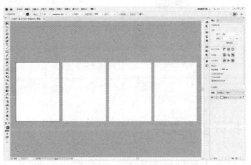

图 2-9　创建文档

计算机基础与实训教材系列

23

2.1.2 从模板新建

选择【文件】|【从模板新建】命令或使用 Shift+Ctrl+N 快捷键，打开【从模板新建】对话框。在该对话框中选中要使用的模板选项，单击【新建】按钮，即可创建一个模板文档，如图 2-10 所示。在该模板文档的基础上通过修改和添加新元素，最终得到一个新文档。

> **提示**
>
> 用户也可以通过单击【更多设置】对话框中的【模板】按钮，打开【从模板新建】对话框，选择预置的模板样式新建文档。

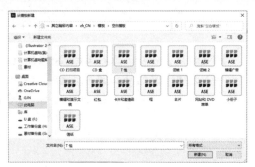
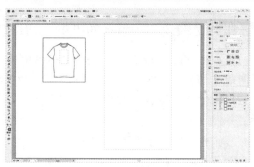

图 2-10　从模板新建文档

2.2 打开文件

要对已有的文件进行处理就需要将其在 Illustrator 中打开。在【开始】工作区中单击【打开】按钮，或选择【文件】|【打开】命令，或按 Ctrl+O 快捷键，在打开的【打开】对话框中选中需要打开的文件，然后单击【打开】按钮，或双击选择需要打开的文件名称，即可将文件打开，如图 2-11 所示。

图 2-11　打开文件

2.2.1 打开多个文件

在【打开】对话框中，可以一次性地选择多个文件进行打开。按住 Ctrl 键并逐个单击多个文件，然后单击【打开】按钮，被选中的多个文件即可在文档窗口中打开，如图 2-12 所示。

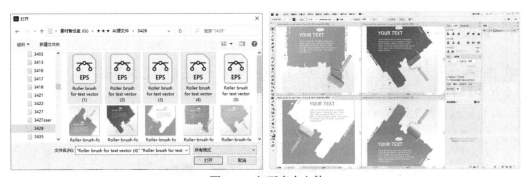

图 2-12 打开多个文件

2.2.2 打开最近使用过的文件

打开 Illustrator 后，开始工作区中会显示最近打开过的文件的缩览图，单击某个缩览图即可打开相应的文件，如图 2-13 所示。

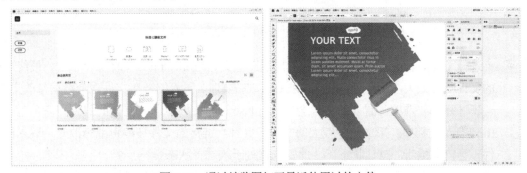

图 2-13 通过缩览图打开最近使用过的文件

若已经在 Illustrator 中打开了文件，选择【文件】|【最近打开的文件】命令，在子菜单中单击文件名即可将其在 Illustrator 中打开，如图 2-14 所示。

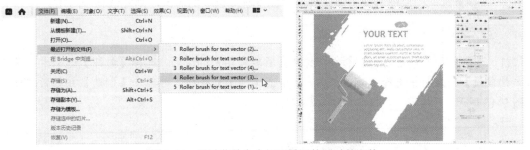

图 2-14 通过菜单命令打开最近使用过的文件

2.3 置入——向文档中添加其他内容

Illustrator 2020 具有良好的兼容性，利用 Illustrator 的【置入】命令，可以置入多种格式的图形图像文件为 Illustrator 所用。置入的文件可以嵌入 Illustrator 绘图文档中，成为当前文档的构成部分；也可以与 Illustrator 绘图文档建立链接，减小文档大小。

2.3.1 置入文件

在 Illustrator 中,选择【文件】|【置入】命令,或按 Shift+Ctrl+P 快捷键,打开如图 2-15 所示的【置入】对话框。在该对话框中选择所需的文档,然后单击【置入】按钮,或双击所需要的文档,即可把选择的文件置入 Illustrator 文件中。

图 2-15 【置入】对话框

▽ ▽选择【链接】复选框,被置入的图形或图像文件与 Illustrator 文件保持独立,最终形成的文件不会太大,当链接的原文件被修改或编辑时,置入的链接文件也会自动修改更新。若不选择此复选框,置入的文件会嵌入 Illustrator 文档中,该文件的信息将完全包含在 Illustrator 文档中,形成一个较大的文件,并且当链接的文件被编辑或修改时,置入的文件不会自动更新。默认状态下,此复选框处于被选择状态。

▽ ▽选择【模板】复选框,将置入的图形或图像创建为一个新的模板图层,并用图形或图像的文件名称为该模板命名。

▽ ▽选择【替换】复选框,界面中有被选取的图形或图像时,可以用新置入的图形或图像替换被选取的原图形或图像。界面中如没有被选取的对象,则此选项不可用。

【例 2-2】 制作相册模板。 视频

(1) 选择【文件】|【新建】命令,打开【新建文档】对话框。选择【打印】选项卡,在【空白文档预设】列表框中选择 A4 尺寸,然后单击【横向】按钮,再单击【创建】按钮新建文档,如图 2-16 所示。

图 2-16 新建文档

(2) 选择【矩形】工具，在画板中按住鼠标左键拖曳，绘制一个与画板等大的矩形。在【颜色】面板中，设置描边颜色为 C=15、M=0、Y=15、K=0；在【描边】面板中，设置【粗细】为16pt，并单击【使描边内侧对齐】按钮，如图 2-17 所示。

图 2-17　绘制矩形

(3) 选择【文件】|【置入】命令，打开【置入】对话框。在该对话框中，选择要置入的图像文件 1.jpg，取消选中【链接】复选框，单击【置入】按钮关闭【置入】对话框。然后在画板中单击，即可将选取的图像文件置入其中，如图 2-18 所示。

图 2-18　置入图像

(4) 选择【选择】工具，将光标移动至图像角点位置，当光标变为双向箭头时，按住 Shift 键，再按住鼠标左键拖曳，调整置入图像的大小及位置，如图 2-19 所示。

(5) 使用步骤(3)至步骤(4)的操作方法，在画板中置入其他图像文件，如图 2-20 所示。

图 2-19　调整图像　　　　　　　　图 2-20　置入其他图像

(6) 选择【文件】|【打开】命令，打开【打开】对话框，选择需要打开的素材文件，单击【打开】按钮打开文件。使用【选择】工具选中其中的素材，然后选择【编辑】|【复制】命令进行复制，如图 2-21 所示。

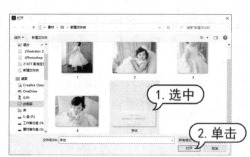

图 2-21　打开图像并复制其中的素材

(7) 返回步骤(1)创建的文档，选择【编辑】|【粘贴】命令，粘贴对象并将其移到画板中的相应位置，调整其大小，完成后的效果如图 2-22 所示。

图 2-22　完成后的效果

2.3.2　管理置入的文件

使用【链接】面板可以查看和管理所有的链接或嵌入的对象。【链接】面板中显示了当前文档中置入的所有对象，从中可以对这些对象进行定位、重新链接、编辑原稿等操作。选择【窗口】|【链接】命令，可打开如图 2-23 所示的【链接】面板。

▽ 【显示链接信息】 ▶：显示链接的名称、格式、缩放、大小、路径等信息。选择一个对象，单击该按钮，就会显示相关信息，如图 2-24 所示。

图 2-23　【链接】面板

图 2-24　显示链接信息

▽ 【从信息库重新链接】 ⌧：单击该按钮，可以在打开的【库】面板中重新进行链接。

▽ 【重新链接】 ↩：在【链接】面板中选中一个对象，单击该按钮，在弹出的窗口中选择素材，以替换当前链接的内容。

计算机基础与实训教材系列

▽　【转至链接】🔗：在【链接】面板中选中一个对象，单击该按钮，即可快速在画板中定位该对象。

▽　【更新链接】🔁：当链接文档发生变动时，单击此按钮，可以在当前文档中同步所发生的变动。

▽　【编辑原稿】✏：对于链接的对象，单击此按钮，可以在图像编辑器中打开该对象，并进行编辑。

▽　【嵌入的文件】🖼：表示对象的置入方式为嵌入。

2.4　存储文件

要存储图形文档，可以选择菜单栏中的【文件】|【存储】【存储为】【存储副本】或【存储为模板】等命令。

▽　【存储】命令用于保存操作结束前未保存过的文档。选择【文件】|【存储】命令或使用Ctrl+S 快捷键，打开如图 2-25 所示的【存储为】对话框。

图 2-25　【存储为】对话框

▽　【存储为】命令用于对编辑修改后不想覆盖原文档保存的文档进行另存。选择【文件】|【存储为】命令或使用 Shift+Ctrl+S 快捷键，可打开【存储为】对话框。

▽　【存储副本】命令用于将当前编辑效果快速保存并且不会改动原文档。选择【文件】|【存储副本】命令或使用 Ctrl+Alt+S 快捷键，可打开【存储副本】对话框。

▽　【存储为模板】命令用于将当前编辑效果存储为模板，以便其他用户创建、编辑文档。选择【文件】|【存储为模板】命令，可打开【存储为模板】对话框。

2.4.1　打包：收集字体和链接素材

【打包】命令可以收集当前文档中使用过的以链接形式置入的素材图像和字体。这些图像文件及字体文件将被收集在一个文件夹中，便于用户存储和传输文件。当文档中包含链接的素材图像和使用的特殊字体时，选择【文件】|【打包】命令，可将分布在计算机各个位置的素材整理出来。

【例 2-3】 打包文件素材。 视频

(1) 需要先将文档进行存储,然后选择【文件】|【打包】命令,在弹出的【打包】对话框中单击【选择包文件夹位置】按钮,打开【选择文件夹位置】对话框。从【选择文件夹位置】对话框中选择一个合适的位置,然后单击【选择文件夹】按钮,如图 2-26 所示。

 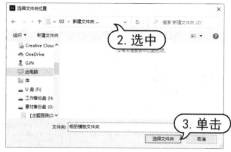

图 2-26 选择文件夹位置

(2) 打包的文件需要整理在一个文件夹中,因此在【文件夹名称】文本框中设置该文件夹的名称,在【选项】选项组中,选中需要打包的选项。单击【打包】按钮,在弹出的提示对话框中,单击【确定】按钮,如图 2-27 所示。

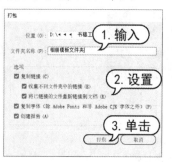 

图 2-27 打包文件

(3) 系统开始进行打包操作,打包完成后会弹出提示对话框,提示文件包已创建成功。如果需要查看文件包,单击【显示文件包】按钮,即可打开相应的文件夹进行查看,如图 2-28 所示。如果不需要查看文件包,单击【确定】按钮即可关闭该提示对话框。

图 2-28 显示文件包

2.4.2 恢复：将文件还原到上次存储的版本

对一个文件进行一系列操作后，选择【文件】|【恢复】命令，或按 F12 快捷键，可以直接
将文件恢复到最后一次保存时的状态。如果一直没有进行过存储操作，则可以返回到刚打开文件
时的状态。

2.5 关闭文件

要关闭文档，可以选择菜单栏中的【文件】|【关闭】命令，或按 Ctrl+W 快捷键，或直接单
击文件窗口右上角的【关闭】按钮✕关闭文件。

2.6 导出文件

有些应用程序不能打开 Illustrator 所创建的图形文件。在这种情况下，可以在 Illustrator 中把
图形文件导出为其他应用程序可以支持的文件格式，这样就可以在其他应用程序中打开这些文
件。在 Illustrator 中，选择【文件】|【导出】|【导出为】命令，打开【导出】对话框。在该对话
框中设置好文件名称和文件格式后，单击【保存】按钮即可导出文件。

【例 2-4】 在 Illustrator 中打开图形文件，并将文件以 JPEG 格式导出。 🔘 视频

(1) 选择菜单栏中的【文件】|【打开】命令，打开【打开】对话框。在【打开】对话框中选
择 02 文件夹下的文件，单击【打开】按钮打开文件，如图 2-29 所示。

图 2-29 打开文档

(2) 选择菜单栏中的【文件】|【导出】|【导出为】命令，打开【导出】对话框。在该对话框
的【组织】列表框中选择导出文件的存放位置，在【文件名】文本框中输入文件名称，在【保存
类型】下拉列表中选择 JPEG(*.JPG)格式，然后单击【导出】按钮，如图 2-30 所示。

(3) 在打开的【JPEG 选项】对话框中，设置【品质】数值为 6，在【消除锯齿】下拉列表
中选择【优化图稿(超像素取样)】选项，然后单击【确定】按钮，即可完成图形的导出操作，
如图 2-31 所示。

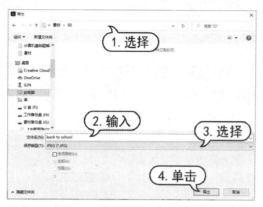

图 2-30 设置【导出】对话框

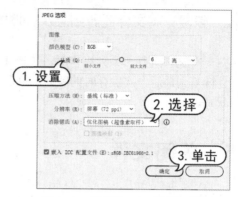

图 2-31 设置【JPEG 选项】对话框

2.7 使用辅助工具

在 Illustrator 中，通过使用标尺、参考线、网格，用户可以更精确地放置对象，也可以通过自定义标尺、参考线和网格为绘图带来便利。

2.7.1 使用标尺

在工作区中，标尺由水平标尺和垂直标尺两部分组成。通过使用标尺，用户不仅可以很方便地测量出对象的大小与位置，还可以结合从标尺中拖曳出的参考线准确地创建和编辑对象。

1. 显示标尺

在默认情况下，工作区中的标尺处于隐藏状态。选择【视图】|【标尺】|【显示标尺】命令，或按 Ctrl+R 快捷键，可以在工作区中显示标尺，如图 2-32 所示。如果要隐藏标尺，可以选择【视图】|【标尺】|【隐藏标尺】命令，或按 Ctrl+R 快捷键。

Illustrator 包含全局标尺和画板标尺两种标尺，如图 2-33 所示。全局标尺显示在绘图窗口的顶部和左侧，默认标尺原点位于绘图窗口的左上角。画板标尺的原点则位于画板的左上角，并且在选中不同的画板时，画板标尺也会发生变化。

图 2-32 显示标尺

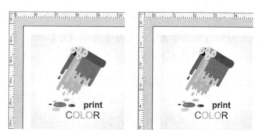

图 2-33 全局标尺和画板标尺

若要在画板标尺和全局标尺之间进行切换，选择【视图】|【标尺】|【更改为全局标尺】命令或【视图】|【标尺】|【更改为画板标尺】命令即可。默认情况下显示画板标尺。

2. 更改标尺原点

每个标尺上显示 0 的位置称为标尺原点。要更改标尺原点，将鼠标指针移至标尺左上角标尺相交处，然后按住鼠标左键，将鼠标指针拖到所需的新标尺原点处，释放左键即可，如图 2-34 所示。当进行拖动时，窗口和标尺中的十字线会指示不断变化的标尺原点。要恢复默认标尺原点，双击左上角的标尺相交处即可。

3. 更改标尺单位

标尺中只显示数值，不显示数值单位。如果要调整标尺单位，可以在标尺上的任意位置右击，在弹出的快捷菜单中选择要使用的单位选项，标尺的数值会随之发生变化，如图 2-35 所示。

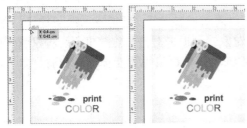
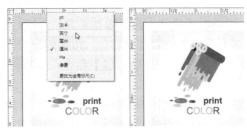

图 2-34 更改标尺原点　　　　　　　　图 2-35 调整标尺单位

2.7.2 使用参考线

参考线可以帮助用户对齐文本和图形对象。在 Illustrator 中，用户可以创建自定义的垂直或水平参考线，也可以将矢量对象转换为参考线对象。

1. 创建参考线

要创建参考线，只需将光标放置在水平或垂直标尺上，按住鼠标左键，从标尺上拖动出参考线到画板中即可，如图 2-36 所示。

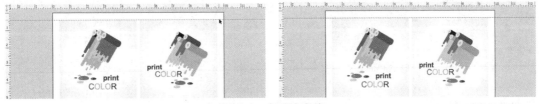

图 2-36 创建参考线

要将矢量对象转换为参考线对象，可以在选中矢量对象后，选择【视图】|【参考线】|【建立参考线】命令；或右击矢量对象，在弹出的快捷菜单中选择【建立参考线】命令；或按快捷键 Ctrl+5，将矢量对象转换为参考线。

2. 释放参考线

释放参考线是指将转换为参考线的路径恢复到原来的路径状态，或者将参考线转换为路径，选择菜单栏中的【视图】|【参考线】|【释放参考线】命令即可。

需要注意的是，在释放参考线前需确定参考线未被锁定。释放参考线后，参考线变成边线色为无色的路径，用户可以任意改变它的描边填色。

3. 解锁参考线

在默认状态下，文件中的所有参考线都处于锁定状态，锁定的参考线不能被移动。选择【视图】|【参考线】|【锁定参考线】命令，取消命令前的✔，即可解除参考线的锁定。重新选择此命令可将参考线重新锁定。

4. 智能参考线

智能参考线是创建或操作对象、画板时显示的临时对齐参考线。智能参考线可通过显示对齐、X位置、Y位置和偏移值，帮助用户参照其他对象或画板来对齐、编辑和变换对象或画板。选择【视图】|【智能参考线】命令，或按快捷键Ctrl+U，即可启用智能参考线功能。

2.7.3 使用网格

网格在输出或印刷时是不可见的，但对于图像的放置和排版非常重要。在创建和编辑对象时，用户可以通过选择【视图】|【显示网格】命令，或按快捷键Ctrl+"在文档中显示网格，如图2-37所示。如果要隐藏网格，选择【视图】|【隐藏网格】命令即可隐藏网格。网格的颜色和间距可通过【首选项】对话框进行设置。

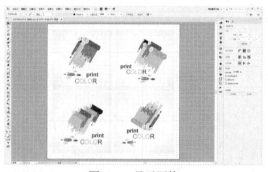

图 2-37　显示网格

> **提示**
> 在【首选项】对话框中，选中【网格置后】复选框，可以将网格显示在图稿下方。默认状态为选中该复选框。

【例 2-5】 在 Illustrator 中显示并设置网格。　📀 视频

(1) 选择菜单栏中的【文件】|【打开】命令，在【打开】对话框中选择图形文档，然后单击【打开】按钮打开文档，如图 2-38 所示。

(2) 选择菜单栏中的【视图】|【显示网格】命令，或者按下 Ctrl+"快捷键，即可在工作界面中显示网格，如图 2-39 所示。

(3) 选择菜单栏中的【编辑】|【首选项】|【参考线和网格】命令，在打开的【首选项】对话

计算机基础与实训教材系列

框的【参考线和网格】选项中，设置与调整网格参数。在【颜色】下拉列表中选择【自定】选项，打开【颜色】对话框，在【基本颜色】选项组中选择桃红色，然后单击【确定】按钮关闭【颜色】对话框，将网格颜色更改为桃红色，如图 2-40 所示。

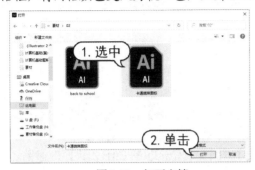

图 2-38　打开文档

图 2-39　显示网格

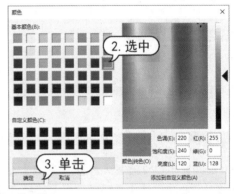

图 2-40　设置网格颜色

(4) 在【首选项】对话框中的【网格线间隔】文本框中设置网格线的间隔距离为 20 mm，在【次分隔线】文本框中设置网格线内再分割网格的数量为 5，然后单击【确定】按钮，即可将所设置的参数应用到文件中，如图 2-41 所示。

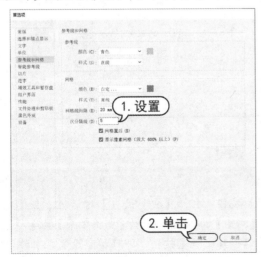

图 2-41　设置网格线

计算机基础与实训教材系列

> **提示**
>
> 在显示网格后，选择菜单栏中的【视图】|【对齐网格】命令，即可在创建和编辑对象时自动对齐网格，以实现操作的准确性。想要取消对齐网格的效果，只需再次选择【视图】|【对齐网格】命令即可。

2.8　操作的还原与重做

在图稿的绘制过程中，出现错误需要更正时，可以使用【还原】和【重做】命令对图稿进行还原或重做。在出现操作失误的情况时，选择【编辑】|【还原】命令，或按 Ctrl+Z 快捷键能够修正错误；还原之后，还可以选择【编辑】|【重做】命令，或按 Shift+Ctrl+Z 快捷键撤销还原，恢复到还原操作之前的状态。

2.9　实例演练

本章的实例演练部分通过制作天气 App 界面，使用户更好地掌握本章所介绍的文档基础操作知识。

【例 2-6】　制作天气 App 界面。 🎬视频

(1) 选择菜单栏中的【文件】|【新建】命令，或按 Ctrl+N 快捷键，打开【新建文档】对话框。在该对话框中，选中【移动设备】选项卡中的 iPhone X 选项。在"名称"文本栏中输入"天气界面"，在【画板数量】数值框中输入 3，如图 2-42 所示。

图 2-42　设置画板

(2) 在【新建文档】对话框中单击【更多设置】按钮，打开【更多设置】对话框。在【更多设置】对话框中，单击【按行排列】按钮，设置【间距】为 50px，设置【栅格效果】为【高(300 ppi)】。在【更多设置】对话框中完成设置后，单击【创建文档】按钮，即可按照设置在工作区中创建文档，如图 2-43 所示。

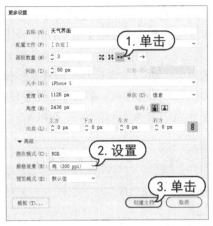 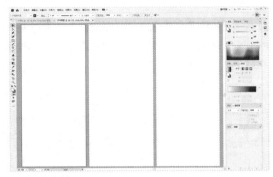

图 2-43 创建文档

(3) 选择【矩形】工具，在画板 1 左上角单击，在打开的【矩形】对话框中，设置【宽度】为 1125px，【高度】为 2436px，然后单击【确定】按钮，如图 2-44 所示。

(4) 将刚绘制的矩形描边设置为无，在【渐变】面板中设置填充色为 R=0 G=150 B=255 至 R=127 G=214 B=255 至 R=0 G=170 B=255 的渐变，【角度】为 90°，效果如图 2-45 所示。

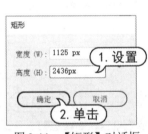

图 2-44 【矩形】对话框　　　　图 2-45 填充矩形

(5) 选择【文件】|【置入】命令，打开【置入】对话框。在该对话框中，选中所需的图像文件，然后单击【置入】按钮。在画板中单击，置入图像，并在控制栏中单击【嵌入】按钮，选择【对齐画板】选项，再单击【水平居中对齐】按钮，如图 2-46 所示。

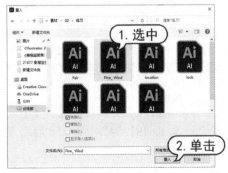 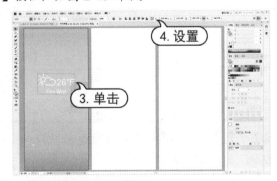

图 2-46 置入图像

(6) 使用【文字】工具在画板中单击并输入文字内容，输入完成后按 Ctrl+Enter 键。然后在控制栏中单击填充设置按钮,从弹出的【色板】面板中单击白色色板,单击【设置字体系列】按钮,从弹出的列表中选择 Franklin Gothic Demi Cond 字体,设置【字体大小】为 90 pt,如图 2-47 所示。

(7) 继续使用【文字】工具在画板中单击并输入文字内容,输入完成后按 Ctrl+Enter 键。然后在控制栏中单击填充设置按钮,从弹出的【色板】面板中单击白色色板,单击【设置字体系列】按钮,从弹出的列表中选择 Arial Narrow 字体,设置【字体大小】为 60pt,如图 2-48 所示。

图 2-47　输入文本(1)

图 2-48　输入文本(2)

(8) 使用【选择】工具选中步骤(6)至步骤(7)中创建的文字,并在控制栏中选中【对齐画板】选项,再单击【水平居中对齐】按钮,如图 2-49 所示。

(9) 使用【矩形】工具在画板中拖动绘制矩形,按 Ctrl+[键将绘制的矩形条放置在文字下方,并在【颜色】面板中设置填充色为 R=0 G=113 B=188,在【透明度】面板中设置【混合模式】为【正片叠底】,【不透明度】数值为 85%,如图 2-50 所示。

图 2-49　对齐文本

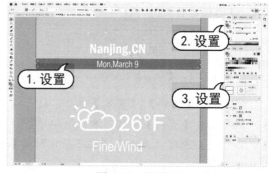

图 2-50　绘制矩形

(10) 选择【文件】|【置入】命令,打开【置入】对话框。在该对话框中,选中所需的图像文件,然后单击【置入】按钮。在画板中单击,置入图像,并在控制栏中单击【嵌入】按钮,再单击【水平居中对齐】按钮,如图 2-51 所示。

(11) 在工作区中选中画板 2,使用【矩形】工具绘制与画板同大小的矩形,并在【渐变】面板中设置填充色为 R=0 G=170 B=255 至 R=127 G=214 B=255 至 R=191 G=241 B=255 的渐变,【角度】为 90°,如图 2-52 所示。

(12) 使用【文字】工具在画板中单击并输入文字内容,输入完成后按 Ctrl+Enter 键。然后在控制栏中单击填充设置按钮,从弹出的【色板】面板中单击白色色板,单击【设置字体系列】按钮,从弹出的列表中选择 Arial Narrow 字体,设置【字体大小】为 70pt,如图 2-53 所示。

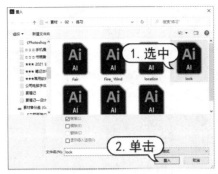

图 2-51　置入图像

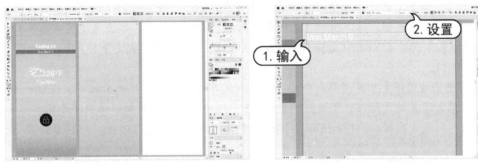

图 2-52　绘制矩形　　　　　　　　　　　图 2-53　输入文本

(13) 使用【矩形】工具在画板中拖动绘制矩形，按 Ctrl+[键将绘制的矩形条放置在文字下方，并在【颜色】面板中设置填充色为 R=0 G=113 B=188，在【透明度】面板中设置【混合模式】为【正片叠底】，【不透明度】数值为 85%，如图 2-54 所示。

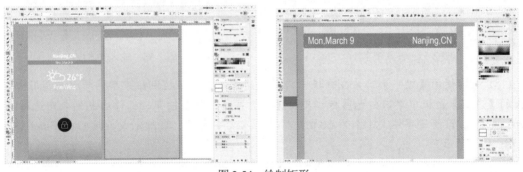

图 2-54　绘制矩形

(14) 选择【文件】|【置入】命令，打开【置入】对话框。在该对话框中，选中所需的图像文件，然后单击【置入】按钮。在画板中单击，置入图像，并在控制栏中单击【嵌入】按钮，如图 2-55 所示。

(15) 选择【文件】|【置入】命令，打开【置入】对话框。在该对话框中，选中所需的图像文件，然后单击【置入】按钮。在画板中单击，置入图像，并在控制栏中单击【嵌入】按钮，再单击【水平居中对齐】按钮，如图 2-56 所示。

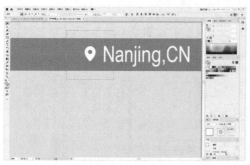 

图 2-55　置入图像(1)　　　　　　　　　图 2-56　置入图像(2)

(16) 使用【文字】工具在画板中单击并输入文字内容，输入完成后按 Ctrl+Enter 键。然后在控制栏中单击填充设置按钮，从弹出的【色板】面板中单击白色色板，单击【设置字体系列】按钮，从弹出的列表中选择 Franklin Gothic Demi Cond 字体，设置【字体大小】为 240 pt，如图 2-57 所示。

(17) 继续使用【文字】工具在画板中单击并输入文字内容，输入完成后按 Ctrl+Enter 键。然后在控制栏中单击填充设置按钮，从弹出的【色板】面板中单击白色色板，单击【设置字体系列】按钮，从弹出的列表中选择 Arial Narrow 字体，设置【字体大小】为 130 pt，如图 2-58 所示。

图 2-57　输入文本(1)　　　　　　　　　图 2-58　输入文本(2)

(18) 继续使用【文字】工具在画板中拖动创建文本框，在控制栏中单击填充设置按钮，从弹出的【色板】面板中单击白色色板，单击【设置字体系列】按钮，从弹出的列表中选择 Arial Narrow 字体，设置【字体大小】为 60 pt，然后输入文字内容。输入完成后按 Ctrl+Enter 键，结果如图 2-59 所示。

(19) 使用【矩形】工具在画板中拖动绘制矩形，如图 2-60 所示。

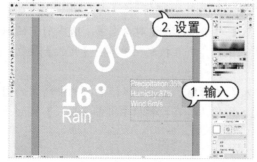 

图 2-59　输入文本(3)　　　　　　　　　图 2-60　绘制矩形(1)

计算机基础与实训教材系列

(20) 使用【矩形】工具在画板2中单击，在打开的【矩形】对话框中，设置【宽度】为210 px，【高度】为 685 px，单击【确定】按钮。然后在【透明度】面板中，设置【不透明度】数值为20%，如图 2-61 所示。

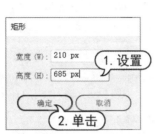 

图 2-61　绘制矩形(2)

(21) 按 Ctrl+C 键复制刚绘制的矩形，按 Ctrl+F 键进行粘贴。然后在【透明度】面板中，设置【不透明度】数值为40%。单击控制栏中的【变换】链接，在弹出的面板中设置参考点为上部中央，并设置【高】为 95 px，如图 2-62 所示。

(22) 使用【文字】工具在画板中单击并输入文字内容，输入完成后按 Ctrl+Enter 键。然后在控制栏中单击填充设置按钮，从弹出的【色板】面板中单击白色色板，单击【设置字体系列】按钮，从弹出的列表中选择 Franklin Gothic Demi Cond 字体，设置【字体大小】为 60 pt，如图 2-63 所示。

 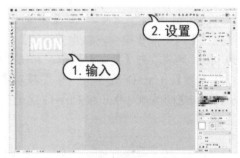

图 2-62　绘制矩形(3)　　　　　　　　图 2-63　输入文本

(23) 选择【文件】|【置入】命令，打开【置入】对话框。在该对话框中，选中所需的图像文件，单击【置入】按钮，然后在画板中单击，置入图像，如图 2-64 所示。

(24) 使用【文字】工具在画板中单击并输入文字内容，输入完成后按 Ctrl+Enter 键。然后在控制栏中单击填充设置按钮，从弹出的【色板】面板中单击白色色板，单击【设置字体系列】按钮，从弹出的列表中选择 Franklin Gothic Demi Cond 字体，设置【字体大小】为 90 pt，如图 2-65 所示。

(25) 继续使用【文字】工具在画板中单击并输入文字内容，输入完成后按 Ctrl+Enter 键。然后在控制栏中单击填充设置按钮，从弹出的【色板】面板中单击白色色板，单击【设置字体系列】按钮，从弹出的列表中选择 Arial Narrow 字体，设置【字体大小】为 45pt，如图 2-66 所示。

(26) 使用【选择】工具选中步骤(20)至步骤(25)创建的对象，在控制栏中选中【对齐关键对象】选项，单击步骤(20)绘制的矩形设置关键对象，然后再单击控制栏中的【水平居中对齐】按钮，如图 2-67 所示。

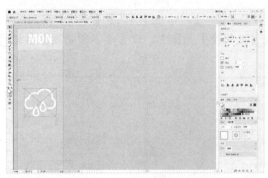

图 2-64　置入图像

图 2-65　输入文本(1)

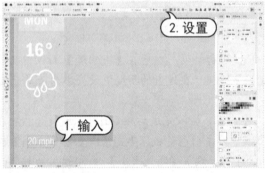

图 2-66　输入文本(2)

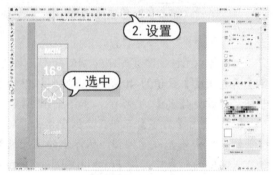

图 2-67　对齐对象(1)

(27) 按 Ctrl+G 键编组步骤(20)至步骤(25)创建的对象，右击编组对象，在弹出的快捷菜单中选择【变换】|【移动】命令，打开【移动】对话框。在该对话框中，设置【水平】为 220px，【垂直】为 0px，然后单击【复制】按钮，如图 2-68 所示。

(28) 连续按 Ctrl+D 键 3 次，重复移动复制编组对象，然后使用【选择】工具选中步骤(27)至步骤(28)创建的编组对象，按 Ctrl+G 键进行编组，再在控制栏中单击【水平居中对齐】按钮，如图 2-69 所示。

图 2-68　【移动】对话框

图 2-69　对齐对象

(29) 使用【文字】工具更改编组对象中的文字内容，如图 2-70 所示。

(30) 使用【直接选择】工具选中编组对象中的链接图像，再单击【链接】面板中的【重新链接】按钮，在打开的【置入】对话框中，选中一个图像文件，单击【置入】按钮，如图 2-71 所示。

图 2-70　更改文字内容　　　　　　　　　　　图 2-71　重新链接图像

(31) 在打开的【置入 PDF】对话框中，单击【确定】按钮更新链接文件，如图 2-72 所示。

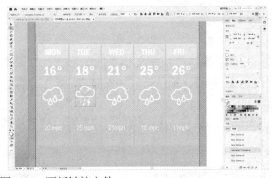

图 2-72　更新链接文件

(32) 使用与步骤(30)至步骤(31)相同的操作，更新其他链接文件，操作后的效果如图 2-73 所示。

(33) 使用【选择】工具选中步骤(11)绘制的矩形和步骤(28)创建的编组对象，按 Ctrl+C 键进行复制，再选中画板 3，按 Ctrl+F 键进行粘贴，操作后的效果如图 2-74 所示。

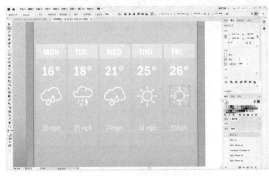

图 2-73　重新链接图像　　　　　　　　　　　图 2-74　复制对象(1)

(34) 使用【选择】工具选中步骤(5)至步骤(8)创建的图形对象，按 Ctrl+C 键复制对象，再选中画板 3，按 Ctrl+F 键粘贴对象，并调整其大小及位置，操作后的效果如图 2-75 所示。

(35) 使用【选择】工具选中步骤(12)输入的文本和步骤(14)置入的图像，按 Ctrl+C 键复制对象，再选中画板 3，按 Ctrl+F 键粘贴对象，并调整其位置，完成后的效果如图 2-76 所示。

图 2-75　复制对象(2)

图 2-76　完成后的效果

2.10　习题

1. 创建一个文件名为"新建文档"的图形文件，以【厘米】为度量单位，高为 26 cm、宽为 18.4 cm、取向为【横向】、颜色模式为 CMYK 颜色，然后再更改它的高为 18.4 cm、宽为 13 cm、取向为【纵向】。

2. 在 Illustrator 2020 中，绘制如图 2-77 所示的名片效果，并将其存储为模板文档。

图 2-77　名片模板

第3章

绘制简单图稿对象

　　绘制图形是 Illustrator 中重要的功能之一。Illustrator 为用户提供了多种图形绘制工具，使用这些工具可以方便地绘制直线线段、弧形线段、矩形、椭圆形等各种规则或不规则的矢量图形。熟练掌握这些工具的应用方法，对后面章节中的图形绘制及编辑操作会有很大帮助。

本章重点

- 了解路径与锚点
- 绘制基本几何图形
- 绘制线型对象和网格

二维码教学视频

【例 3-1】 制作极简风格登录界面　　　　【例 3-3】 制作标贴
【例 3-2】 制作吊牌

3.1 了解路径与锚点

Illustrator 中所有的图形都是由路径构成的，绘制矢量图形就是创建和编辑路径的过程。因此，了解路径的概念，以及熟练掌握路径的绘制和编辑技巧对快速、准确地绘制矢量图至关重要。

3.1.1 路径的基本概念

路径是使用绘图工具创建的任意形状的曲线，使用它可勾勒出物体的轮廓，所以也称之为轮廓线。为了满足绘图的需要，路径分为开放路径和封闭路径两种。开放路径的起点与终点不重合；封闭路径是一条连续的、起点和终点重合的路径，如图 3-1 所示。

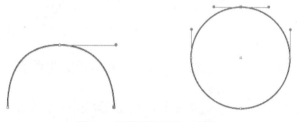

图 3-1　开放路径和闭合路径

一条路径是由锚点、线段、控制柄和控制点组成的，如图 3-2 所示。路径中可以包含若干直线或曲线线段。为了更好地控制路径形状，可以通过移动线段两端的锚点以变换线段的位置或改变路径的形状。

▽ 锚点：是指各线段两端的方块控制点，它可以改变路径的方向。锚点可分为角点和平滑点两种，如图 3-3 所示。

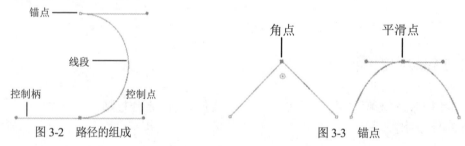

图 3-2　路径的组成　　　　图 3-3　锚点

▽ 线段：线段是指两个锚点之间的路径部分，分为直线线段和曲线线段两种，所有的路径都以锚点起始和结束。

▽ 控制柄：在绘制曲线路径的过程中，锚点的两端会出现带有锚点控制点的直线，也就是控制柄。使用【直接选取】工具在已绘制好的曲线路径上单击选取锚点，则锚点的两端会出现控制柄。通过移动控制柄上的控制点可以调整曲线的弯曲程度。

3.1.2　路径的填充及边线的快速设定

用户可以在控制栏中快速设置填充及描边的颜色,这也是最常用的填充、描边设置方式。用户可以在绘制图形前进行设置,也可以在选中已有的图形后在控制栏中进行设置。控制栏中包括【填充】和【描边】两个选项。

单击【填充】或【描边】选项,在弹出的下拉面板中单击某个色块,即可快速将其设置为当前填充或描边色,如图 3-4 所示。

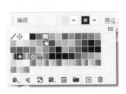

图 3-4　填充图形

3.2　绘制基本几何图形

Illustrator 提供了【矩形】工具、【圆角矩形】工具、【椭圆】工具、【多边形】工具、【星形】工具和【光晕】工具等多种形状工具。使用这些形状工具可以绘制相应的标准形状,也可以通过参数的设置绘制出形态丰富的图形。

3.2.1　绘制矩形和正方形

矩形是几何图形中最基本的图形。要绘制矩形,可以选择工具栏中的【矩形】工具 ▢,把鼠标指针移到要绘制图形的位置,然后单击设定起始点,以对角线方式向外拉动,直到得到理想的大小为止,最后释放鼠标即可创建矩形,如图 3-5 所示。

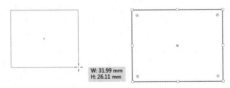

图 3-5　绘制矩形

> **提示**
> 如果在按住 Alt 键的同时按住鼠标左键拖动绘制图形,鼠标的单击点即为矩形的中心点。

如果要精确地绘制矩形,可选择【矩形】工具,然后在画板中单击,打开如图 3-6 所示的【矩形】对话框,在其中设置需要的【宽度】和【高度】后,单击【确定】按钮即可创建矩形。

图 3-6　【矩形】对话框

> **提示**
> 如果在单击画板的同时按住 Alt 键,但不移动鼠标,可以打开【矩形】对话框。在该对话框中输入长、宽值后,将以单击面板处为中心向外绘制矩形。

在使用【矩形】对话框绘制正方形时，只需输入相等的长、宽值即可，或者在按住 Shift 键的同时绘制图形，即可得到正方形。另外，如果以中心点为起始点绘制一个正方形，则需要同时按住 Alt+Shift 键，直到绘制完成后再释放鼠标。

矩形绘制完成后，在【属性】面板的【变换】窗格中单击【更多选项】按钮 ，在弹出的如图 3-7 所示的【属性】面板中，用户可以重新设置矩形的大小、角度，并可以为矩形设置边角样式和圆角半径。

矩形绘制完成后，用户还可以将鼠标光标移至形状构件处，当光标变为 形状时，按住鼠标拖动，即可设置边角效果，如图 3-8 所示。

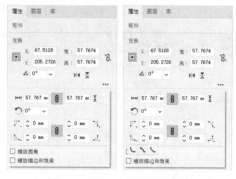

图 3-7 矩形的【属性】面板

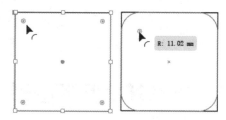

图 3-8 调整边角效果

3.2.2 绘制圆角矩形

圆角矩形的绘制方法与矩形的绘制方法基本相同。选择【圆角矩形】工具 后，在画板上单击，打开的【圆角矩形】对话框相较【矩形】对话框增加了一个【圆角半径】选项。输入的半径数值越大，得到的圆角矩形的圆角弧度越大；输入的半径数值越小，得到的圆角矩形的圆角弧度越小，如图 3-9 所示。当输入的数值为 0 时，得到矩形。

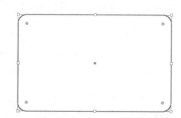

图 3-9 创建圆角矩形

【例 3-1】 制作极简风格登录界面。 视频

(1) 选择菜单栏中的【文件】|【新建】命令，或按 Ctrl+N 快捷键，打开【新建文档】对话框。在该对话框中，选中【移动设备】选项卡中的 iPad 选项。在【名称】文本框中输入"登录界面"，在【方向】选项组中单击【横向】按钮，设置【光栅效果】为【高(300ppi)】，然后单击【创建】按钮，如图 3-10 所示。

(2) 选择【文件】|【置入】命令，打开【置入】对话框。在该对话框中，选中所需的图像文件，单击【置入】按钮，如图 3-11 所示。

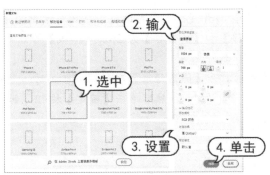
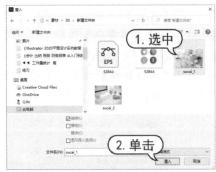

图 3-10　新建文档　　　　　　　　　　　图 3-11　【置入】对话框

(3) 在画板左上角单击，置入图像，并在控制栏中设置【参考点】为左上，取消选中【约束宽度和高度比例】按钮，设置【宽】为1024px，【高】为768px，如图3-12所示。

(4) 按Ctrl+2快捷键，锁定置入的图像。选择【圆角矩形】工具，在画板中单击，打开【圆角矩形】对话框。在该对话框中，设置【宽度】为428px，【高度】为548px，【圆角半径】为4px，然后单击【确定】按钮，如图3-13所示。

图 3-12　置入并设置图像

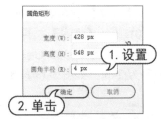

图 3-13　【圆角矩形】对话框

(5) 在控制栏中设置【描边】为无，选中【对齐画板】选项，单击【水平居中对齐】按钮和【垂直居中对齐】按钮。在【渐变】面板中，单击【径向渐变】按钮，设置渐变填充色为R=68 G=89 B=146至R=5 G=6 B=36；在【透明度】面板中，设置【不透明度】数值为90%，操作后的效果如图3-14所示。

(6) 使用【文字】工具在画板中单击，输入文本内容，按Ctrl+Enter键。然后在控制栏中设置字体颜色为白色，在【设置字体系列】下拉列表中选择Myriad Variable Concept，设置【字体大小】为60pt，操作后的效果如图3-15所示。

图 3-14　填充对象

图 3-15　输入并设置文本

计算机基础与实训教材系列

(7) 选择【效果】|【风格化】|【投影】命令，打开【投影】对话框。在该对话框的【模式】下拉列表中选择【正片叠底】选项，设置【X 位移】和【Y 位移】为 2px，【模糊】为 0px，然后单击【确定】按钮，如图 3-16 所示。

(8) 选择【圆角矩形】工具，在画板中单击，打开【圆角矩形】对话框。在该对话框中，设置【宽度】为 316px，【高度】为 52px，【圆角半径】为 4px，然后单击【确定】按钮，如图 3-17 所示。

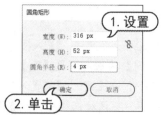

图 3-16　【投影】对话框　　　　　图 3-17　【圆角矩形】对话框

(9) 继续选择【效果】|【风格化】|【投影】命令，打开【投影】对话框。在该对话框的【模式】下拉列表中选择【正片叠底】选项，设置【不透明度】数值为 50%，【X 位移】和【Y 位移】为 2px，【模糊】为 6px，然后单击【确定】按钮，如图 3-18 所示。

(10) 选择【文字】工具，在画板中单击，输入文本内容，按 Ctrl+Enter 键。然后在控制栏中设置字体颜色为 R=153 G=153 B=153，在【设置字体系列】下拉列表中选择 Arial，设置【字体大小】为 24pt，如图 3-19 所示。

图 3-18　【投影】对话框　　　　　图 3-19　输入并设置文本

(11) 使用【选择】工具选中步骤(8)至步骤(10)创建的对象，在控制栏中单击【垂直居中对齐】按钮。然后右击对象，在弹出的快捷菜单中选择【变换】|【移动】命令，打开【移动】对话框。在该对话框中，设置【水平】为 0px，【垂直】为 90px，然后单击【复制】按钮，如图 3-20 所示。

(12) 选择【文字】工具，修改上一步创建的对象的文字内容，如图 3-21 所示。

(13) 使用【选择】工具选中步骤(11)创建的圆角矩形，右击，在弹出的快捷菜单中选择【变换】|【再次变换】命令，然后在【颜色】面板中，更改形状填充为 R=0 G=175 B=255，如图 3-22 所示。

(14) 使用【文字】工具在画板中单击，输入文本内容，按 Ctrl+Enter 键。然后在控制栏中设置字体颜色为白色，在【设置字体系列】下拉列表中选择 Arial Narrow Bold，设置【字体大小】为 36pt，如图 3-23 所示。

图 3-20　移动并复制对象　　　　　　　图 3-21　修改文字内容

图 3-22　变换并设置对象　　　　　　　图 3-23　输入并设置文本

(15) 使用【选择】工具选中步骤(13)至步骤(14)创建的对象，在控制栏中选择【对齐关键对象】选项，然后单击【水平居中对齐】按钮，操作后的效果如图 3-24 所示。

(16) 使用【文字】工具在画板中单击，输入文本内容，按 Ctrl+Enter 键。然后在控制栏中设置字体颜色为白色，在【设置字体系列】下拉列表中选择 Arial，设置【字体大小】为 15pt；按 Ctrl+T 快捷键打开【字符】面板，单击【下画线】按钮，完成后的效果如图 3-25 所示。

图 3-24　对齐对象

图 3-25　完成后的效果

3.2.3　绘制椭圆形和圆形

椭圆形和圆形的绘制方法与矩形的绘制方法基本相同。使用【椭圆】工具拖动鼠标可以在文档中绘制椭圆形或者圆形图形，如图 3-26 所示。

用户也可以通过如图 3-27 所示的【椭圆】对话框来精确地绘制椭圆图形。该对话框中的【宽度】和【高度】数值指的是椭圆的两个不同直径的值。

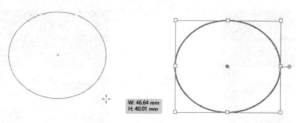

图 3-26　绘制椭圆形　　　　　　　　　　　　图 3-27　【椭圆】对话框

3.2.4　绘制多边形

使用【多边形】工具 拖动鼠标可以在文档中绘制多边形，系统默认的边数为 6，如图 3-28 所示。在工具栏中选择【多边形】工具，在画板中单击，即可通过如图 3-29 所示的【多边形】对话框创建多边形。在该对话框中，可以设置【半径】和【边数】，半径指多边形的中心点到角点的距离，鼠标的单击位置成为多边形的中心点。多边形的边数最少为 3，最多为 1000；半径数值的设定范围为 0~2889.779mm。

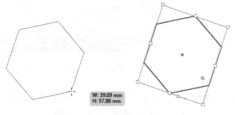

图 3-28　绘制多边形　　　　　　　　　　　图 3-29　【多边形】对话框

> **提示**
> 在按住鼠标拖动绘制的过程中，按键盘上的↑键可增加多边形的边数；按↓键可以减少多边形的边数。系统默认的边数为 6。如果绘制时，按住键盘上的~键可以绘制出多个多边形，如图 3-30 所示。

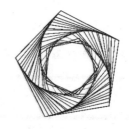

图 3-30　绘制多个多边形

3.2.5　绘制星形

使用【星形】工具 可以在文档页面中绘制不同形状的星形图形。选择【星形】工具，通过拖动鼠标即可绘制星形，如图 3-31 所示。用户也可以使用【星形】工具在画板上单击，打开如图 3-32 所示的【星形】对话框创建星形。在该对话框中可以设置星形的【角点数】和【半径】。此处有两个半径值，【半径 1】代表凹处控制点的半径值，【半径 2】代表顶端控制点的半径值。

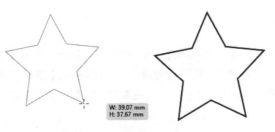

W: 39.07 mm
H: 37.67 mm

图 3-31　绘制星形

星形
半径 1(1): 8 mm
半径 2(2): 17 mm
角点数 (P): 5
确定
取消

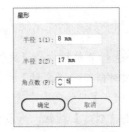

图 3-32　【星形】对话框

提示

当使用拖动光标的方法绘制星形图形时，如果同时按住 Ctrl 键，可以在保持星形的内切圆半径不变的情况下，改变星形图形的外切圆半径大小；如果同时按住 Alt 键，可以在保持星形的内切圆和外切圆的半径数值不变的情况下，通过按↑或↓键调整星形的尖角数。

3.3　绘制线型对象和网格

Illustrator 中包括【直线段】工具、【弧形】工具、【螺旋线】工具、【矩形网格】工具和【极坐标网格】工具 5 种线型绘图工具。使用这些工具既可以快速准确地绘制出标准的线型对象，也可以绘制出复杂的线型对象。

3.3.1　绘制直线

使用【直线段】工具可以直接绘制各种方向的直线。【直线段】工具的使用方法非常简单，选择工具箱中的【直线段】工具，在画板上单击并按照所需的方向拖动鼠标即可形成所需的直线，如图 3-33 所示。

用户也可以通过【直线段工具选项】对话框来创建直线。选择【直线段】工具，在希望线段开始的位置单击，打开【直线段工具选项】对话框，如图 3-34 所示。在该对话框中，【长度】选项用于设定直线的长度，【角度】选项用于设定直线和水平轴的夹角。当选中【线段填色】复选框时，将会以当前填充色对生成的线段进行填色。

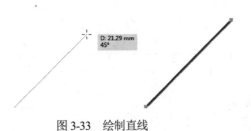

D: 21.29 mm
45°

图 3-33　绘制直线

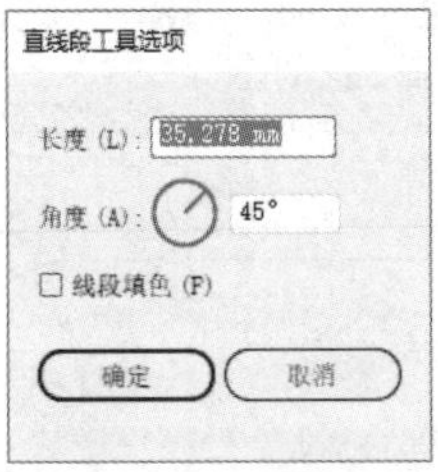

直线段工具选项
长度 (L): 35.278 mm
角度 (A): 45°
线段填色 (F)
确定
取消

图 3-34　【直线段工具选项】对话框

【例 3-2】 制作吊牌。 🎬视频

(1) 选择菜单栏中的【文件】|【新建】命令，或按 Ctrl+N 快捷键，打开【新建文档】对话框。在该对话框的【名称】文本框中输入"吊牌"，设置【宽度】为 100mm，【高度】为 80mm，在【颜色模式】下拉列表中选择【CMYK 颜色】选项，在【光栅效果】下拉列表中选择【高(300ppi)】，然后单击【创建】按钮，如图 3-35 所示。

(2) 选择【视图】|【显示网格】命令，显示网格。选择【矩形】工具，依据网格绘制如图 3-36 所示的矩形。

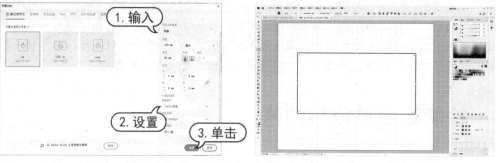

图 3-35 新建文档　　　　　　　　　　　　图 3-36 绘制矩形

(3) 在控制栏中单击【形状】选项，在弹出的下拉面板中，取消选中【链接圆角半径值】按钮，设置左侧圆角半径数值为 1mm，右侧圆角半径数值为 19mm，如图 3-37 所示。

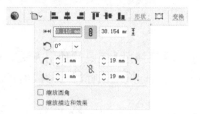 

图 3-37 调整图形对象

(4) 选择【椭圆】工具，按 Alt+Shift 键拖曳绘制圆形。然后使用【选择】工具选中步骤(3)绘制的图形和圆形，选择【窗口】|【路径查找器】命令，打开【路径查找器】面板，并单击【减去顶层】按钮，如图 3-38 所示。

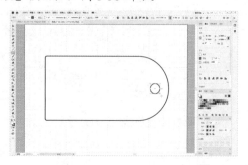 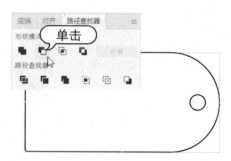

图 3-38 编辑图形对象

(5) 在【渐变】面板中单击【径向渐变】按钮，设置渐变填充色为 C=8 M=4 Y=84 K=0 至 C=0 M=85 Y=94 K=0，如图 3-39 所示。

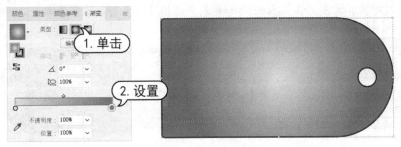

图 3-39　设置渐变填充

(6) 在控制栏中，设置图形描边颜色为白色，【描边粗细】为 6pt。然后选择【效果】|【风格化】|【投影】命令，打开【投影】对话框。在该对话框中，设置【不透明度】数值为 55%，【X 位移】和【Y 位移】为 0.7mm，【模糊】为 0.5mm，然后单击【确定】按钮，如图 3-40 所示。

图 3-40　添加投影

(7) 使用【直线段】工具在画板中绘制直线，并在控制栏中设置【描边粗细】为 0.25pt，【不透明度】数值为 20%，如图 3-41 所示。

(8) 选择【效果】|【扭曲和变换】|【变换】命令，打开【变换效果】对话框。在该对话框中，设置【角度】数值为 5°，【副本】数值为 36，然后单击【确定】按钮，如图 3-42 所示。

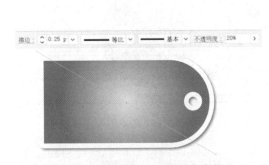 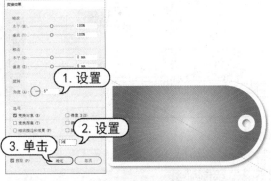

图 3-41　绘制直线段　　　　　　　　　　　　图 3-42　变换对象

 提示

在绘制直线的过程中，按住键盘上的空格键，可以随鼠标的移动改变绘制直线的位置。

(9) 使用【选择】工具选中步骤(4)创建的对象,按 Ctrl+C 键复制对象,按 Ctrl+F 键粘贴对象,并按 Shift+Ctrl+]键将复制的对象置于顶层。继续使用【选择】工具选中刚复制的图形和步骤(8)创建的变换对象,右击,在弹出的快捷菜单中选择【建立剪切蒙版】命令,如图 3-43 所示。

图 3-43　建立剪切蒙版

(10) 选择【文件】|【置入】命令,打开【置入】对话框。在该对话框中,选择所需的素材文档,单击【置入】按钮,然后在画板中单击,置入图形,如图 3-44 所示。

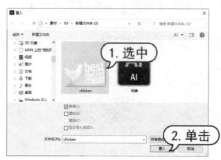

图 3-44　置入图形

(11) 选择【效果】|【风格化】|【投影】命令,打开【投影】对话框。在该对话框中,设置投影颜色为 C=22 M=98 Y=100 K=0,【不透明度】数值为 50%,【X 位移】为 0.3mm,【Y 位移】为 0.4mm,【模糊】为 0.2mm,然后单击【确定】按钮,完成后的效果如图 3-45 所示。

图 3-45　完成后的效果

3.3.2　绘制弧线

　　【弧形】工具 ⌒ 用于绘制各种曲率和长短的弧线。用户可以直接选择该工具后用鼠标在画板上拖动,或通过【弧线段工具选项】对话框来创建弧线,如图 3-46 所示。选择【弧形】工具后在画板上单击,打开如图 3-47 所示的【弧线段工具选项】对话框。在该对话框中可以设置弧线段的长度、类型、基线轴及斜率的大小。

计算机基础与实训教材系列

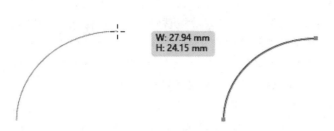

图 3-46　绘制弧线　　　　　　　　　　图 3-47　【弧线段工具选项】对话框

提示

　　使用【弧形】工具的过程中，在按住 Shift 键的同时按住鼠标左键拖动可以得到 X 轴、Y 轴长度相等的弧线；按键盘上的 C 键可以改变弧线的类型，也就是在开放路径和闭合路径之间进行切换；按键盘上的 F 键可以改变弧线的方向；按键盘上的 X 键可使弧线在凹、凸曲线之间切换；在按住键盘上的空格键的同时按住鼠标左键拖动，则弧线随鼠标的移动改变位置；在按住键盘上的↑键的同时按住鼠标左键拖动，则可增大弧线的曲率半径，如果按键盘上的↓键则减小弧线的曲率半径。

　　▽　【X 轴长度】用来定义一个端点在 X 轴方向上距离原点的长度
　　▽　【Y 轴长度】用来定义另一个端点在 Y 轴方向上距离原点的长度。
　　▽　【类型】是指弧线的类型，包括开放弧线和闭合弧线。
　　▽　【基线轴】可以用来设定弧线是以 X 轴还是 Y 轴为中心。
　　▽　【斜率】是曲率的设定，它包括两种表现手法，即【凹】和【凸】的曲线。
　　▽　当【弧线填色】复选框为选中状态时，将会以当前填充色对生成的线段进行填色。

3.3.3　绘制螺旋线

　　【螺旋线】工具 可用来绘制各种螺旋形状。用户可以直接选择该工具后用鼠标在画板上拖动，也可以通过【螺旋线】对话框来创建螺旋线，如图 3-48 所示。选择【螺旋线】工具后在画板中单击鼠标，可打开如图 3-49 所示的【螺旋线】对话框。在该对话框中，【半径】用于设定从中央到外侧最后一个点的距离；【衰减】用来控制涡形之间相差的比例，百分比越小，涡形之间的差距越小；【段数】用来调节螺旋内路径片段的数量；在【样式】选项组中可选择顺时针或逆时针涡形。

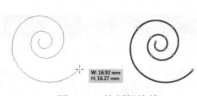

图 3-48　绘制螺旋线　　　　　　　　图 3-49　【螺旋线】对话框

提示

在使用【螺旋线】工具时，按住鼠标左键拖动可旋转涡形；在按住鼠标左键拖动的过程中按住 Shift 键，可控制旋转的角度为 45° 的倍数。在按住鼠标左键拖动的过程中按住 Ctrl 键可保持涡形线的衰减比例；在按住鼠标左键拖动的过程中按住键盘上的 R 键，可改变涡形线的旋转方向；在按住鼠标左键拖动的过程中按住键盘上的空格键，可随鼠标拖动移动涡形线的位置。在按住鼠标左键拖动的过程中，按键盘上的↑键可增加涡形线的路径片段的数量，每按一次，增加一个路径片段；反之，按键盘上的↓键可减少路径片段的数量。

3.3.4 绘制网格线

【矩形网格】工具囲用于绘制矩形内部的网格。用户可以直接选择该工具后用鼠标在画板上拖动绘制，如图 3-50 所示。用户也可以通过【矩形网格工具选项】对话框来创建矩形网格。选择【矩形网格】工具后在画板中单击，打开如图 3-51 所示的【矩形网格工具选项】对话框后即可进行设置。

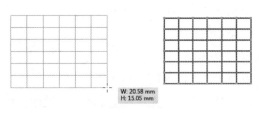

W: 20.58 mm
H: 15.05 mm

图 3-50　绘制网格线　　　　　　　图 3-51　【矩形网格工具选项】对话框

- ▽ 【宽度】和【高度】用于指定矩形网格的宽度和高度，通过可以用鼠标选择基准点的位置。
- ▽ 【数量】指矩形网格内横线(竖线)的数量，也就是行(列)的数量。
- ▽ 【倾斜】表示行(列)的位置。当数值为 0%时，线和线之间的距离均等；当数值大于 0%时，就会变成向上(右)的行间距逐渐变窄的网格；当数值小于 0%时，就会变成向下(左)的行间距逐渐变窄的网格。
- ▽ 【使用外部矩形作为框架】复选框为选中状态时，得到的矩形网格外框为矩形，否则，得到的矩形网格外框为不连续的线段。
- ▽ 【填色网格】复选框为选中状态时，将会以当前填充色对生成的线段进行填色。

提示

在拖动的过程中按住键盘上的 C 键，竖向的网格间距会逐渐向右变窄；按住 V 键，横向的网格间距会逐渐向上变窄；在拖动的过程中按住键盘上的↑和→键，可以增加竖向和横向的网格线；按↓和←键可以减少竖向和横向的网格线。在拖动的过程中按住键盘上的 X 键，竖向的网格间距会逐渐向左变窄；按住 F 键，横向的网格间距会逐渐向下变窄。

3.3.5　绘制极坐标网格线

使用【极坐标网格】工具可以绘制同心圆，或按照指定的参数绘制放射线段。【极坐标网格】工具的使用方法和【矩形网格】工具的使用方法类似，可以直接选择该工具后用鼠标在画板上拖动，也可以通过【极坐标网格工具选项】对话框来创建极坐标图形，如图 3-52 所示。选择【极坐标网格】工具后在画板中单击，可以打开如图 3-53 所示的【极坐标网格工具选项】对话框。

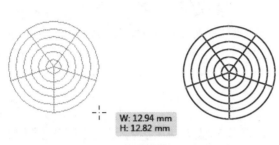

图 3-52　绘制极坐标网格线　　　　　　图 3-53　【极坐标网格工具选项】对话框

▽　【宽度】和【高度】数值框可以指定极坐标网格的水平直径和垂直直径，通过 可以用鼠标选择基准点的位置。

▽　【同心圆分隔线】选项组中的【数量】数值框可以指定极坐标网格内圆的数量，【倾斜】数值可以指定圆形之间的径向距离。当【倾斜】数值为 0% 时，线和线之间的距离均等；当【倾斜】数值大于 0% 时，就会变成向外的间距逐渐变窄的网格；当【倾斜】数值小于 0% 时，就会变成向内的间距逐渐变窄的网格。

▽　【径向分割线】选项组中的【数量】数值框可以指定极坐标网格内放射线的数量，【倾斜】数值框可以指定放射线的分布。当【倾斜】数值为 0% 时，线和线之间均等分布；当【倾斜】数值大于 0% 时，会变成顺时针方向之间变窄的网格；当【倾斜】数值小于 0% 时，会变成逆时针方向逐渐变窄的网格。

▽　选中【从椭圆形创建复合路径】复选框，可以将同心圆转换为独立复合路径并每隔一个圆填色。

▽　选中【填色网格】复选框，将会以当前填充色对生成的线段进行填色。

使用【极坐标网格】工具在拖动过程中按住键盘上的 C 键，圆形之间的间隔向外逐渐变窄。在拖动的过程中按住键盘上的 X 键，圆形之间的间隔向内逐渐变窄，如图 3-54 所示。在拖动的过程中按住键盘上的 F 键，放射线的间隔会按逆时针方向逐渐变窄，如图 3-55 所示。

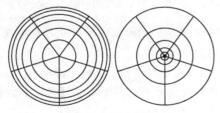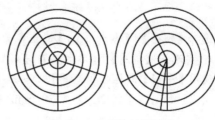

图 3-54　改变圆形间隔　　　　　　　　　图 3-55　改变放射线间隔

在绘制极坐标网格线的过程中，按键盘上的↑键可增加圆形的数量，每按一次，增加一个圆形；按键盘上的↓键可以可减少圆形的数量，如图 3-56 所示。按键盘上的→键可增加放射线的数量，每按一次，增加一条放射线；按键盘上的←键可减少放射线的数量，如图 3-57 所示。

图 3-56　增加或减少圆形数量

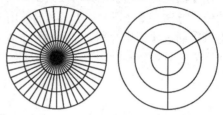

图 3-57　增加或减少放射线数量

3.4　实例演练

本章的实例演练通过制作标贴这个综合实例，使用户更好地掌握本章所介绍的图形对象的绘制与编辑的基本操作方法和技巧。

【例 3-3】　制作标贴。　🔘视频

(1) 选择【文件】|【新建】命令，打开【新建文档】对话框。在该对话框的【名称】文本框中输入"标贴"，设置【宽度】和【高度】为 100 mm，【颜色模式】为 RGB 颜色，【光栅效果】为【高(300ppi)】，然后单击【创建】按钮新建文档，如图 3-58 所示。

(2) 使用【矩形网格】工具在画板左上角单击，打开【矩形网格工具选项】对话框。在该对话框中，设置【宽度】为 100mm，【高度】为 100mm，水平分隔线【数量】为 1，垂直分隔线【数量】为 1，单击【确定】按钮，如图 3-59 所示。

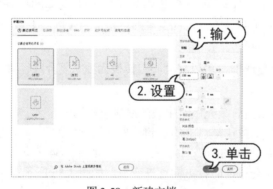

图 3-58　新建文档

图 3-59　【矩形网格工具选项】对话框

(3) 选择【视图】|【参考线】|【建立参考线】命令，将绘制的矩形网格转换为参考线，如图 3-60 所示。再选择【视图】|【参考线】|【锁定参考线】命令。

(4) 使用【星形】工具在参考线中心点单击，打开【星形】对话框。在该对话框中，设置【半径 1(1)】为 35 mm，【半径 2(2)】为 30 mm，【角点数】数值为 15，然后单击【确定】按钮，如图 3-61 所示。

计算机基础与实训教材系列

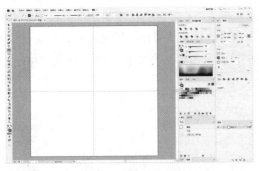

图 3-60　转换为参考线

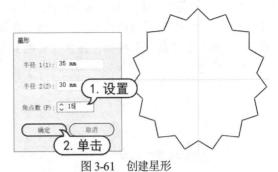

图 3-61　创建星形

(5) 选择【直接选择】工具，并在控制栏中设置【边角】为 3 mm，如图 3-62 所示。

(6) 在【颜色】面板中，将描边色设置为无。在【渐变】面板中，单击【径向渐变】按钮，设置填充色为 R=206 G=121 B=56 至 R=248 G=190 B=88 至 R=248 G=245 B=178 至 R=248 G=190 B=88 至 R=206 G=121 B=56 的渐变，如图 3-63 所示。

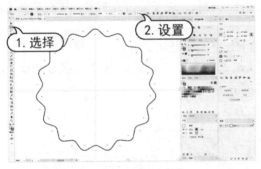

图 3-62　调整图形

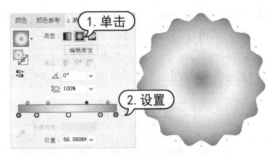

图 3-63　填充图形

(7) 选择【椭圆】工具，在参考线中心点单击并按 Alt+Shift 键拖动绘制圆形，然后在【色板】面板中设置填充色为白色，操作后的效果如图 3-64 所示。

(8) 在刚绘制的圆形上右击，在弹出的快捷菜单中选择【变换】|【缩放】命令，打开【比例缩放】对话框。在该对话框中，选中【等比】单选按钮，设置数值为 97%，然后单击【复制】按钮，如图 3-65 所示。

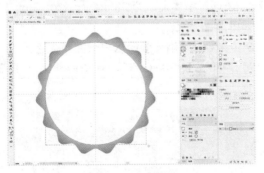

图 3-64　绘制圆形

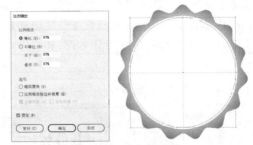

图 3-65　缩小并复制图形

(9) 使用【吸管】工具单击步骤(6)中设置的对象渐变，并在【渐变】面板中的【类型】选择项组中单击【线性】按钮，操作后的效果如图 3-66 所示。

(10) 选择【选择】工具，在步骤(8)创建的圆形上右击，在弹出的快捷菜单中选择【变换】|【缩放】命令，打开【比例缩放】对话框。在该对话框中，选中【等比】单选按钮，设置数值为92%，然后单击【复制】按钮，并在【颜色】面板中将填充色设置为白色，如图 3-67 所示。

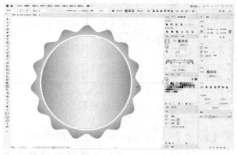

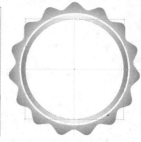

图 3-66　设置渐变　　　　　　　　图 3-67　缩小并复制图形(1)

(11) 在步骤(10)创建的圆形上右击，在弹出的快捷菜单中选择【变换】|【缩放】命令，打开【比例缩放】对话框。在该对话框中，选中【等比】单选按钮，设置数值为70%，然后单击【复制】按钮，如图 3-68 所示。

(12) 使用【路径文字】工具在刚创建的圆形路径上单击并输入文字内容。然后使用【直接选择】工具调整文字位置，并在【颜色】面板中设置填充色为 R=114 G=92 B=73，在控制栏中设置字体样式为 Arial，字体大小为 15 pt，如图 3-69 所示。

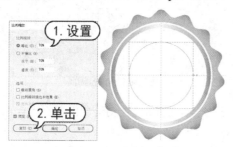

图 3-68　缩小并复制图形(2)　　　　　　图 3-69　输入路径文字

(13) 使用【文字】工具在画板中拖动创建文本框并输入文字内容。然后在【属性】面板的【字符】选项组中设置字体样式为 Franklin Gothic Heavy，字体大小为 38 pt，行距为 33 pt；并在【段落】选项组中单击【全部两端对齐】按钮，如图 3-70 所示。

(14) 按 Shift+Ctrl+O 键应用【创建轮廓】命令，然后在【渐变】面板中设置填充色为 R=206 G=121 B=56 至 R=248 G=190 B=88 至 R=248 G=190 B=88 至 R=206 G=121 B=56 的渐变，如图 3-71 所示。

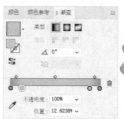

图 3-70　输入并设置文本　　　　　　图 3-71　填充渐变

(15) 选择【选择】工具，按 Ctrl+A 快捷键全选图形对象，并按 Ctrl+G 快捷键编组对象。然后按 Shift 键向上移动编组对象，操作后的效果如图 3-72 所示。

(16) 选择【矩形】工具，在画板中依据参考线绘制矩形，操作后的效果如图 3-73 所示。

图 3-72　编组并调整图形对象

图 3-73　绘制矩形

(17) 使用【吸管】工具单击步骤(9)中设置的对象渐变，并在【渐变】面板中设置【角度】数值为 90°，如图 3-74 所示。

(18) 按 Shift+Ctrl+[将刚绘制的矩形置于底层，在矩形上右击，在弹出的快捷菜单中选择【变换】|【缩放】命令，打开【比例缩放】对话框。在该对话框中，选中【不等比】单选按钮，设置【水平】数值为 70%，【垂直】数值为 100%，单击【复制】按钮。然后在【渐变】面板中调整颜色滑块位置，如图 3-75 所示。

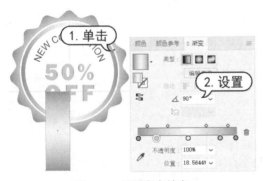

图 3-74　设置渐变填充

图 3-75　缩小并复制图形(1)

(19) 使用【选择】工具选中步骤(16)中绘制的矩形，右击，在弹出的快捷菜单中选择【变换】|【缩放】命令，打开【比例缩放】对话框。在该对话框中，选中【不等比】单选按钮，设置【水平】数值为 60%，【垂直】数值为 100%，然后单击【复制】按钮，并按 Ctrl+]键将刚创建的矩形上移一层，如图 3-76 所示。

(20) 选择【钢笔】工具，在画板中绘制如图 3-77 所示的三角形，并在【色板】面板中设置填充色为白色。

(21) 使用【选择】工具选中步骤(16)至步骤(20)中创建的对象，按 Ctrl+G 快捷键编组对象，再按 Shift+Ctrl+[键将编组对象置于底层。选择【旋转】工具，在【属性】面板的【变换】选项组中设置参考点为右上角，并设置【旋转】数值为 340°，如图 3-78 所示。

(22) 按 Ctrl+C 快捷键复制编组对象，按 Ctrl+F 快捷键粘贴编组对象，然后在【属性】面板的【变换】选项组中单击【水平轴翻转】按钮 完成标贴的制作，操作后的效果如图 3-79 所示。

图 3-76　缩小并复制图形(2)

图 3-77　绘制图形

图 3-78　旋转对象

图 3-79　复制并水平翻转对象

3.5　习题

1. 新建图形文档，并在文档中绘制如图 3-80 所示的图标效果。
2. 新建图形文档，并在文档中绘制如图 3-81 所示的包装效果。

图 3-80　图标效果

图 3-81　包装效果

第4章

图稿填充与描边

对图形对象进行填充及描边处理是运用 Illustrator 进行设计工作的常用操作。Illustrator 不仅为用户提供了纯色、渐变、图案等多种填充方式，还提供了描边设置选项。本章将详细讲解填充及描边设置的操作方法。

本章重点

- 使用标准颜色控件
- 常用的颜色选择面板
- 填充渐变
- 编辑描边属性

二维码教学视频

【例 4-1】 创建自定义色板
【例 4-2】 使用色板库进行填充
【例 4-3】 制作 App 图标
【例 4-4】 创建、编辑渐变网格
【例 4-5】 使用图案填充图形
【例 4-6】 创建自定义图案
【例 4-7】 编辑已创建的图案
【例 4-8】 使用【实时上色】工具
【例 4-9】 编辑实时上色组
【例 4-10】 制作汽车展示海报

4.1 使用标准颜色控件

在控制栏中设置填充和描边颜色主要是通过色板来完成的，但是色板中的颜色有限，有时无法满足用户需求。当需要更多的颜色时，用户可以在工具栏的标准颜色控件中进行设置。使用标准颜色控件可以快捷地为图形设置填充或描边颜色。

4.1.1 详解标准颜色控件

使用 Illustrator 工具栏中的颜色控制组件可以对选中的对象进行填充和描边，也可以设置即将创建对象的填充和描边属性，如图 4-1 所示。

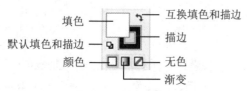

图 4-1 标准颜色控件

> **提示**
>
> 单击左下角的【默认填色和描边】图标可恢复软件默认的填充色和边线色。软件默认的填充色为白色，边线色为黑色。

控件组中左上角的方框代表填充色，右下角的双线框代表边线色。所有绘制的路径都可以用各种颜色、图案或渐变的方式填充。填充色和边线色的下方有 3 个按钮，分别代表颜色、渐变和无色。

▽ 单击【颜色】按钮可以填充印刷色、专色和 RGB 色等。颜色可以通过【颜色】面板进行设定，也可以直接在【色板】面板中选取。

▽ 单击【渐变】按钮，可以填充双色或更多色的渐变。用户还可以在【渐变】面板中设置渐变色。设置好的渐变色可以用鼠标拖到【色板】面板中存放，以方便选取。

▽ 单击【无色】按钮可以将路径填充设置为透明色。在图形的绘制过程中，为了避免填充色的干扰，可将填充色设置为无色。

4.1.2 使用【拾色器】对话框选择颜色

在 Illustrator 中，双击工具栏下方的【填色】或【描边】图标都可以打开【拾色器】对话框。在【拾色器】对话框中可以基于 HSB、RGB、CMYK 等颜色模型设置填充或描边颜色，如图 4-2 所示。

在【拾色器】对话框左侧的主颜色框中单击可选取颜色。该颜色会显示在右侧上方的颜色方框内，同时右侧文本框的数值会随之改变。用户也可以在右侧的颜色文本框中输入数值，或拖动主颜色框右侧颜色滑杆的滑块来改变主颜色框中的主色调。

单击【拾色器】对话框中的【颜色色板】按钮，可以显示颜色色板选项，如图 4-3 所示，可以在其中直接单击选择色板设置填充或描边颜色。单击【颜色模型】按钮可以返回选择颜色状态。

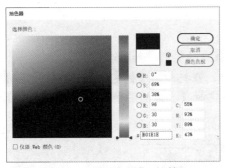

图 4-2　【拾色器】对话框

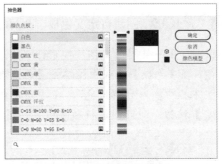

图 4-3　显示颜色色板

4.2　常用的颜色选择面板

单一颜色是绘制图形时最常见的填充方式，Illustrator 中有多种方式可以对图形进行单一颜色的填充和描边。

4.2.1　使用【色板】面板

选择【窗口】|【色板】命令，可打开如图 4-4 所示的【色板】面板。【色板】面板主要用于存储颜色，并且还能存储渐变色、图案等。存储在【色板】面板中的颜色、渐变色、图案均以正方形显示，即以色板的形式显示。利用【色板】面板可以应用、创建、编辑和删除色板。在【色板】面板中，单击【显示列表视图】按钮 ≡ 和【显示缩览图视图】按钮 ▦ 可以直接更改色板显示状态，如图 4-5 所示。

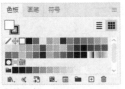

图 4-4　【色板】面板

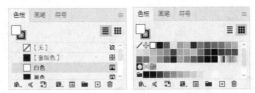

图 4-5　更改为缩览图显示

【色板】面板底部还包含几个常用的功能按钮，其作用如下。

▽　【"色板库"菜单】按钮 ：用于显示色板库扩展菜单。

▽　【显示"色板类型"菜单】按钮 ：用于显示色板类型菜单。

▽　【色板选项】按钮 ：用于显示色板选项对话框。

▽　【新建颜色组】按钮 ：用于新建一个颜色组。

▽　【新建色板】按钮 ：用于新建和复制色板。

▽　【删除色板】按钮 ：用于删除当前选择的色板。

1. 创建自定义色板

在 Illustrator 中，用户可以将自定义的颜色、渐变或图案创建为色样，存储到【色板】面板中。

计算机基础与实训教材系列

【例 4-1】 创建自定义色板。 视频

(1) 打开一个图形文档，按 Ctrl+A 快捷键选中画板中的图形，如图 4-6 所示。

(2) 在【色板】面板中，单击【新建颜色组】按钮，在打开的【新建颜色组】对话框的【名称】文本框中输入"彩虹色"，在【创建自】选项组中选择【选定的图稿】单选按钮，然后单击【确定】按钮，即可创建新颜色组，如图 4-7 所示。

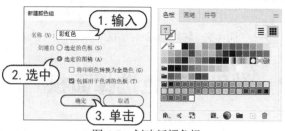

图 4-6　选取图形　　　　　　　　　　　　图 4-7　创建新颜色组

(3) 按 Shift+Ctrl+A 键，取消选中画板中的图形。在【色板】面板中，单击新建颜色组中的 R=226 G=255 B=83 色板，再单击面板菜单按钮，在弹出的下拉菜单中选择【新建色板】命令，打开【新建色板】对话框，如图 4-8 所示。

(4) 在【新建色板】对话框中，设置【色板名称】为"荧光黄"，在【颜色类型】下拉列表中选择【专色】选项，在【颜色模式】下拉列表中选择 CMYK 选项，然后单击【确定】按钮，关闭对话框，将设置的色板添加到面板中，如图 4-9 所示。

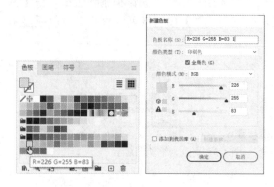
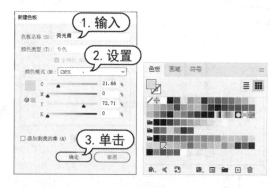

图 4-8　【新建色板】对话框　　　　　　　图 4-9　添加色板

2. 从色板库中选择颜色

Illustrator 2020 还提供了几十种固定的色板库，每个色板库中均含有大量的颜色组合提供给用户使用。

要使用色板库中的颜色，用户可以选择【窗口】|【色板库】命令子菜单中的相应色板库，或从【色板】面板菜单中选择【打开色板库】命令子菜单中的相应色板库，即可打开所选择的色板库面板。单击色板库面板中的色板，即可改变所选图形对象的填充色或描边。

【例 4-2】 使用色板库进行填充。 视频

(1) 在 Illustrator 中，打开一个素材文档，如图 4-10 所示。

(2) 选择【色板】面板扩展菜单中的【打开色板库】命令，显示的子菜单中包含了系统提供的所有色板库，用户可以根据需要选择合适的色板库。选择【打开色板库】|【自然】|【风景】命令，打开相应的色板库，如图 4-11 所示。

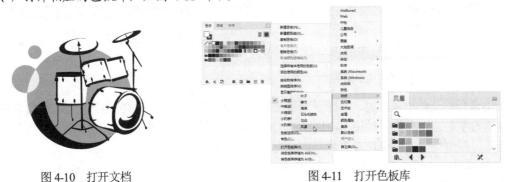

图 4-10　打开文档　　　　　　　　　　　　　　图 4-11　打开色板库

(3) 使用【选择】工具选中要填充的对象，然后在【风景】面板中单击所需色板，填充图形，如图 4-12 所示。

图 4-12　填充对象(一)

(4) 使用与步骤(3)相同的操作方法，分别选中需要填充的对象，再在【风景】色板中单击所需色板，填充图形，如图 4-13 所示。

图 4-13　填充对象(二)

4.2.2　使用【颜色】面板

【颜色】面板是 Illustrator 中的常用面板，使用【颜色】面板可以将颜色应用于对象的填色和描边，也可以编辑和混合颜色。选择菜单栏中的【窗口】|【颜色】命令，即可打开如图 4-14 所示的【颜色】面板。在【颜色】面板的右上角单击面板菜单按钮，可打开如图 4-15 所示的【颜色】面板菜单。

填色色块和描边框的颜色用于显示当前填充色和描边色。单击填色色块或描边框，可以切换当前编辑颜色。拖动颜色滑块或在颜色数值框内输入数值，填充色或描边色会随之发生变化，如图 4-16 所示。

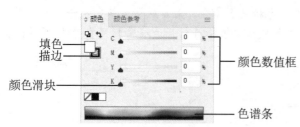

图 4-14　【颜色】面板

图 4-15　面板菜单

当将鼠标移至色谱条上时，光标变为吸管形状，这时按住鼠标并在色谱条上移动，滑块和数值框内的数字会随之变化，如图 4-17 所示，同时选中的填充色或描边色也会不断发生变化。释放鼠标后，即可将当前的颜色设置为当前填充色或描边色。

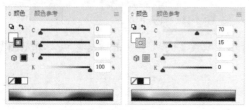

图 4-16　拖动颜色滑块

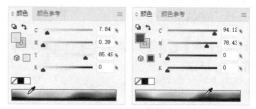

图 4-17　使用吸管设置颜色

用鼠标单击图 4-18 中所示的无色框，即可将当前填充色或描边色改为无色。若单击图 4-19 中光标处的颜色框，可将当前填充色或描边色恢复为最后一次设置的颜色。

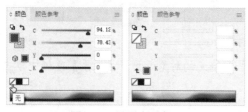

图 4-18　设置为无色

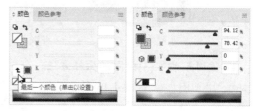

图 4-19　使用最后设置的颜色

4.3　填充渐变

填充渐变是平面设计作品中一种重要的颜色表现方式，增强了对象的可视效果。Illustrator 中提供了线性渐变和径向渐变两种方式。在 Illustrator 中，用户可以将渐变存储为色板，从而便于将渐变应用于多个对象。

4.3.1　使用【渐变】面板

选择【窗口】|【渐变】命令，或按快捷键 Ctrl+F9，打开如图 4-20 所示的【渐变】面板。在【渐变】面板中可以创建线性、径向和任意形状渐变 3 种类型的渐变，并且可以对渐变颜色、角度、不透明度等参数进行设置。

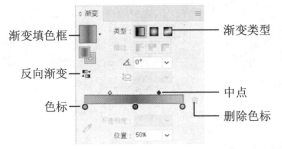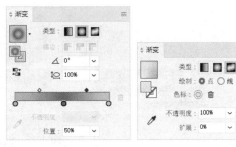

图 4-20　【渐变】面板

　　单击【渐变】面板中的【预设渐变】按钮，可以显示预设的渐变列表，如图 4-21 所示。单击渐变列表底部的【添加到色板】按钮，可以将当前的渐变设置存储为色板。

　　在【渐变】面板中，包括【线性】【径向】和【任意形状渐变】三种类型。当单击【线性】按钮时，渐变色将按照从一端到另一端的方式进行变化，如图 4-22 所示。当单击【径向】按钮时，渐变色将按照从中心到边缘的方式进行变化，如图 4-23 所示。

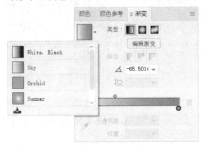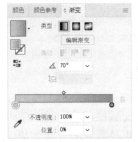

图 4-21　预设渐变列表　　　　　　　　　图 4-22　线性渐变

　　默认的渐变色是从黑色渐变到白色，要想更改色标颜色，双击色标即可设置颜色。如果当前可设置的颜色只有黑、白、灰，可以单击 按钮，在弹出的菜单中选择 RGB 或其他颜色模式，即可进行彩色的设置，如图 4-24 所示。

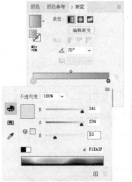

图 4-23　径向渐变　　　　　　　　　图 4-24　设置色标颜色

提示

　　在设置【渐变】面板中的颜色时，还可以直接将【色板】面板中的色块拖动到【渐变】面板中的颜色滑块上释放，如图 4-25 所示。

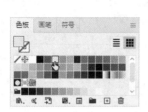

图 4-25　设置色标颜色

　　若要在【线性】或【径向】模式下设置多种颜色的渐变效果，则需要添加色标。将光标移动至渐变颜色条下方，当光标变为 形状时，单击即可添加色标，如图 4-26 所示。然后，就可以更改色标的颜色。

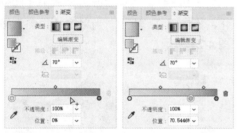

图 4-26　添加色标

> **提示**
>
> 　　删除色标有两种方法。一种方法是先单击选中需要删除的色标，然后单击【删除色标】按钮，即可删除色标。另一种方法是在要删除的色标上方，按住鼠标左键将其向渐变颜色条外侧拖曳，即可删除色标。

　　拖曳滑块可以更改渐变颜色，单击颜色中点将其选中，然后拖曳或者在【位置】文本框中输入 0~100 的值，即可更改两种颜色的过渡效果，如图 4-27 所示。

图 4-27　设置颜色中点

　　若要更改渐变颜色的不透明度，可单击【渐变】面板中的色标，然后在【不透明度】数值框中指定一个数值，如图 4-28 所示。

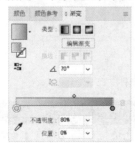

图 4-28　设置色标的不透明度

当渐变类型为【线性】或【径向】时，单击
【反向渐变】按钮 ▦，可以使当前渐变颜色方向
翻转，如图 4-29 所示。

当渐变类型为【线性】或【径向】时，调整
【角度】数值可以使渐变进行旋转，如图 4-30 所
示。当渐变类型为【径向】时，可以通过【长宽
比】选项更改椭圆渐变的角度并使其倾斜，如图
4-31 所示。

图 4-29　反向渐变

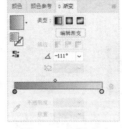

图 4-30　调整角度

图 4-31　调整长宽比

单击【任意形状渐变】按钮，可以使渐变转换为多点的任意形状渐变效果。此时图形的边角
会出现可调整颜色和位置的色标。双击色标即可更改颜色，按住并拖动色标即可调整色标的位置，
如图 4-32 所示。

图 4-32　调整任意形状渐变

若要在图像中添加色标，当光标变为 ▸₊ 形状时，单击即可添加色标，如图 4-33 所示。若要
删除色标，可选中色标，单击【渐变】面板中的 ▦ 按钮。

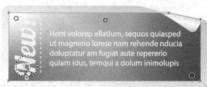

图4-33　添加色标

如果在【渐变】面板中选中【任意形状渐变】按钮，可通过多次单击创建一条带有多个色标点的曲线，双击色标进行颜色设置，如图4-34所示。在绘制过程中，按 Esc 键可结束绘制。

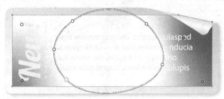

图4-34　创建多色标曲线渐变

提示

如果要为描边添加渐变颜色，可以选择图形，在标准颜色控件中单击【描边】按钮，将其置于前方，然后单击【渐变】按钮，在弹出的【渐变】面板中编辑渐变颜色。调整描边的渐变效果，其方法与调整填充渐变效果基本相同，唯一不同的是，可以设置描边的渐变样式，如图4-35所示。

图4-35　设置描边的渐变样式

▽　在描边中应用渐变▊：类似于使用渐变将描边扩展到填充的对象。

▽　沿描边应用渐变▊：沿着描边的长度水平应用渐变。

▽　跨描边应用渐变▊：沿着描边的宽度垂直应用渐变。

【例4-3】 制作 App 图标。　🎬视频

(1) 选择【文件】|【新建】命令，打开【新建文档】对话框。在该对话框的【名称】文本框中输入"图标"，设置【宽度】和【高度】为100mm，【颜色模式】为【RGB颜色】，【光栅效果】为【高(300ppi)】，然后单击【创建】按钮，如图4-36所示。

(2) 在【属性】面板中单击【显示网格】按钮▦。选择【矩形】工具，按住 Shift 键在画板中依据网格线拖曳，绘制正方形，如图4-37所示。

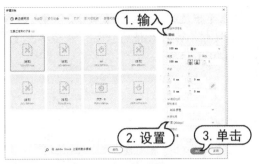

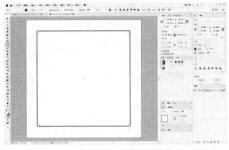

图 4-36　创建新文档　　　　　　　　　图 4-37　绘制矩形

(3) 在【变换】面板中选中【链接圆角半径值】按钮，设置圆角半径为 14mm，如图 4-38 所示。

(4) 右击刚创建的圆角矩形，在弹出的快捷菜单中选择【变换】|【缩放】命令，打开【比例缩放】对话框。在该对话框中选中【等比】单选按钮，设置数值为 98%，然后单击【复制】按钮，如图 4-39 所示。

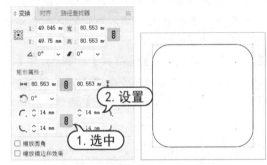

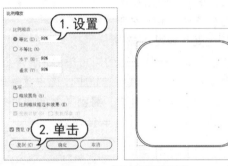

图 4-38　设置圆角半径值　　　　　　　图 4-39　复制并缩放图形

(5) 在标准颜色控件中，将刚复制的圆角矩形描边设置为无，再选中【填色】选项。在【渐变】面板中，设置渐变填充色为 R=255 G=255 B=255 至 R=202 G=206 B=206 至 R=127 G=137 B=138 至 R=240 G=242 B=242 至 R=176 G=193 B=193，设置【角度】数值为－90°，如图 4-40 所示。

(6) 右击刚创建的圆角矩形，在弹出的快捷菜单中选择【变换】|【缩放】命令，打开【比例缩放】对话框。在该对话框中，选中【等比】单选按钮，设置数值为 86%，单击【复制】按钮。然后将复制的圆角矩形填充为白色，并在【变换】面板中将圆角半径设置为 9mm，如图 4-41 所示。

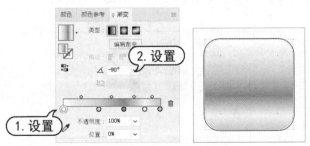

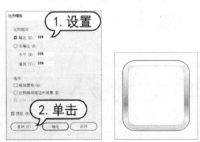

图 4-40　填充图形　　　　　　　　　　图 4-41　复制并缩放图形

(7) 右击上一步创建的圆角矩形，在弹出的快捷菜单中选择【变换】|【缩放】命令，打开【比例缩放】对话框。在该对话框中，选中【等比】单选按钮，设置数值为98%，然后单击【复制】按钮。在【变换】面板中将圆角半径设置为8mm，如图4-42所示。

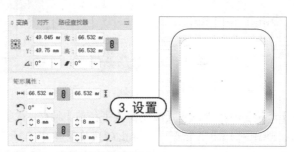

图4-42　复制并缩放图形

(8) 在标准颜色控件中，单击【渐变】按钮，在【渐变】面板中，单击【任意形状渐变】按钮，选中【线】单选按钮，然后多次单击，创建一条带有多个色标点的曲线，再分别双击色标进行颜色设置，如图4-43所示。

(9) 右击上一步创建的圆角矩形，在弹出的快捷菜单中选择【变换】|【缩放】命令，打开【比例缩放】对话框。在该对话框中，选中【等比】单选按钮，设置数值为95%，然后单击【复制】按钮。在标准颜色控件中，将刚复制的圆角矩形填充色设置为无，再选中【描边】选项，将描边色设置为白色，效果如图4-44所示。

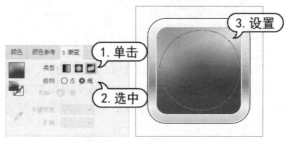

图4-43　填充图形

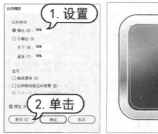

图4-44　复制缩放图形并设置填充色和描边色

(10) 保持上一步复制的圆角矩形的选中状态，在【透明度】面板中，设置混合模式为【叠加】，【不透明度】数值为80%，如图4-45所示

(11) 选择【文件】|【置入】命令，打开【置入】对话框。在该对话框中，选中所需的素材文件，单击【置入】按钮，如图4-46所示。

图4-45　设置混合模式和不透明度

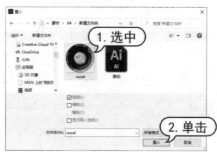

图4-46　【置入】对话框

(12) 在画板中单击置入的图像，在控制栏中选中【对齐画板】选项，再单击【水平居中对齐】和【垂直居中对齐】按钮，然后在【变换】面板中选中【约束宽度和高度比例】按钮，设置【宽】为 55mm，操作后的效果如图 4-47 所示。

(13) 使用【选择】工具选中步骤(3)创建的圆角矩形，在标准颜色控件中，选中【描边】选项，单击【渐变】按钮，然后在【渐变】面板中设置描边渐变为 K=80 至 K=40，【角度】数值为90°，操作后的效果如图 4-48 所示。

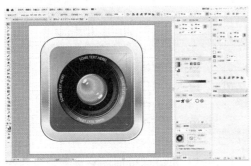
图 4-47　调整图像

图 4-48　填充图形

(14) 选择【效果】|【风格化】|【投影】命令，打开【投影】对话框。在该对话框中，设置【不透明度】数值为 60%，【X 位移】为 0mm，【Y 位移】为 1.2mm，【模糊】为 0.8mm，然后单击【确定】按钮，得到如图 4-49 所示的完成效果。

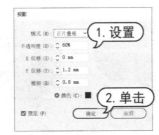

图 4-49　完成效果

4.3.2 使用【渐变】工具

使用【渐变】工具同样可以为图形对象添加渐变填充。选中要定义渐变色的对象，在【渐变】面板中定义要使用的渐变色，单击工具栏中的【渐变】工具按钮或按 G 键，在要应用渐变的开始位置单击，拖动到渐变结束位置后释放鼠标。如果要应用的是径向渐变色，则需要在应用渐变的中心位置单击，然后拖动到渐变的外围位置后释放鼠标即可，如图 4-50 所示。

图 4-50　使用【渐变】工具

选择渐变填充对象并使用【渐变】工具时，该对象中将出现与【渐变】面板中相似的渐变控制器。用户可在渐变控制器上修改渐变的颜色，线性渐变的角度、位置和范围，或者修改径向渐变的焦点、原点和范围。在渐变控制器上可以添加或删除渐变色标，双击各个渐变色标可指定新的颜色和不透明度设置，或将渐变色标拖动到新位置，如图 4-51 所示。

图 4-51   添加并调整渐变色标

将光标移到渐变控制器的一侧并且光标变为 ⟳ 状态时，可以通过拖动来重新定位渐变的角度。拖动滑块的起始端将重新定位渐变的原点，而拖动结束端则会扩大或缩小渐变的范围，如图 4-52 所示。

图 4-52   调整渐变效果

4.3.3　使用【网格】工具

【网格】工具 ⊞ 可以基于矢量对象创建网格填充对象，在对象上进行网格填充，即创建单个多色对象。其中颜色能够向不同的方向渐变过渡，并且从一点到另一点形成平滑过渡。通过在图形对象上创建精细的网格和每一点的颜色设置，可以精确地控制网格对象的色彩。

1. 建立渐变网格

使用【网格】工具进行渐变填充时，先要在图形对象上创建网格。Illustrator 中提供了一种自动创建网格的方式。选中要创建网格的图形对象，选择【对象】|【创建渐变网格】命令，可打开【创建渐变网格】对话框，如图 4-53 所示。

▽　【行数】：定义渐变网格线的行数。

▽　【列数】：定义渐变网格线的列数。

▽　【外观】：表示创建渐变网格后的图形高光的表现形式，包含【平淡色】【至中心】和
　　　　【至边缘】3 个选项。选择【平淡色】选项，图像表面的颜色均匀分布，会将对象的原

色均匀地覆盖在对象表面，不产生高光；选择【至中心】选项，在对象的中心创建高光；选择【至边缘】选项，图形的高光效果在边缘，即在对象的边缘处创建高光。

▽ 【高光】：定义白色高光处的强度。100%代表将最大的白色高光值应用于对象，0%则代表不将任何白色高光应用于对象。

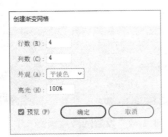

图 6-53 【创建渐变网格】对话框

提示

选中渐变填充对象，选择【对象】|【扩展】命令，在打开的【扩展】对话框中选中【渐变网格】单选按钮，然后单击【确定】按钮，可将渐变填充对象转换为网格对象。

在 Illustrator 中，还可以使用手动创建的方法创建渐变网格。手动创建渐变网格可以更加灵活地调整对象的渐变效果。要手动创建渐变网格，选中要添加渐变网格的对象，单击工具栏中的【网格】工具按钮或按快捷键 U，然后在图形中要创建网格的位置单击，即可创建一组网格线，如图 4-54 所示。

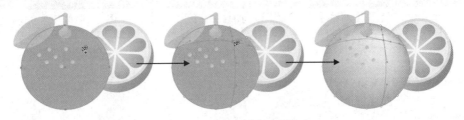

图 4-54 手动创建渐变网格

2. 编辑渐变网格

创建渐变网格后，可以使用多种方法来修改网格对象，如添加、删除和移动网格点，更改网格颜色，以及将网格对象恢复为常规对象等。

【例 4-4】 创建、编辑渐变网格。 ⊙ 视频

(1) 选中要添加渐变网格的对象，单击工具栏中的【网格】工具按钮或按快捷键U，然后在图形中要创建网格的位置单击，添加网格点，如图 4-55 所示。

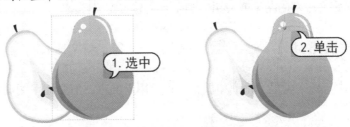

图 4-55 添加网格点

(2) 在【颜色】面板中设置填充色为 R=210 G=240 B=0，即可在添加的网格点上添加颜色，如图 4-56 所示。

(3) 使用【直接选择】工具并按住 Shift 键选中图形底部的网格点，在【颜色】面板中设置填充色为 R=97 G=103 B=33，即可为选中的网格点设置颜色，如图 4-57 所示。

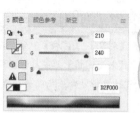 

图 4-56　设置网格点颜色(一)

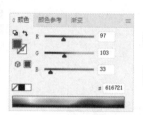 

图 4-57　设置网格点颜色(二)

(4) 使用步骤(1)和步骤(2)的操作方法，使用【网格】工具在网格上添加网格点，并设置填充颜色为 R=220 G=239 B=85，如图 4-58 所示。

(5) 使用【网格】工具选中网格上的锚点，并按住 Shift 键沿网格线拖动以调整锚点位置，拖动网格锚点上的控制柄，调整渐变效果，如图 4-59 所示。

> 🖱 **提示**
>
> 在网格对象中，使用【网格】工具的同时按住 Shift 键单击，可添加网格点，但不改变其填充颜色；按住 Alt 键单击网格点，可将其删除。

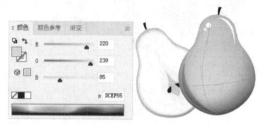

图 4-58　添加网格点并设置填充颜色

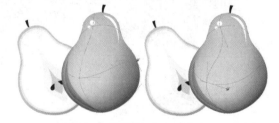

图 4-59　调整网格渐变效果

4.4　填充图案

Illustrator 提供了很多图案色板，用户可以通过【色板】面板来使用这些图案填充对象。同时，用户还可以自定义现有的图案或使用绘制工具创建自定义图案。

4.4.1　使用图案填充

在 Illustrator 中，图案可用于轮廓和填充，也可用于文本。但要使用图案填充文本时，要先将文本转换为路径。

👉 【例 4-5】 使用图案填充图形。 ⚙视频

(1) 在打开的图形文档中，使用【选择】工具选中需要填充图案的图形，如图 4-60 所示。

计算机基础与实训教材系列

(2) 选择【窗口】|【色板库】|【图案】|【基本图形】|【基本图形_纹理】命令，打开图案色板库。单击色板库右上角的面板菜单按钮≡，在弹出的菜单中选择【大缩览图视图】命令，如图 4-61 所示。

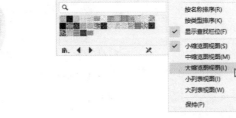

图 4-60　选中图形　　　　　　　　　　　　　图 4-61　打开图案色板库

(3) 从【基本图形_纹理】面板中单击【鸟腿】图案色板，即可填充选中的对象，如图 4-62 所示。

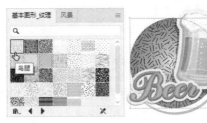

图 4-62　填充图案

4.4.2　创建图案色板

在 Illustrator 中，除了系统提供的图案外，用户还可以创建自定义图案，并将其添加到图案色板中。利用工具栏中的绘图工具绘制好图案后，使用【选择】工具选中图案，将其拖动到【色板】面板中，这个图案就能应用到其他对象的填充或轮廓上。

【例 4-6】 创建自定义图案。 🔘视频

(1) 在打开的图形文档中，使用【选择】工具选中要定义的图案对象，如图 4-63 所示。

(2) 选择【对象】|【图案】|【建立】命令，打开信息提示对话框和【图案选项】面板。在信息提示对话框中单击【确定】按钮，如图 4-64 所示。

图 4-63　选择图形对象　　　　　　　　　　　图 4-64　单击【确定】按钮

(3) 在【图案选项】面板中的【名称】文本框中输入"蝴蝶",在【拼贴类型】下拉列表中选择【砖形(按行)】选项,在【砖形位移】下拉列表中选择【1/2】选项,单击【保持宽度和高度比例】按钮,在【份数】下拉列表中选择【7×7】选项,然后单击绘图窗口顶部的【完成】按钮。该图案将显示在【色板】面板中,如图4-65所示。

图 4-65　设置图案

> **提示**
>
> 【拼贴类型】下拉列表提供了【网格】【砖形(按行)】【砖形(按列)】【十六进制(按列)】【十六进制(按行)】5 种不同的拼贴类型,效果如图4-66所示。

网格　　　砖形(按行)　　　砖形(按列)　　　十六进制(按列)　　　十六进制(按行)

图 4-66　拼贴类型

4.4.3　编辑图案单元

除了创建自定义图案外,用户还可以对已有的图案色板进行编辑、修改、替换等操作。

【例 4-7】 编辑已创建的图案。 🎬 视频

(1) 确保图稿中未选择任何对象后,在【色板】面板中选择要修改的图案色板,并单击【编辑图案】按钮⬜,在工作区中显示图案并显示【图案选项】面板,如图4-67所示。

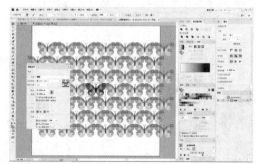

图 4-67　显示【图案选项】面板

(2) 使用【直接选择】工具选中一个图形,选择【选择】|【相同】|【填充颜色】命令,选中

所有具有相同填充颜色的图形，然后在【颜色】面板中设置填充颜色为 R=241 G=92 B=37，如图 4-68 所示。

（3）在【图案选项】面板中的【拼贴类型】下拉列表中选择【网格】选项，在【份数】下拉列表中选择【5×5】选项，如图 4-69 所示，修改图案拼贴后，单击绘图窗口顶部的【完成】按钮进行保存。

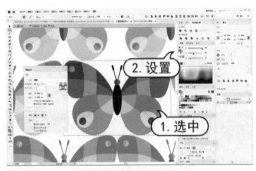

图 4-68　填充图形

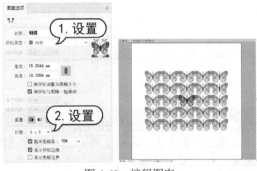

图 4-69　编辑图案

提示

用户将修改后的图案拖至【色板】面板的空白处并释放，可以将修改后的图案创建为新色板。

4.5　实时上色

【实时上色】是一种创建彩色图稿的直观方法。它不必考虑围绕每个区域使用了多少不同的描边，描边绘制的顺序，以及描边之间是如何相互连接的。当创建实时上色组后，每条路径都保持完全可编辑的特点。

移动或调整路径形状时，前期已应用的颜色不会像在自然介质作品或图像编辑程序中那样保持在原处；相反，Illustrator 会自动将其重新应用于由编辑后的路径所形成的新区域中。简而言之，【实时上色】结合了上色程序的直观与矢量插图程序的强大功能和灵活性。

4.5.1　创建实时上色组

要使用【实时上色】工具 为表面和边缘上色，首先需要创建一个实时上色组。在 Illustrator 中绘制图形并选中该图形后，选择工具栏中的【实时上色】工具，在图形上单击，或选择【对象】|【实时上色】|【建立】命令，即可创建实时上色组。

实时上色组中可以上色的部分称为边缘和表面。边缘是一条路径与其他路径交叉后，处于交点之间的路径部分。表面是由一条边缘或多条边缘所围成的区域。在【色板】面板中选择颜色后，可以使用【实时上色】工具随心所欲地填色，还可以选择【实时上色选择】工具 ，挑选实时上色组中的填色和描边进行上色，并可以通过【描边】面板或【属性】面板修改描边外观。

【例 4-8】 使用【实时上色】工具填充图形对象。 视频

（1）选择【文件】|【打开】命令，选择并打开一个图形文档。使用【选择】工具选中文档中的全部路径，然后选择【对象】|【实时上色】|【建立】命令建立实时上色组，如图 4-70 所示。

(2) 双击工具栏中的【实时上色】工具，打开如图 4-71 所示的【实时上色工具选项】对话框。该对话框用于指定实时上色工具的工作方式，即选择只对填充进行上色或只对描边进行上色，以及当工具移动到表面和边缘上时如何对其进行突出显示。这里单击【确定】按钮应用默认设置。

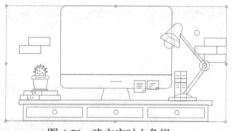

图 4-70 建立实时上色组

图 4-71 【实时上色工具选项】对话框

提示

在【实时上色工具选项】对话框中选中【描边上色】复选框后，将光标靠近图形对象边缘，当路径加粗显示且光标变为 状态时单击，即可为边缘路径上色。

(3) 在【颜色】面板中设置填充色为 R=139 G=220 B=255，然后将光标移至需要填充的对象表面，此时光标将变为油漆桶形状 ，并且突出显示填充内侧周围的线条。单击需要填充的对象，以对其进行填充，如图 4-72 所示。

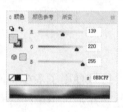
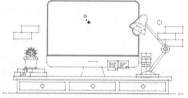
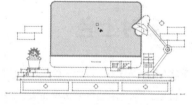

图 4-72 填充颜色(一)

提示

在使用【实时上色】工具时，工具指针上方显示颜色方块，它们表示选定的填充或描边颜色；如果使用色板库中的颜色，则表示库中所选颜色及两边相邻颜色。通过按向左或向右箭头键，可以访问相邻的颜色及这些颜色旁边的颜色。

(4) 使用与步骤(3)相同的操作方法填充图形的其他区域，再分别设置填充色为 R=255 G=240 B=163、R=0 G=255 B=150，效果如图 4-73 所示。

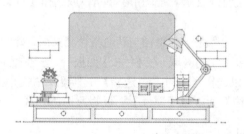
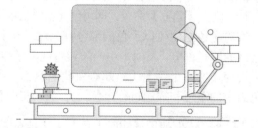

图 4-73 填充颜色(二)

4.5.2 在实时上色组中添加路径

修改实时上色组中的路径，会同时修改现有的表面和边缘，还可能创建新的表面和边缘。用户也可以向实时上色组中添加更多的路径。选中实时上色组和要添加的路径，单击控制栏中的【合并实时上色】按钮或选择【对象】|【实时上色】|【合并】命令，即可将路径添加到实时上色组内。使用【实时上色选择】工具可以为新的实时上色组重新上色。

【例 4-9】 编辑实时上色组。 视频

(1) 选择【文件】|【打开】命令，选择并打开一个图形文档。使用【选择】工具选中实时上色组和路径，单击控制栏中的【合并实时上色】按钮，或选择【对象】|【实时上色】|【合并】命令，在弹出的提示对话框中单击【确定】按钮将路径添加到实时上色组中，如图 4-74 所示。

图 4-74 将路径添加到实时上色组中

(2) 在【颜色】面板中设置填充颜色为 R=255 G=126 B=115，然后选择【实时上色】工具并将光标移至需要填充的对象表面上，单击即可填充图形，如图 4-75 所示。

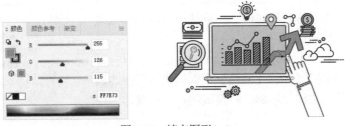

图 4-75 填充图形(一)

(3) 再在【颜色】面板中设置填充颜色为 R=208 G=0 B=104，然后将光标移至需要填充的对象表面上，单击即可填充图形，如图 4-76 所示。

图 4-76 填充图形(二)

提示

对实时上色组执行【对象】|【实时上色】|【扩展】命令，可将其拆分成相应的表面和边缘。

计算机基础与实训教材系列

4.5.3　间隙选项

间隙是由于路径和路径之间未对齐而产生的。用户可以手动编辑路径来封闭间隙，也可以选择【实时上色选择】工具后，单击【属性】面板中的【间隙选项】按钮，打开如图 4-77 所示的【间隙选项】对话框，预览并控制实时上色组中可能出现的间隙。

在【间隙选项】对话框中选中【间隙检测】复选框，在选项组中的【上色停止在】下拉列表中选择间隙的大小或者通过【自定】选项自定间隙的大小；在【间隙预览颜色】下拉列表中选择一种与图稿有差异的颜色以便预览。选中【预览】复选框，可以看到图稿中的间隙被自动连接起来。对预览结果满意后，单击【用路径封闭间隙】按钮，再单击【确定】按钮，即可用【实时上色】工具为实时上色组进行上色。

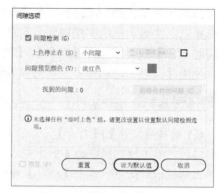

图 4-77　【间隙选项】对话框

4.6　编辑描边属性

在 Illustrator 中，用户不仅可以对选定的对象的轮廓应用颜色和图案填充，还可以设置其他属性，如描边的宽度、描边线头部的形状，使用虚线描边等。

选择【窗口】|【描边】命令，或按 Ctrl+F10 键，可以打开如图 4-78 所示的【描边】面板。【描边】面板提供了对描边属性的控制，其中包括描边线的粗细、斜接限制、对齐描边及虚线等设置。

图 4-78　【描边】面板

▽ 【粗细】数值框用于设置描边的宽度。在该数值框中输入数值，或者用微调按钮调整，每单击一次微调按钮，数值以 1 为单位递增或递减；也可以单击后面的向下箭头，从弹出的下拉列表中直接选择所需的宽度值。

▽ 【端点】右边有 3 个不同的按钮，表示 3 种不同的端点，分别是平头端点、圆头端点和方头端点，效果如图 4-79 所示。

图 4-79　设置描边的端点

▽ 【边角】右侧也有 3 个按钮，用于表示不同的拐角连接状态，分别为斜接连接、圆角连接和斜角连接，效果如图 4-80 所示。使用不同的连接方式可得到不同的连接结果。当拐角连接状态设置为【斜接连接】时，【限制】数值框中的数值是可以调整的，用来设置斜接的角度。当拐角连接状态设置为【圆角连接】或【斜角连接】时，【限制】数值框呈现灰色，为不可设定项。

图 4-80　设置描边的边角样式

▽ 【对齐描边】右侧有 3 个按钮，用户可以使用【使描边居中对齐】【使描边内侧对齐】或【使描边外侧对齐】按钮来设置路径上描边的位置，效果如图 4-81 所示。

图 4-81　设置描边的对齐方式

4.6.1　设置虚线描边

若要在 Illustrator 中制作虚线效果，用户可以通过设置描边属性来实现。选择绘制的路径，在【描边】面板中选中【虚线】复选框，即可将线条变为虚线，如图 4-82 所示。

图 4-82　使用虚线描边

> **提示**
>
> 　　【描边】面板中的【保留虚线和间隙的精确长度】按钮和【使虚线与边角和路径终端对齐，并调整到合适长度】按钮可以使创建的虚线看起来更有规律。

在【虚线】复选框下方的【虚线】文本框中输入数值，可以定义虚线线段的长度；在【间隙】文本框中输入数值，可以控制虚线的间隙效果，如图 4-83 所示。【虚线】和【间隙】文本框每两个为一组，最多可以输入 3 组。虚线中将依次循环出现【虚线】和【间隙】的设置。

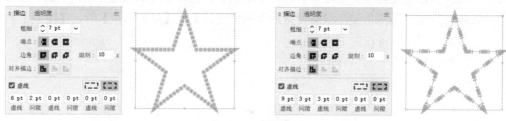

图 4-83　设置虚线描边

4.6.2　设置描边的箭头

在【描边】面板中，【箭头】选项组用来在路径起始点或终点位置添加箭头。选择路径，单击【起始箭头】或【终点箭头】右侧的 ∨ 按钮，在弹出的下拉列表中可以选择箭头形状，如图 4-84所示。

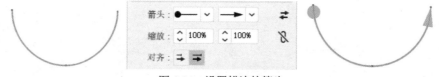

图 4-84　设置描边的箭头

▽　单击【互换箭头起始处和结束处】按钮 ⇄ ，能够互换起始处和终点处的箭头样式。

▽　【缩放】选项组用于设置路径两端箭头的百分比大小，如图 4-85 所示。

图 4-85　并缩放箭头

▽　【对齐】选项组用于设置箭头位于路径终点的位置，包括【将箭头提示扩展到路径终点外】和【将箭头提示放置于路径终点处】两种，如图 4-86 所示。

图 4-86　设置箭头位置

4.6.3　设置【变量宽度配置文件】

【变量宽度配置文件】用于设置路径的变量宽度和翻转方向。选择路径，在【描边】面板中单击底部【配置文件】右侧的下拉按钮，在弹出的下拉列表中选择一种样式；也可以在控制栏中单击【配置文件】下拉按钮，从弹出的下拉列表中选择一种样式，如图 4-87 所示。在【描边】面板中，单击【纵向翻转】按钮 或【横向翻转】按钮 ，也可以对描边的样式进行翻转。

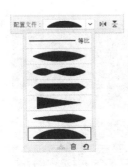 

图 4-87　选择【配置文件】

4.7　实例演练

本章的实例演练通过制作汽车展示海报的综合实例，使用户更好地掌握本章所介绍的图形对象的填充与描边设置的基本操作方法和技巧。

【例 4-10】　制作汽车展示海报。　◎ 视频

(1) 选择【文件】|【新建】命令，新建一个 A4 横向空白文档。选择【矩形】工具，绘制与画板同等大小的矩形，并将描边色设置为无，在【渐变】面板中，单击【径向渐变】按钮，设置渐变填充色为 C=90 M=90 Y=44 K=0 至 C=100 M=100 Y=81 K=0，如图 4-88 所示。

(2) 按 Ctrl+2 快捷键锁定绘制的矩形，继续使用【矩形】工具在画板左侧边缘单击，打开【矩形】对话框。在该对话框中，设置【宽度】为 297mm，【高度】为 17mm，然后单击【确定】按钮，如图 4-89 所示。

图 4-88　新建文档

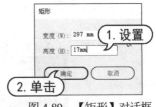

图 4-89　【矩形】对话框

(3) 在【渐变】面板中，单击【线性渐变】按钮，设置渐变填充色为 C=0 M=0 Y=100 K=0 至【不透明度】数值为 0% 的 C=0 M=0 Y=100 K=0，如图 4-90 所示。

(4) 继续使用【矩形】工具在画板中拖动绘制矩形，如图 4-91 所示。

(5) 继续使用【矩形】工具在画板中单击，打开【矩形】对话框。在该对话框中，设置【宽度】为 250mm，然后单击【确定】按钮，并在控制栏中选择【对齐画板】选项，单击【水平右对齐】按钮。在【渐变】面板中，单击【线性渐变】按钮，设置渐变填充色为 C=100 M=0 Y=0 K=0 至【不透明度】数值为 0% 的 C=100 M=0 Y=0 K=0，如图 4-92 所示。

(6) 继续使用【矩形】工具在画板中拖动绘制矩形，如图 4-93 所示。

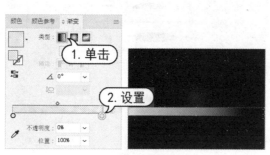

图 4-90　渐变填充

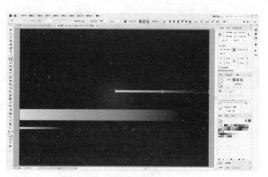

图 4-91　绘制矩形(一)

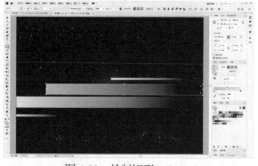

图 4-92　绘制矩形(二)

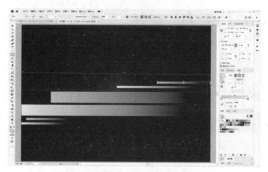

图 4-93　绘制矩形(三)

(7) 使用【文字】工具在画板中单击，在【字符】面板中，设置字体系列为 Acumin Variable Concept，字体样式为 Bold，字体大小为 50pt，再将字体颜色设置为白色，然后输入文字内容，如图 4-94 所示。

(8) 继续使用【文字】工具在画板中单击并输入文字内容，如图 4-95 所示。

图 4-94　输入文字(一)

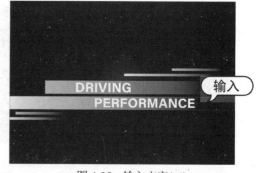

图 4-95　输入文字(二)

(9) 继续使用【文字】工具在画板中单击，在【字符】面板中，设置字体系列为 Acumin Variable Concept，字体样式为 SemiCondensed ExtraLight，字体大小为 28pt，然后输入文字内容，如图 4-96 所示。

(10) 继续使用【文字】工具在画板中单击并输入文字内容，然后在控制栏中单击【右对齐】按钮，效果如图 4-97 所示。

图 4-96 输入文字(三)

图 4-97 输入文字(四)

(11) 按 Ctrl+A 快捷键选中步骤(2)至步骤(10)创建的对象，选择【自由变换】工具，向上拖动鼠标，倾斜变换对象，如图 4-98 所示。

图 4-98 自由变换对象

(12) 选择【文件】|【置入】命令，在打开的【置入】对话框中选择所需的图像文件，单击【置入】按钮置入图像，操作后的效果如图 4-99 所示。

(13) 按 Ctrl+C 键复制刚置入的图像，按 Ctrl+V 键粘贴两次，然后连续按 Ctrl+[键将复制的图像放置在步骤(2)创建的对象下方，调整复制图像的大小及位置，再选中上一步置入的图像，按 Ctrl+2 键锁定对象，效果如图 4-100 所示。

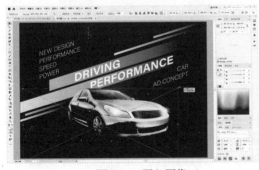

图 4-99 置入图像

图 4-100 复制图像

(14) 使用【选择】工具选中步骤(5)创建的对象，按 Ctrl+C 键复制，按 Ctrl+F 键两次应用【贴在前面】命令，并在【透明度】面板中设置混合模式为【正片叠底】，按 Ctrl+2 键锁定对象。然后选中其下方的置入图像和步骤(5)创建的对象，右击，在弹出的快捷菜单中选择【建立剪切蒙版】命令，效果如图 4-101 所示。

(15) 使用与步骤(14)相同的操作方法，选中步骤(2)创建的对象，按 Ctrl+C 键复制，按 Ctrl+F 键两次应用【贴在前面】命令，并在【透明度】面板中设置混合模式为【正片叠底】，按 Ctrl+2 键锁定对象。然后选中其下方的置入图像和步骤(5)创建的对象，右击，在弹出的快捷菜单中选择【建立剪切蒙版】命令，完成效果如图 4-102 所示。

图 4-101   建立剪切蒙版

图 4-102   完成效果

4.8   习题

1. 新建一个文档，绘制如图 4-103 所示的图形对象。
2. 新建一个文档，绘制如图 4-104 所示的图像效果。

图 4-103   图形对象

图 4-104   图像效果

第 5 章

绘制复杂图稿对象

通过本章的学习，读者可以掌握多种绘图工具的使用方法。使用这些绘图工具及前面章节所讲的基本形状和线条绘制工具，我们能够完成作品中绝大多数内容的绘制。本章主要介绍【钢笔】工具、【画笔】工具、透视图工具组，以及符号工具组的使用方法。

本章重点

- 绘制复杂图稿对象
- 【画笔】工具
- 透视图工具组
- 符号工具组

二维码教学视频

5.1　使用【钢笔】工具绘图

　　【钢笔】工具 ✐ 是 Illustrator 中最基本、最重要的工具，利用它可以绘制直线和平滑的曲线，并且可以对线段进行精确控制。使用【钢笔】工具绘制路径时，【属性】面板中包含多个用于锚点编辑的按钮。

　　▽　【将所选锚点转换为尖角】按钮 ↖：选中平滑锚点，单击该按钮即可转换为尖角点。

　　▽　【将所选锚点转换为平滑】按钮 ⌁：选中尖角锚点，单击该按钮即可转换为平滑点。

　　▽　【删除所选锚点】按钮 ✐：单击该按钮即可删除选中的锚点。

　　▽　【连接所选终点】按钮 ⌁：在开放路径中，选中不连接的两个端点，单击该按钮即可在两点之间建立路径进行连接。

　　▽　【在所选锚点处剪切路径】按钮 ⌁：选中锚点，单击该按钮可将所选的锚点分割为两个锚点，并且两个锚点之间不相连，同时路径会断开。

　　【例 5-1】绘制 T 恤图形。 🎬 视频

　　(1) 新建一个空白文档，选择【视图】|【显示网格】命令显示网格。选择【钢笔】工具，将填充色设置为无，然后在绘图窗口中绘制 T 恤基本图形，如图 5-1 所示。

　　(2) 继续使用【钢笔】工具在绘制的路径上单击需要添加锚点的位置，如图 5-2 所示。

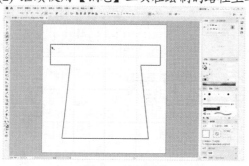

图 5-1　绘制图形

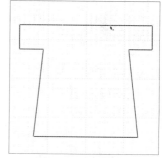

图 5-2　添加锚点

　　(3) 使用【直接选择】工具选中路径上添加的锚点，根据需要调整锚点位置，如图 5-3 所示。

　　(4) 使用【直接选择】工具选中路径顶部的锚点，在控制栏中单击【将所选锚点转换为平滑】按钮 ⌁ 和【显示多个选定锚点的手柄】按钮 ⌁，选择【锚点】工具，按住 Alt 键的同时调节锚点控制柄，如图 5-4 所示。

图 5-3　调整锚点

图 5-4　调节锚点控制柄

(5) 选中绘制的图形，在【描边】面板中，设置【粗细】为 2pt，如图 5-5 所示。然后选择【对象】|【锁定】|【所选对象】命令。

(6) 使用【钢笔】工具在绘制的 T 恤基本图形的袖子上、下两边分别单击鼠标，并拖动出弧线，如图 5-6 所示。

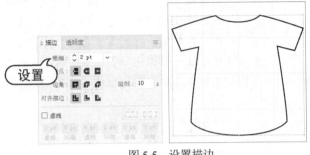

图 5-5　设置描边

图 5-6　绘制弧线

(7) 使用【选择】工具选中袖子上绘制的弧线，在【描边】面板中设置【粗细】为 1pt，选中【虚线】复选框，并在【虚线】文本框中输入 4pt，在【间隙】文本框中输入 2pt，如图 5-7 所示。

(8) 使用【钢笔】工具绘制袖口色块，然后工具栏的标准颜色控件中单击【互换填色和描边】按钮，如图 5-8 所示，完成 T 恤图形的绘制。

图 5-7　设置描边

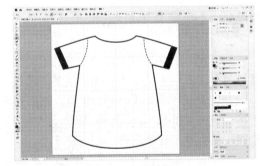

图 5-8　完成效果

5.2　使用【曲率】工具绘图

【曲率】工具 可简化路径的创建，使绘图变得简单、直观。使用该工具可以创建路径，还可以切换、编辑、添加或删除平滑点或角点，无须在不同的工具之间来回切换，即可快速准确地处理路径。使用【曲率】工具在画板上设置两个点，然后查看橡皮筋预览，即根据鼠标悬停位置显示生成路径的形状，如图 5-9 所示。

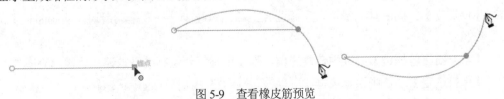

图 5-9　查看橡皮筋预览

使用【曲率】工具在画板上单击即可创建一个平滑点，如图 5-10 所示。若要创建角点，可以在单击创建点的同时双击或按 Alt 键，如图 5-11 所示。双击路径或形状上的点，可以将其在平滑点或角点之间切换。绘制完成后，按 Esc 键可以停止绘制。

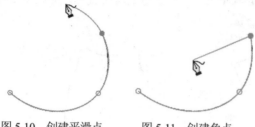

图 5-10　创建平滑点　　　图 5-11　创建角点

> **提示**
> 默认情况下，工具中的橡皮筋功能已打开。若要关闭，可选择【编辑】|【首选项】|【选择和锚点显示】命令，打开【首选项】对话框，在【为以下对象启用橡皮筋】选项中取消【钢笔工具】或【曲率工具】复选框的选中状态。

5.3　【画笔】工具

【画笔】工具 ✐ 是一个自由的绘图工具，用于为路径创建特殊效果的描边。Illustrator 中预设的画笔库和画笔的可编辑性使矢量绘图变得更加简单、更加有创意。

5.3.1　【画笔】工具概述

用户可以将画笔描边用于现有路径，也可以使用【画笔】工具直接绘制带有画笔描边的路径。【画笔】工具用于徒手画和书法线条的绘制，以及路径图稿和路径图案的创建。

在工具栏中选择【画笔】工具，然后在【画笔】面板中选择一个画笔样式，接着直接在画板上按住鼠标左键并拖动绘制一条路径，如图 5-12 所示。此时，【画笔】工具显示为 ✐*，表示正在绘制一条任意形状的路径。

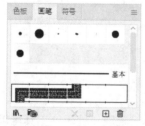

图 5-12　使用【画笔】工具绘制路径

双击工具栏中的【画笔】工具，可以打开如图 5-13 所示的【画笔工具选项】对话框。在该对话框中进行设置可以控制所画路径的锚点数量及路径的平滑度。

▽　【保真度】：向右拖动滑块，所画路径上的锚点越少；向左拖动滑块，所画路径上的锚点越多。

▽　【填充新画笔描边】：选中该复选框，则使用画笔新绘制的开放路径将被填充颜色。

▽　【保持选定】：选中该复选框，可以使新画的路径保持在选中状态。

▽　【编辑所选路径】：选中该复选框，表示路径在规定的像素范围内可以编辑。

计算机基础与实训教材系列

▽　【范围】：当【编辑所选路径】复选框被选中时，【范围】选项则处于可编辑状态。【范围】选项用于调整可连接的距离。

▽　【重置】：单击该按钮可以恢复初始设置。

选择【画笔】工具后，用户还可以在如图 5-14 所示的【属性】面板中对画笔的描边颜色、粗细、不透明度等参数进行设置。单击【描边】链接或【不透明度】链接，可以弹出下拉面板以设置具体参数。

图 5-13　【画笔工具选项】对话框

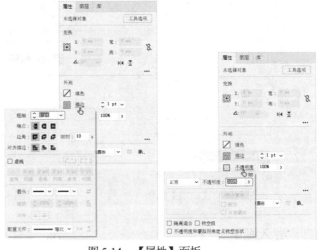

图 5-14　【属性】面板

> **提示**
>
> 使用【画笔】工具在画板中绘画时，拖动鼠标后按住键盘上的 Alt 键，在【画笔】工具的右下角会显示一个小的圆环，表示此时所画的路径是闭合路径。停止绘画后路径的两个端点就会自动连接起来，形成闭合路径。

5.3.2　【画笔】面板

Illustrator 提供了书法画笔、散点画笔、毛刷画笔、艺术画笔和图案画笔 5 种类型的画笔，并为【画笔】工具提供了一个专门的【画笔】面板。该面板为绘制图像增加了更大的便利性、随意性和快捷性。选择【窗口】|【画笔】命令，或按快捷键 F5，可打开如图 5-15 所示的【画笔】面板。使用【画笔】工具时，首先需要在【画笔】面板中选择一个合适的画笔。

单击面板菜单按钮，用户还可以打开如图 5-16 所示的【画笔】面板菜单，通过该菜单中的命令进行新建、复制、删除画笔等操作，并且可以改变画笔类型的显示，以及面板的显示方式。

在【画笔】面板底部有 6 个按钮，其功能如下。

▽　【画笔库菜单】按钮 ⁱⁿ：单击该按钮可以打开画笔库菜单，从中可以选择所需的画笔类型。

▽　【库面板】按钮 ：单击该按钮可以打开【库】面板。

▽　【移去画笔描边】按钮 ×：单击该按钮可以将图形中的描边删除。

▽ 【所选对象的选项】按钮▤：单击该按钮可以打开画笔选项窗口，通过该窗口可以编辑不同的画笔形状。

▽ 【新建画笔】按钮▢：单击该按钮可以打开【新建画笔】对话框，使用该对话框可以创建新的画笔类型。

▽ 【删除画笔】按钮▥：单击该按钮可以删除选定的画笔类型。

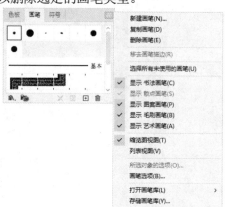

图 5-15　【画笔】面板　　　　　图 5-16　【画笔】面板菜单

5.3.3　载入画笔

画笔库是 Illustrator 自带的预设画笔的合集。选择【窗口】|【画笔库】命令，然后从子菜单中选择一种画笔库并将其打开。用户也可以使用【画笔】面板菜单来打开画笔库，从而选择不同风格的画笔库，如图 5-17 所示。

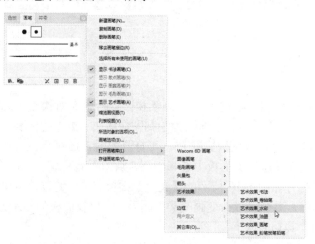
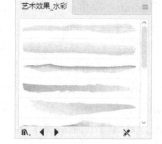

图 5-17　选择并打开画笔库

如果想要将某个画笔库中的画笔样式复制到【画笔】面板，可以直接将该画笔样式拖到【画笔】面板中。如果想要快速地将多个画笔样式从画笔库复制到【画笔】面板中，可以在画笔库中按住 Ctrl 键添加所需要复制的画笔，然后在画笔库的面板菜单中选择【添加到画笔】命令，如图 5-18 所示。

提示
要在启动 Illustrator 时自动打开画笔库，可以在画笔库面板菜单中选择【保持】命令。

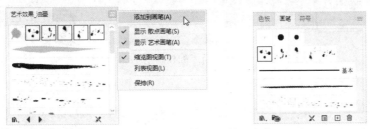

图 5-18　选择【添加到画笔】命令

【例 5-2】 制作水墨版式。　视频

(1) 新建一个 A4 横向空白文档。选择【文件】|【置入】命令，打开【置入】对话框。在该对话框中选中所需的图像文件，单击【置入】按钮。然后在画板左上角单击，置入图像文件，如图 5-19 所示。

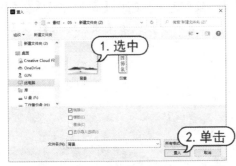
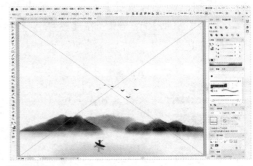

图 5-19　置入图像

(2) 使用【直排文字】工具在画板中单击，在【字符】面板中，设置字体系列为【方正隶书简体】，字体大小为 168pt，字符间距数值为-200，然后输入文字内容，如图 5-20 所示。

图 5-20　输入文字

(3) 选择【椭圆】工具，在画板中单击，打开【椭圆】对话框。在该对话框中，设置【宽度】和【高度】为 20mm，然后单击【确定】按钮。在【颜色】面板中，将绘制的圆形填充设置为无，描边色设置为 C=0 M=94 Y=100 K=0，如图 5-21 所示。

(4) 在【画笔】面板中，单击面板菜单按钮，在弹出的菜单中选择【打开画笔库】|【矢量包】|【颓废画笔矢量包】命令，打开【颓废画笔矢量包】面板，如图 5-22 所示。

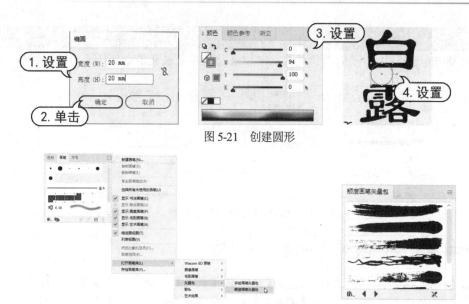

图 5-21　创建圆形

图 5-22　打开画笔库

(5) 在【颓废画笔矢量包】面板中，选中所需的【颓废画笔矢量包 01】画笔样式。在【描边】面板中，设置【粗细】为 6pt。在【透明度】面板中，设置混合模式为【颜色加深】。完成如图 5-23 所示的描边设置。

图 5-23　应用画笔样式(一)

(6) 使用与步骤(3)至步骤(5)相同的操作方法，绘制【宽度】和【高度】为 95mm 的圆形，在【颜色】面板中，设置描边色为 C=80 M=40 Y=0 K=0；在【颓废画笔矢量包】面板中，选中所需的【颓废画笔矢量包 07】画笔样式；在【描边】面板中，设置【粗细】为 2pt，如图 5-24 所示。

(7) 按 Ctrl+C 键复制刚绘制的图形，按 Ctrl+F 键粘贴图形，调整复制图形的位置及角度。然后按 Ctrl+G 键编组两个图形对象，并在【透明度】面板中设置混合模式为【颜色加深】，如图 5-25 所示。

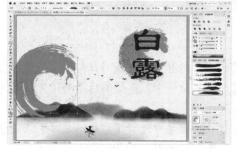

图 5-24　应用画笔样式(二)

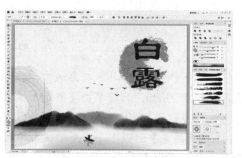

图 5-25　复制并调整画笔效果

(8) 使用【直排文字】工具在画板中拖动创建文本框，在【字符】面板中，设置字体系列为【方正标雅宋_GBK】，字体大小为 18pt，行间距为 24pt，然后输入文字内容，如图 5-26 所示。

图 5-26　输入文字

(9) 选择【文件】|【置入】命令，在弹出的【置入】对话框中选择所需的图像文件，单击【置入】按钮。在画板中单击，置入图像，再在控制栏中单击【嵌入】按钮，如图 5-27 所示。

图 5-27　置入图像

(10) 使用【矩形】工具绘制与画板同等大小的矩形，按 Ctrl+A 键全选，右击，在弹出的快捷菜单中选择【建立剪切蒙版】命令，完成效果如图 5-28 所示。

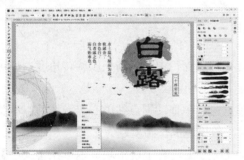

图 5-28　完成效果

5.3.4　新建画笔

如果 Illustrator 提供的画笔不能满足要求，用户还可以创建自定义画笔。在【画笔】面板菜单中选择【新建画笔】命令或单击【画笔】面板底部的【新建画笔】按钮，打开如图 5-29 所示的【新建画笔】对话框。在此对话框中可以选择一个画笔类型，然后单击【确定】按钮，可以打开相应的画笔选项对话框。在画笔选项对话框中设置好参数，单击【确定】按钮，即可完成自定义画笔的创建。

图 5-29 【新建画笔】对话框

> **提示**
>
> 如果要新建的是散点画笔和艺术画笔,在选择【新建画笔】命令之前必须有被选中的图形,若没有被选中的图形,在【新建画笔】对话框中这两项均以灰色显示,不能被选中。

1. 新建书法画笔

在【新建画笔】对话框中选中【书法画笔】单选按钮后,单击【确定】按钮,打开如图 5-30 所示的【书法画笔选项】对话框进行设置。书法画笔设置完成后,就可以在【画笔】面板中选择刚设置的画笔样式进行路径的勾画。

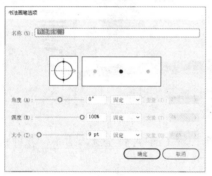

图 5-30 【书法画笔选项】对话框

> **提示**
>
> 勾画完路径后,还可以使用【描边】面板中的【粗细】选项来设置画笔样式描边路径的宽度,但其他选项对其不再起作用。路径绘制完成后,同样可以对其中的锚点进行调整。

▽ 【名称】文本框:用于输入画笔名称。

▽ 【角度】选项:如果要设定画笔角度,可在预览窗口中拖动箭头以旋转角度,也可以直接在【角度】文本框中输入数值。

▽ 【圆度】选项:如果要设定圆度,可在预览窗口中拖动黑点往中心点或往外以调整其圆度,也可以在【圆度】文本框中输入数值。数值越高,圆度越大。

▽ 【大小】选项:如果要设定大小,可拖动【大小】滑杆上的滑块,也可在【大小】文本框中输入数值。

2. 新建散点画笔

在新建散点画笔之前,必须在页面上选中一个图形对象,且此图形对象中不能包含使用画笔效果的路径、渐变色和渐变网格等。

选择好图形对象后,单击【画笔】面板下方的【新建画笔】按钮,然后在打开的对话框中选中【散点画笔】单选按钮,单击【确定】按钮后,可打开如图5-31所示的【散点画笔选项】对话框。

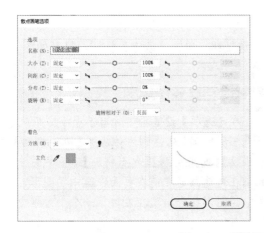 

图 5-31　【散点画笔选项】对话框

▽ 【名称】文本框：用于设置画笔名称。

▽ 【大小】选项：用于设置作为散点的图形大小。

▽ 【间距】选项：用于设置散点图形之间的间隔距离。

▽ 【分布】选项：用于设置散点图形在路径两侧与路径的远近程度。该值越大，对象与路径之间的距离越远。

▽ 【旋转】选项：用于设置散点图形的旋转角度。

▽ 【旋转相对于】选项：其中包含两个选项，即【页面】和【路径】选项。选择【页面】选项，表示散点图形的旋转角度相对于页面，0°指向页面的顶部；选择【路径】选项，表示散点图形的旋转角度相对于路径，0°指向路径的切线方向。

▽ 【方法】选项：可以在其下拉列表中选择上色方式。【无】选项表示使用画笔画出的颜色和画笔本身设定的颜色一致。【色调】选项表示使用工具栏中显示的描边颜色，并以其不同的浓淡度来表示画笔的颜色。【淡色和暗色】选项表示使用不同浓淡的工具栏中显示的描边和阴影显示用画笔画出的路径。该选项能够保持原来画笔中的黑色和白色不变，其他颜色以浓淡不同的描边表示。【色相转换】选项表示使用描边代替画笔的基准颜色，画笔中的其他颜色也发生相应的变化，变化后的颜色与描边的对应关系和变化前的颜色与基准颜色的对应关系一致。该选项保持黑色、白色和灰色不变。对于有多种颜色的画笔，可以改变其基准色。

▽ 【主色】选项：默认情况下是待定义图形中最突出的颜色，也可以进行改变。用【吸管】工具从待定义的图形中吸取不同的颜色，则颜色显示框中的颜色也随之变化。设定完基准颜色之后，图形中其他颜色就和该颜色建立了一种对应关系。选择不同的涂色方法、不同的描边颜色，使用相同的画笔画出的颜色效果可能不同。

　　以上各项设置完成后，单击【确定】按钮，就完成了新的散点画笔的设置，这时在【画笔】面板中就增加了一个散点画笔。

3. 新建图案画笔

在【新建画笔】对话框中选中【图案画笔】单选按钮，单击【确定】按钮，打开如图 5-32 所示的【图案画笔选项】对话框。

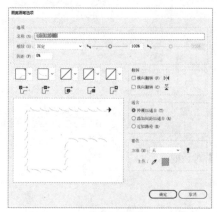

图 5-32　【图案画笔选项】对话框

> **提示**
>
> 在【选项】设置区下方有 5 个小方框，分别代表 5 种图案，从左到右依次为【边线拼贴】【外角拼贴】【内角拼贴】【起点拼贴】和【终点拼贴】。如果在新建画笔之前在页面中选中了图形，那么选中的图形就会出现在左边第一个小方框中。

▽ 【名称】文本框：用于设置画笔名称。

▽ 【缩放】选项：用来设置图案的大小。数值为 100% 时，图案的大小与原始图形相同。

▽ 【间距】数值框：用来设置图案单元之间的间隙。当数值为 100% 时，图案单元之间的间隙为 0。

▽ 【翻转】选项：用于设置路径中图案画笔的方向。【横向翻转】表示图案沿路径方向翻转，【纵向翻转】表示图案在路径的垂直方向翻转。

▽ 【适合】选项：用于表示图案画笔在路径中的匹配。【伸展以适合】选项表示把图案画笔展开以与路径匹配，此时可能会拉伸或缩短图案比例；【添加间距以适合】选项表示增加图案画笔之间的间隔以使其与路径匹配；【近似路径】选项仅用于矩形路径，不改变图案画笔的形状，使图案位于路径的中间部分，路径的两边空白。

【例 5-3】 创建自定义图案画笔。 视频

(1) 打开图形文档，使用【选择】工具框选图形，如图 5-33 所示。

(2) 单击【画笔】面板中的【新建画笔】按钮，在打开的【新建画笔】对话框中选中【图案画笔】单选按钮，如图 5-34 所示，单击【确定】按钮，打开【图案画笔选项】对话框。

图 5-33　框选图形

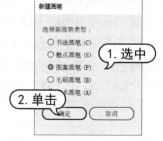

图 5-34　【新建画笔】对话框

104

(3) 在【图案画笔选项】对话框的【名称】文本框中输入"礼物"，设置【缩放】选项的【最小值】数值为 40%，【间距】数值为 40%，单击【确定】按钮，如图 5-35 所示。

(4) 使用【画笔】工具在文档中拖动绘制路径，即可应用刚创建的图案画笔，效果如图 5-36 所示。

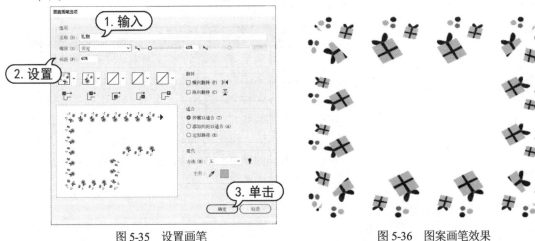

图 5-35　设置画笔　　　　　　　　　　　图 5-36　图案画笔效果

4．新建毛刷画笔

使用毛刷画笔可以创建自然、流畅的画笔描边，模拟使用真实画笔和纸张的绘制效果。用户可以从预定义库中选择画笔，或从提供的笔尖形状中创建自己的画笔。用户还可以设置其他画笔的特征，如毛刷长度、硬度和色彩不透明度。在【新建画笔】对话框中选中【毛刷画笔】单选按钮，单击【确定】按钮，打开如图 5-37 所示的【毛刷画笔选项】对话框。在【形状】下拉列表中，可以根据绘制的需求选择不同形状的毛刷笔尖形状，如图 5-38 所示。

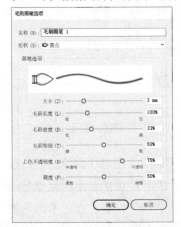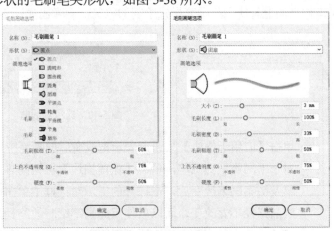

图 5-37　【毛刷画笔选项】对话框　　　　　图 5-38　选择毛刷笔尖形状

通过鼠标使用毛刷画笔时，仅记录 X 轴和 Y 轴的移动。其他的输入，如倾斜、方位、旋转和压力保持固定，从而产生均匀一致的笔触。通过绘图板设备使用毛刷画笔时，Illustrator 将对光笔在绘图板上的移动进行交互式跟踪。它将记录在绘制路径的任一点输入的其方向和压力的所有信息。Illustrator 还提供光笔 X 轴位置、Y 轴位置、压力、倾斜、方位和旋转上作为模型的输出。

5. 新建艺术画笔

和新建散点画笔类似,在新建艺术画笔之前,必须先选中文档中的图形对象,并且此图形对象中不包含使用画笔设置的路径、渐变色及渐层网格等。在【新建画笔】对话框中选中【艺术画笔】单选按钮,单击【确定】按钮,打开如图 5-39 所示的【艺术画笔选项】对话框。

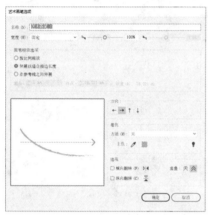

图 5-39 【艺术画笔选项】对话框

提示

编辑艺术画笔的方法与前面几种画笔的编辑方法基本相同。【艺术画笔选项】对话框中有一排方向按钮,选择不同的按钮可以指定艺术画笔沿路径的排列方向。← 指定图稿的左边为描边的终点; → 指定图稿的右边为描边的终点; ↑ 指定图稿的顶部为描边的终点; ↓ 指定图稿的底部为描边的终点。

5.3.5 画笔的修改

双击【画笔】面板中要进行修改的画笔样式,可以打开该类型画笔样式的画笔选项对话框以进行设置。此对话框和新建画笔时的对话框相同,只是多了一个【预览】选项。修改对话框中各选项的数值,通过【预览】选项可进行修改前后的对比。设置完成后,单击【确定】按钮,如果在工作页面上有使用此画笔样式绘制的路径,会弹出如图 5-40 所示的提示对话框。

图 5-40 提示对话框

▽ 单击【应用于描边】按钮,表示把改变后的画笔应用到路径中。

▽ 对于不同类型的画笔,单击【保留描边】按钮的含义也有所不同。在书法画笔、散点画笔及图案画笔改变后,在打开的提示对话框中单击此按钮,表示对页面上使用此画笔绘制的路径不做改变,而以后使用此画笔绘制的路径则使用新的画笔设置。在艺术画笔改变后,单击此按钮表示保持原画笔不变,生成一个新设置情况下的画笔。

▽ 单击【取消】按钮表示取消对画笔所做的修改。

如果需要修改用画笔绘制的线条,但不更新对应的画笔样式,选择该线条,单击【画笔】面板中的【所选对象的选项】按钮。根据需要对打开的【描边选项】对话框进行设置,然后单击【确定】按钮即可。

5.3.6 删除画笔

对于在工作页面中用不到的画笔样式，可将其删除。在【画笔】面板菜单中选择【选择所有未使用的画笔】命令，然后单击【画笔】面板中的【删除画笔】按钮，在打开的如图 5-41 所示的提示对话框中单击【确定】按钮，即可删除这些无用的画笔样式。

当然，也可以手动选择无用的画笔样式进行删除。若要连续选择几个画笔样式，可以在选取时按住键盘上的 Shift 键；若选择的画笔样式在面板中不同的部分，可以按住键盘上的 Ctrl 键逐一选择。

若删除在工作页面上正在使用的画笔样式，删除时会打开如图 5-42 所示的提示对话框。

图 5-41　提示对话框(一)

图 5-42　提示对话框(二)

▽ 单击【扩展描边】按钮，表示删除画笔后，使用此画笔绘制的路径会自动转变为画笔的原始图形状态。

▽ 单击【删除描边】按钮，表示从路径中移走此画笔绘制的颜色，代之以描边框中的颜色。

▽ 单击【取消】按钮，表示取消删除画笔的操作。

5.3.7 移除画笔描边

选择一条使用画笔样式绘制的路径，单击【画笔】面板菜单按钮，在弹出的菜单中选择【移去画笔描边】命令，或者单击【移去画笔描边】按钮 即可移除画笔描边，如图 5-43 所示。在 Illustrator 中，还可以通过选择【画笔】面板或控制栏中的基本画笔来移除画笔描边效果。

图 5-43　移除画笔描边

5.4　【橡皮擦】工具组

【橡皮擦】工具组主要用于擦除、切断、断开路径。其中包含 3 种工具，即【橡皮擦】工具、【剪刀】工具和【美工刀】工具。

5.4.1 使用【橡皮擦】工具

使用【橡皮擦】工具 可快速擦除图稿的任何区域，被抹去的边缘将自动闭合，并保持平滑过渡，如图 5-44 所示。双击工具栏中的【橡皮擦】工具，可以打开如图 5-45 所示的【橡皮擦

计算机基础与实训教材系列

工具选项】对话框,在该对话框中可设置【橡皮擦】工具的角度、圆度和直径。在【橡皮擦】工具的使用过程中可以随时更改直径。按]键可以增大直径,按[键可以减小直径。

图5-44 使用【橡皮擦】工具擦除图稿

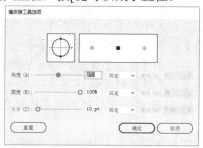

图5-45 【橡皮擦工具选项】对话框

▽ 【角度】选项:用于设置【橡皮擦】工具旋转的角度。用户可以拖动预览区中的箭头或拖动滑块,或在【角度】数值框中输入一个数值。

▽ 【圆度】选项:用于设置【橡皮擦】工具的圆度。用户可以将预览区中的黑点向背离中心的方向拖动或拖动滑块,或在【圆度】数值框中输入数值。该值越大,圆度就越大。

▽ 【大小】选项:用于设置【橡皮擦】工具的直径。用户可以拖动滑块,或在【大小】数值框中输入一个值。

每个选项右侧的下拉列表中的选项可以让用户控制此工具的特征变化。

▽ 【固定】选项:使用固定的角度、圆度或直径。

▽ 【随机】选项:使用随机变化的角度、圆度或直径。在【变化】数值框中输入一个值,可以指定【橡皮擦】工具特征变化的范围。

【例5-4】 制作分割文字。 🎬视频

(1) 新建B5空白横向文档,选择【文件】|【置入】命令,打开【置入】对话框,选择所需的图像文件,单击【置入】按钮。在画板中单击,置入图像,如图5-46所示。

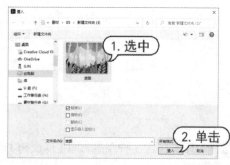

图5-46 置入图像

(2) 使用【圆角矩形】工具在画板中单击,打开【圆角矩形】对话框。在该对话框中,设置【宽度】为180mm,【高度】为80mm,【圆角半径】为5mm,然后单击【确定】按钮。将填充色设置为无,在【颜色】面板中设置描边色为C=30 M=95 Y=100 K=0,如图5-47所示。

(3) 选择【文件】|【打开】命令,打开所需的"文本.ai"素材文件,在打开的文档中选中文字对象,然后复制到步骤(1)创建的文档中,如图5-48所示。

图 5-47　创建圆角矩形

图 5-48　复制文字对象

(4) 按 Ctrl+C 键复制刚添加的文字，再按 Ctrl+F 键将复制的对象粘贴在前面，然后更改填充的颜色为 C=10 M=80 Y=100 K=0，如图 5-49 所示。

图 5-49　复制并调整对象

(5) 右击复制的对象，在弹出的快捷菜单中选择【创建轮廓】命令。双击【橡皮擦】工具，打开【橡皮擦工具选项】对话框，设置【大小】为 30pt，单击【确定】按钮。然后使用【橡皮擦】工具从文字外部起按住鼠标左键拖动至文字的另一侧，【橡皮擦】工具涂抹过的区域被擦除，效果如图 5-50 所示。

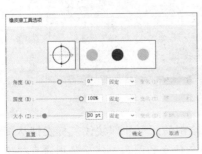

图 5-50　使用【橡皮擦】工具擦除文字

计算机基础与实训教材系列

5.4.2 使用【剪刀】工具

使用【剪刀】工具 ✂️ 可以对路径、图形框架或空白文本框架进行操作。使用【剪刀】工具可将一条路径分割为两条或多条路径，并且每部分都具有独立的填充和描边属性，如图 5-51 所示。选中将要进行剪裁的路径，在要进行剪裁的位置上单击，即可将一条路径拆分为两条路径。

图 5-51　使用【剪刀】工具剪裁路径

5.4.3 使用【美工刀】工具

使用【美工刀】工具 🔪 可以将一个对象以任意的分隔线划分为各个构成部分的表面。使用【美工刀】工具裁过的图形都会变为具有闭合路径的图形。使用【美工刀】工具在图形上拖动，如果拖动的长度大于图形的填充范围，那么得到两条闭合路径。如果拖动的长度小于图形的填充范围，那么得到的路径是一条闭合路径。该条闭合路径与原路径相比，所拥有的锚点数有所增加。

【例 5-5】 使用【美工刀】工具制作促销广告横幅版式。 🎬视频

(1) 选择【文件】|【新建】命令，打开【新建文档】对话框。在该对话框的【名称】文本框中输入"促销广告横幅版式"，设置【宽度】为 336px，【高度】为 280px，然后单击【创建】按钮，如图 5-52 所示。

(2) 选择【矩形】工具，在画板上绘制一个矩形，并在【颜色】面板中，将描边色设置为无，将填充色设置为 R=244 G=69 B=69，如图 5-53 所示。

图 5-52　新建文档　　　　　　　　　　图 5-53　绘制矩形

(3) 选择【美工刀】工具，按住 Alt 键的同时在绘制的矩形外部按住鼠标左键从矩形一侧拖动至另外一侧的外部，释放鼠标后，矩形被分割为两个独立的图形，然后使用【直接选择】工具选中右侧的图形，将其填充为白色，如图 5-54 所示。

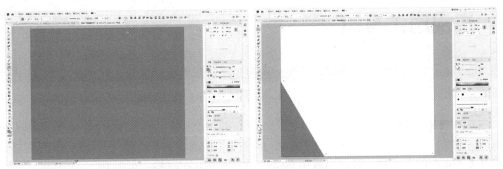

图 5-54　使用【美工刀】工具(一)

(4) 使用与步骤(3)相同的操作方法分割右侧图形，并在【颜色】面板中将填充色设置为 R=50 G=50 B=50，如图 5-55 所示。

(5) 继续使用【美工刀】工具，分割上一步填充的图形，再将分割后的右侧图形填充为黑色。然后使用【美工刀】工具分割步骤(3)中的左侧图形，在【颜色】面板中设置填充色为 R=237 G=28 B=19，如图 5-56 所示。

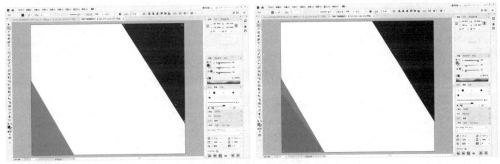

图 5-55　使用【美工刀】工具(二)　　　　　　　图 5-56　使用【美工刀】工具(三)

(6) 选择【文件】|【置入】命令，打开【置入】对话框。在该对话框中，选中所有需要置入的图形文件，单击【置入】按钮。然后在画板中依次在所需位置单击，置入选中的图形，完成后的效果如图 5-57 右图所示。

图 5-57　置入图形

计算机基础与实训教材系列

提示

　　使用【美工刀】工具的同时按 Shift 键或 Alt 键可以在水平直线、垂直直线或斜 45° 的直线方向分割对象。

5.5 透视图工具组

在 Illustrator 中，透视图工具可以在绘制透视效果时作为辅助工具，使对象以当前设置的透视规则进行变形。

5.5.1 认识透视网格

选择【透视网格】工具，可在画板中显示出透视网格，在网格上可以看到各个平面的网格控制，调整控制点可以调整网格的形态，如图 5-58 所示。

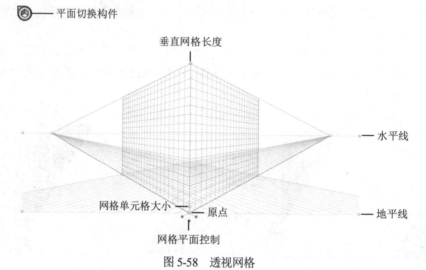

图 5-58 透视网格

进入使用【透视网格】工具进行编辑的状态，就相当于进入了一个三维空间中。此时，画板左上角将会出现平面切换构件，如图 5-59 所示。其中分为左侧网格平面、右侧网格平面、水平网格平面和无活动的网格平面 4 部分。在平面切换构件上的某个平面上单击，即可将所选平面设置为活动的网格平面以进行编辑处理。

图 5-59 平面切换构件

> **提示**
>
> 在透视网格中，活动平面是指绘制对象的平面。使用快捷键 1 可以选中左侧网格平面；使用快捷键 2 可以选中水平网格平面；使用快捷键 3 可以选中右侧网格平面；使用快捷键 4 可以选中无活动的网格平面。

5.5.2 切换透视方式

在 Illustrator 中，还可以在【视图】|【透视网格】子菜单中进行透视网格预设的选择。其中包括一点透视、两点透视和三点透视，如图 5-60 所示。

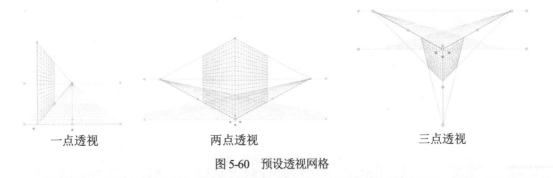

一点透视　　　　　两点透视　　　　　三点透视

图 5-60　预设透视网格

> **提示**
> 要在文档中查看默认的两点透视网格，可以选择【透视网格】工具，在画布中显示出透视网格，或选择【视图】|【透视网格】|【显示网格】命令，或按 Ctrl+Shift+I 键显示透视网格，还可以使用相同的组合键来隐藏可见的网格。

5.5.3　在透视网格中绘制对象

在透视网格开启的状态下绘制图形时，所绘制的图形将自动沿网格透视并进行变形。在平面切换构件中选择不同的平面时光标也会呈现不同形状。

选择【透视网格】工具，在平面切换构件中单击【右侧网格平面】，然后选择【矩形】工具，将光标移动到右侧网格平面上，当光标变为形状时，按住鼠标左键拖曳，松开鼠标即可绘制出带有透视效果的矩形，如图 5-61 所示。

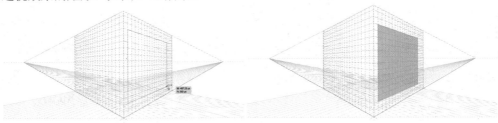

图 5-61　在透视网格中绘制对象

5.5.4　将对象加入透视网格

使用【透视选区】工具可以在透视网格中加入对象、文本和符号，以及在透视空间中移动、缩放和复制对象。向透视网格中加入现有对象或图稿时，所选对象的外观、大小将发生更改。在移动、缩放、复制对象和将对象置入透视网格时，【透视选区】工具将使对象与活动面板网格对齐。

要将常规对象加入透视网格中，可以使用【透视选区】工具选择对象，然后通过平面切换构件或快捷键选择要置入对象的活动平面，直接将对象拖放到所需位置即可，如图 5-62 所示。选择【对象】|【透视】|【附加到现用平面】命令，也可以将已经创建的对象放置到透视网格的活动平面上。

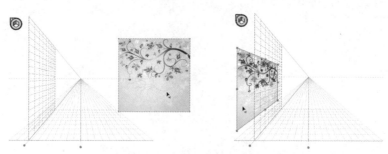

图 5-62　将对象附加到透视网格中

🐭 提示

　　如果在使用【透视网格】工具时按住 Ctrl 键，可以将【透视网格】工具临时切换为【透视选区】工具；按下 Shift+V 键则可以直接选择【透视选区】工具。

👉 【例 5-6】 制作立体包装效果。 🎥 视频

　　(1) 创建 A4 空白文档，选择【透视网格】工具，显示透视网格，如图 5-63 所示。
　　(2) 使用【透视网格】工具拖曳透视网格上的网格单元格大小控制点的位置，调整网格单元大小，如图 5-64 所示。

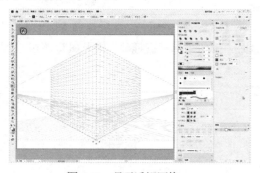

图 5-63　显示透视网格

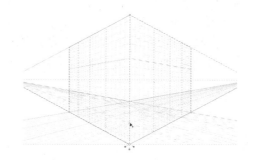

图 5-64　调整网格单元格大小

　　(3) 使用【透视网格】工具调整垂直网格长度，再调整地平线位置，如图 5-65 所示。

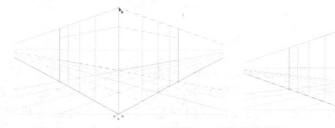

图 5-65　调整透视网格(一)

　　(4) 使用【透视网格】工具调整网格平面，如图 5-66 所示。
　　(5) 使用【矩形】工具在左侧网格平面中拖动绘制矩形。将描边设置为无，在【渐变】面板中设置填充色为 R=30 G=82 B=163 至 R=28 G=39 B=82，设置【角度】为﹣10°，如图 5-67 所示。

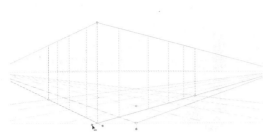

图 5-66　调整透视网格(二)

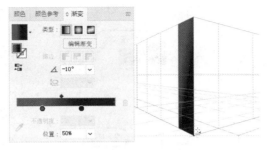

图 5-67　绘制图形(一)

(6) 在平面切换构件上单击右侧网格平面，继续使用【矩形】工具在右侧网格平面中拖曳绘制矩形。在【渐变】面板中设置填充色为 R=30 G=82 B=163 至 R=28 G=39 B=82，设置【角度】为-90°，如图 5-68 所示。

(7) 选择【文字】工具，将字体颜色设置为白色，在画板中单击并输入文字内容，输入完成后按 Ctrl+Enter 键。然后在【字符】面板中设置字体系列为 Segoe UI Emoji，字体大小为 21pt，如图 5-69 所示。

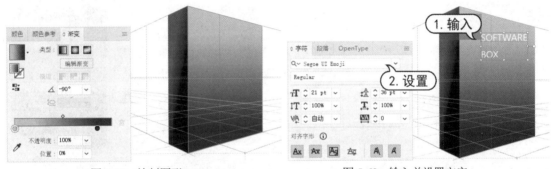

图 5-68　绘制图形(二)　　　　　　　　　　图 5-69　输入并设置文字

(8) 使用【文字】工具选中第二排文字，在【字符】面板中进行如图 5-70 所示的设置。

(9) 选择【透视选区】工具，将刚输入的文字拖动至透视网格中，如图 5-71 所示。

图 5-70　调整文字大小　　　　　　　　　图 5-71　将文字添加到透视网格

(10) 选择【文件】|【置入】命令，打开【置入】对话框。在该对话框中选中所需的图形文档，单击【置入】按钮。在画板中单击，置入图形文档，然后在控制栏中单击【嵌入】按钮，再选择【透视选区】工具，将置入的素材图像拖曳至右侧网格平面中，并调整图像大小，如图 5-72 所示。

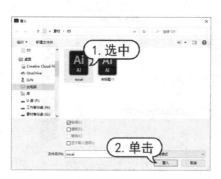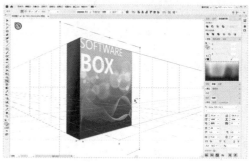

图 5-72　置入图像

(11) 在平面切换构件上单击水平网格平面，使用【矩形】工具绘制矩形，并填充为黑色，如图 5-73 所示。

(12) 选择【效果】|【模糊】|【高斯模糊】命令，打开【高斯模糊】对话框。在该对话框中，设置【半径】为 20 像素，然后单击【确定】按钮，再按 Shift+Ctrl+[键将绘制的矩形置于底层，效果如图 5-74 所示。

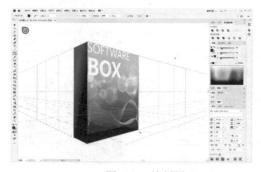

图 5-73　绘制图形　　　　　　　　　　　　　　图 5-74　执行【高斯模糊】命令

(13) 选择【视图】|【透视网格】|【隐藏网格】命令，隐藏透视网格。按 Ctrl+A 键全选对象，按 Ctrl+G 键编组对象。选择【选择】工具，拖曳鼠标的同时按住 Ctrl+Alt 键，移动并复制编组对象，如图 5-75 所示。

(14) 选择【矩形】工具，绘制与画板同等大小的矩形，然后在【渐变】面板中设置填充色为白色至 K=35，并按 Shift+Ctrl+[键将其置于底层，完成效果如图 5-76 所示。

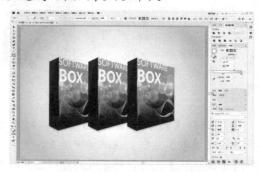

图 5-75　移动并复制编组对象　　　　　　　　　图 5-76　完成效果

5.5.5　释放透视对象

如果要释放带有透视图的对象，可以选择【对象】|【透视】|【通过透视释放】命令，或右击，在弹出的快捷菜单中选择【透视】|【通过透视释放】命令，如图 5-77 所示。所选对象将从相关的透视平面中释放，并可作为正常图稿使用。使用【通过透视释放】命令后再次移动对象，对象形状不再发生变化。

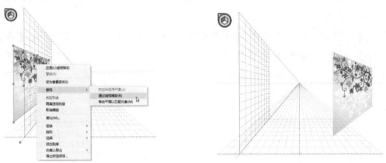

图 5-77　通过透视释放对象

5.6　符号工具组

符号是在文档中可重复使用的图形对象。每个符号实例都链接到【符号】面板中的符号或符号库，使用符号可节省用户的时间并显著减小文件。

5.6.1　创建符号

【符号】面板用来管理文档中的符号，可以用来建立新符号、编辑修改现有的符号，以及删除不再使用的符号。选择菜单栏中的【窗口】|【符号】命令，可打开【符号】面板，如图 5-78 所示。在 Illustrator 中，用户可以使用大部分的图形对象创建符号，包括路径、复合路径、文本、栅格图像、网格对象和对象组。

选中要添加为符号的图形对象后，单击【符号】面板底部的【新建符号】按钮，或在面板菜单中选择【新建符号】命令，或直接将图形对象拖动到【符号】面板中，即可打开【符号选项】对话框以创建新符号，如图 5-79 所示。如果不想在创建新符号时打开【新建符号】对话框，在创建此符号时按住 Alt 键，将其拖动至【新建符号】按钮上释放，Illustrator 将使用符号的默认名称。

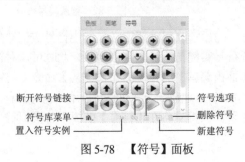

图 5-78　【符号】面板

图 5-79　【符号选项】对话框

计算机基础与实训教材系列

🗨 **提示**

　　默认情况下，选定的图形对象会变为新符号的实例。如果不希望图稿变为实例，在创建新符号时按住 Shift 键。

👉 【例 5-7】 使用选中的图形对象创建符号。 🎦视频

　　(1) 在打开的图形文档中，使用工具栏中的【选择】工具选中图形对象，并在【符号】面板中单击【新建符号】按钮，如图 5-80 所示。

　　(2) 在打开的【符号选项】对话框的【名称】文本框中输入"皮球"，在【导出类型】下拉列表中选择【图形】选项，再选中【静态符号】单选按钮，然后单击【确定】按钮创建新符号，同时可以在【符号】面板中看到新建的符号，如图 5-81 所示。

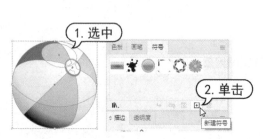

图 5-80　选中图形并单击【新建符号】按钮

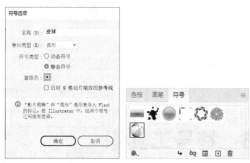

图 5-81　新建符号

5.6.2　应用符号

　　创建符号后，不仅可将其快速应用于图稿的绘制中，还可以根据需要在【透明度】【外观】和【图形样式】面板中修改符号的外观属性。

1. 置入符号

　　在 Illustrator 中，用户可以使用【符号】面板在工作页面中置入单个符号。选择【符号】面板中的符号，单击【置入符号实例】按钮 ↩，或者拖动符号至页面中，即可把符号实例置入画板中，如图 5-82 所示。

2. 断开符号链接

图 5-82　置入符号

　　在 Illustrator 中创建符号后，还可以对符号进行修改和重新定义。选中符号实例，单击【符号】面板中的【断开符号链接】按钮 ✂，断开符号实例与符号之间的链接，此时可以对符号实例进行编辑和修改。修改完成后，选择【符号】面板菜单中的【重新定义符号】命令，将它重新定义为符号。同时，文档中所有使用该符号创建的符号实例都将自动更新。用户也可按住 Alt 键将修改的符号拖动到【符号】面板中旧符号的顶部。该符号将在【符号】面板中替换旧符号并在当前文件中更新。

【例 5-8】　在 Illustrator 中修改已有的符号。 视频

（1）在打开的图形文档中选中符号实例，单击【符号】面板中的【断开符号链接】按钮，如图 5-83 所示。

（2）使用【选择】工具选中要修改的图形对象，在【渐变】面板中单击【径向渐变】按钮，将渐变填充色设置为 C=0 M=35 Y=85 K=0 至 C=0 M=80 Y=95 K=0，然后使用【渐变】工具在图形对象上拖曳设置填充效果，如图 5-84 所示。

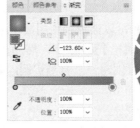

图 5-83　单击【断开符号链接】按钮　　　　　　　图 5-84　调整颜色

（3）使用【选择】工具选中编辑后的图形，并确保要重新定义的符号在【符号】面板中被选中，然后在【符号】面板菜单中选择【重新定义符号】命令，如图 5-85 所示。

图 5-85　选择【重新定义符号】命令

5.6.3　设置符号工具

在 Illustrator 中，符号工具用于创建和修改符号实例集。用户可以使用【符号喷枪】工具 创建符号集，然后使用其他符号工具更改符号实例集的实例密度、颜色、位置、大小、旋转、透明度和样式等。在 Illustrator 中，双击工具栏中的【符号喷枪】工具 ，可打开如图 5-86 所示的【符号工具选项】对话框以设置符号工具选项。

图 5-86　【符号工具选项】对话框

> 提示
>
> 使用符号工具时，可以按键盘上的[键以减小直径，或按]键以增加直径。按 Shift+[键可减小强度，按 Shift+]键可增加强度。

▽ 【直径】：用于指定符号工具的画笔大小。

▽ 【强度】：用于指定更改的速度。数值越大，更改越快。

▽ 【符号组密度】：用于指定符号组的密度值。数值越大，符号实例堆积密度越大。此设置应用于整个符号集。如果选择了符号集，将更改符号集中所有符号实例的密度。

▽ 【显示画笔大小和强度】：选中该复选框后，可以显示画笔的大小和强度。

5.6.4 使用【符号喷枪】工具

在 Illustrator 中，符号可以被单独使用，也可以作为集合来使用。符号的应用非常简单，只需在工具栏中选择【符号喷枪】工具，然后在【符号】面板中选择一个符号图标，并在工作区中单击即可。单击一次可创建一个符号实例，单击多次或按住鼠标左键拖动可创建符号集，如图 5-87 所示。

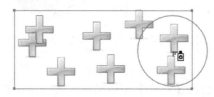

图 5-87　创建符号和符号集

5.6.5 使用【符号移位器】工具

在 Illustrator 中，创建好符号实例后，还可以分别移动它们的位置，获得用户所需要的效果。选择工具栏中的【符号移位器】工具，向希望符号实例移动的方向拖动即可，如图 5-88 所示。

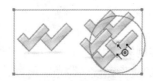

图 5-88　使用【符号移位器】工具

提示

如果要向前移动符号实例，或者把一个符号移到另一个符号的前一层，则按住 Shift 键后单击符号实例。如果要向后移动符号实例，按住 Alt+Shift 键后单击符号实例即可。

5.6.6 使用【符号紧缩器】工具

创建好符号实例后，还可以使用【符号紧缩器】工具聚拢或分散符号实例。使用【符号紧缩器】工具单击或拖动符号实例之间的区域可以聚拢符号实例，如图 5-89 所示。按住 Alt 键在符号实例之间单击或拖动可以增大符号实例之间的距离。使用该工具不能大幅度增减符号实例之间的距离。

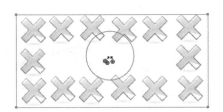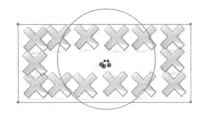

图 5-89　使用【符号紧缩器】工具

5.6.7　使用【符号缩放器】工具

创建好符号实例之后，用户可以对其中的单个或者多个实例的大小进行调整。使用【符号缩放器】工具 ，单击或拖动要放大的符号实例即可。按住 Alt 键，单击或拖动可缩小符号实例的大小，如图 5-90 所示。按住 Shift 键，单击或拖动可以在缩放的同时保留符号实例的密度。

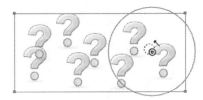

图 5-90　使用【符号缩放器】工具

5.6.8　使用【符号旋转器】工具

创建好符号实例之后，还可以对它们进行旋转调整，从而获得需要的效果。使用【符号旋转器】工具 ，在符号上单击或按住鼠标左键拖动，即可将符号进行旋转，如图 5-91 所示。

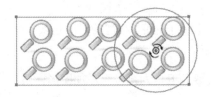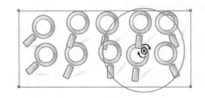

图 5-91　使用【符号旋转器】工具

5.6.9　使用【符号着色器】工具

在 Illustrator 中，使用【符号着色器】工具 可以更改符号实例颜色的色相，同时保留原始亮度，如图 5-92 所示。此方法使用原始颜色的亮度和上色颜色的色相生成颜色。因此，具有较高或较低亮度的颜色改变很少；黑色或白色对象完全无变化。

> **提示**
>
> 按住 Ctrl 键，单击或拖动以减小上色量并显示出更多的原始符号颜色。按住 Shift 键，单击或拖动以保持上色量为常量，同时逐渐将符号实例颜色更改为上色颜色。

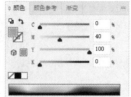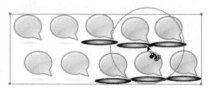

图 5-92　使用【符号着色器】工具

5.6.10　使用【符号滤色器】工具

创建好符号后,用户还可以对它们的透明度进行调整。选择【符号滤色器】工具 ,单击或拖动希望增加符号透明度的位置即可,如图 5-93 所示。单击或拖动可减小符号透明度。如果想恢复原色,那么在符号实例上右击,并从打开的快捷菜单中选择【还原滤色】命令,或按住 Alt 键单击或拖动即可。

图 5-93　使用【符号滤色器】工具

5.6.11　使用【符号样式器】工具

在 Illustrator 中,使用【符号样式器】工具 可以在符号实例上应用或删除图形样式,还可以控制应用的量和位置。

在要进行附加样式的符号实例对象上单击并按住鼠标左键,按住的时间越长,着色的效果越明显。按住 Alt 键,可以将已经添加的样式效果褪去。

【例 5-9】 在 Illustrator 中,使用【符号样式器】工具为符号组添加图形样式。 📀视频

(1) 在打开的图形文档中,使用【选择】工具选中文档中的符号组,如图 5-94 所示。

(2) 选择【窗口】|【图形样式库】|【艺术效果】命令,显示【艺术效果】图形样式面板,并在面板中单击选中【彩色半调】图形样式。然后选择【符号样式器】工具,将【彩色半调】图形样式拖动到符号上释放,即可在符号上应用该图形样式,如图 5-95 所示。

图 5-94　选中符号组　　　　　　图 5-95　使用【符号样式器】工具

5.7 实例演练

本章的实例演练通过制作音乐节海报的综合实例,使用户更好地掌握本章所介绍的符号工具的基本操作方法和技巧。

【例 5-10】制作音乐节海报。 视频

(1) 选择【文件】|【新建】命令,新建一个 A4 横向空白文档。选择【矩形】工具,绘制与画板同等大小的矩形,并将描边色设置为无,在【渐变】面板中,设置渐变填充色为 C=0 M=80 Y=0 K=0 至 C=87 M=100 Y=0 K=0,设置【角度】数值为-90,如图 5-96 所示。

(2) 按 Ctrl+2 键锁定绘制的矩形,继续使用【矩形】工具并按住 Shift 键绘制矩形,在控制栏中选择【对齐画板】选项,单击【水平居中对齐】按钮。然后在【渐变】面板中,更改渐变填充色为 C=88 M=88 Y=0 K=0 至 C=85 M=100 Y=46 K=0。在【透明度】面板中,设置混合模式为【正片叠底】,设置【不透明度】数值为 40%,如图 5-97 所示。

图 5-96　绘制矩形(一)　　　　　　　图 5-97　绘制矩形(二)

(3) 选择【自由变换】工具,在显示的浮动工具栏中单击【透视扭曲】按钮,然后拖动矩形底部的锚点,如图 5-98 所示。

(4) 使用【矩形】工具在画板中绘制矩形,在【颜色】面板中设置填充色为 C=58 M=75 Y=0 K=0,在【透明度】面板中设置混合模式为【滤色】,【不透明度】数值为 15%,如图 5-99 所示。

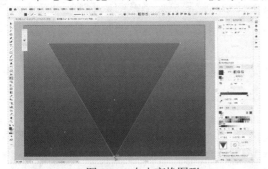 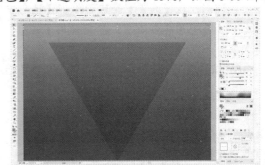

图 5-98　自由变换图形　　　　　　　图 5-99　绘制矩形(三)

(5) 选择【效果】|【扭曲和变换】|【变换】命令,打开【变换效果】对话框。在该对话框的【移动】选项组中,设置【垂直】为 10mm,设置【副本】数值为 20,然后单击【确定】按钮,如图 5-100 所示。

计算机基础与实训教材系列

(6) 使用【文字】工具在画板中单击，在控制栏中设置文字填充色为白色，设置字体系列为 Humnst777 Cn BT，字体大小为 106pt，单击【居中对齐】按钮，然后输入文字内容，如图 5-101 所示。

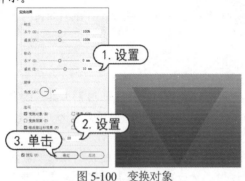

图 5-100　变换对象

图 5-101　输入文字

(7) 选择【直线段】工具，在控制栏中设置描边色为白色，【描边粗细】为 1.5pt，然后在画板中拖动绘制直线段，如图 5-102 所示。

(8) 使用【文字】工具在画板中单击，在控制栏中更改字体大小为 36pt，然后输入文字内容，如图 5-103 所示。

图 5-102　绘制直线段

图 5-103　输入文字

(9) 按 Ctrl+A 键选中创建的全部对象，按 Ctrl+2 键锁定对象。使用【椭圆】工具在画板中拖动绘制圆形，在【渐变】面板中单击【径向渐变】按钮，设置渐变填充色为【不透明度】数值为 50%的白色至黑色的渐变。然后使用【渐变】工具在圆形左上角单击，并向右下角拖动，调整渐变效果，如图 5-104 所示。

(10) 保持圆形的选中状态，在【透明度】面板中，设置混合模式为【正片叠底】，如图 5-105 所示。

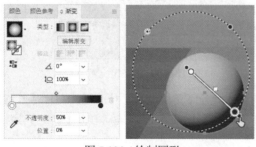

图 5-104　绘制圆形

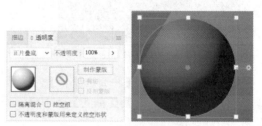

图 5-105　设置混合模式

(11) 在【符号】面板中单击【新建符号】按钮，打开【符号选项】对话框。在该对话框的【名称】文本框中输入"球形"，在【导出类型】下拉列表中选择【图形】选项，选中【静态符号】单选按钮，然后单击【确定】按钮，如图 5-106 所示。

(12) 选择【符号喷枪】工具，在画板中单击多次创建符号集，如图 5-107 所示。

图 5-106　【符号选项】对话框　　　　　　　　　　图 5-107　应用符号工具(一)

(13) 选择【符号缩放器】工具，在要放大的符号上单击，在要缩小的符号上按住 Alt 键单击，调整符号集效果。选择【符号移位器】工具，调整符号集中符号的位置，如图 5-108 所示。

图 5-108　应用符号工具(二)

(14) 选择【符号滤色器】工具，单击可减小符号透明度，按 Alt 键单击可恢复符号透明度，调整符号集效果，如图 5-109 所示。

(15) 选择【文件】|【置入】命令，置入所需的图形文档，在控制栏中单击【嵌入】按钮。在【透明度】面板中，设置混合模式为【变亮】。在【符号】面板中单击【新建符号】按钮，打开【符号选项】对话框。在该对话框的【名称】文本框中输入"烟花"，在【导出类型】下拉列表中选择【图形】选项，选中【静态符号】单选按钮，然后单击【确定】按钮，如图 5-110 所示。

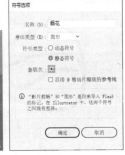

图 5-109　应用符号工具(三)　　　　　　　　　　图 5-110　新建符号

计算机基础与实训教材系列

(16) 使用与步骤(12)至步骤(13)相同的操作方法，创建并调整符号集效果，如图 5-111 所示。

(17) 在【颜色】面板中，分别设置填充色为 C=0 M=50 Y=100 K=0 和 C=0 M=80 Y=100 K=0。然后选择【符号着色器】工具，调整符号集效果，如图 5-112 所示。

图 5-111　创建符号集　　　　　　　图 5-112　使用【符号着色器】工具

(18) 使用【文字】工具在画板中拖动创建文本框，在控制栏中设置字体系列为 Myriad Pro，字体大小为 14pt，单击【居中对齐】按钮，然后输入示例文本内容，如图 5-113 所示。

(19) 使用【矩形】工具绘制与页面同等大小的矩形，按 Ctrl+A 键全选对象，右击，在弹出的快捷菜单中选择【建立剪切蒙版】命令，完成效果如图 5-114 所示。

图 5-113　输入文字　　　　　　　　图 5-114　完成效果

5.8　习题

1. 使用【钢笔】工具绘制如图 5-115 所示的路径图形对象并替换画笔样式。

2. 绘制如图 5-116 所示的图案并创建新符号样式，然后使用【符号喷枪】工具应用符号。

图 5-115　绘制图形并应用画笔样式　　　　　　图 5-116　使用符号工具

第6章

变换图稿对象

在 Illustrator 中创建图形对象后，用户可以使用各种变换工具或执行相应的命令，使所选图形对象产生丰富的变换效果，创建更加复杂的图形效果。本章将详细介绍各种变换工具及相应命令的使用方法。

本章重点

- 图形的选择
- 使用工具变换对象
- 使用【变换】面板
- 分别变换

二维码教学视频

6.1 图形的选择

Illustrator 是一款面向图形对象的软件，在做任何操作前都必须选择图形对象，以指定后续操作所针对的对象。因此，Illustrator 提供了多种选取相应图形对象的方法。熟悉图形对象的选择方法才能提高图形编辑操作的效率。

在 Illustrator 的工具栏中有 5 个选择工具，分别是【选择】工具、【直接选择】工具、【编组选择】工具、【魔棒】工具和【套索】工具。

6.1.1 【选择】工具

使用【选择】工具 ▶ 在路径或图形的任何一处单击，就会将整条路径或者图形选中。当【选择】工具在未选中图形对象或路径时，光标显示为 ▶ 形状。当使用【选择】工具选中图形对象或路径后，光标变为 ▶▦ 形状。

使用【选择】工具选择图形有两种方法，一种是使用鼠标单击图形，即可将图形选中，如图 6-1 所示；另一种是使用鼠标拖动矩形框来框选部分图形将图形选中，如图 6-2 所示。选中图形后，可以使用【选择】工具拖动鼠标移动图形的位置，还可以通过选中对象的矩形定界框上的控制点缩放、旋转图形。

图 6-1 单击选择图形

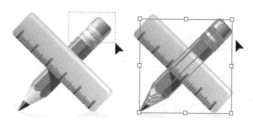
图 6-2 框选图形

6.1.2 【直接选择】工具

使用【直接选择】工具 ▷ 可以选取成组对象中的一个对象、路径上任何一个单独的锚点或某条路径上的线段。在大部分情况下，【直接选择】工具用来修改对象形状。

当【直接选择】工具放置在未被选中的图形或路径上时，光标显示为 ▶ 形状；当使用【直接选择】工具选中一个锚点后，这个锚点以实心正方形显示，其他锚点以空心正方形显示，如图 6-3 所示。如果被选中的锚点是曲线点，则曲线点的方向线及相邻锚点的方向线也会显示出来。使用【直接选择】工具拖动方向线及锚点即可改变曲线形状及锚点位置，也可以通过拖动线段改变曲线形状。

6.1.3 【编组选择】工具

有时为了方便绘制图形，会把几个图形进行编组。如果要移动一组图形，只需用【选择】工具选择任意图形，就可以把这一组图形都选中。如果这时要选择其中一个图形，则需要使用【编组选择】工具 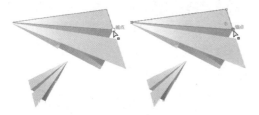。在成组的图形中，使用【编组选择】工具单击可选中其中的一个图形，双击即可选中这一组图形；如果图形是多重成组图形，则每多单击一次，就可多选择一组图形，如图 6-4 所示。

图 6-3　选择锚点

图 6-4　选择编组对象

6.1.4　【魔棒】工具

【魔棒】工具 的出现为选取具有某种相同或相近属性的对象带来了前所未有的方便。对于位置分散的具有某种相同或相近属性的对象，【魔棒】工具能够单独选取目标的某种属性，从而使整个具有某种相同或相近属性的对象全部被选中，如图 6-5 所示。该工具的使用方法与 Photoshop 中的【魔棒】工具的使用方法相似，用户利用这一工具可以选择具有相同或相近的填充色、边线色、边线宽度、透明度或者混合模式的图形。双击【魔棒】工具，打开如图 6-6 所示的【魔棒】面板，在其中可做适当的设置。

图 6-5　使用【魔棒】工具

图 6-6　【魔棒】面板

- ▽ 【填充颜色】选项：以填充色为选择基准，其中【容差】的大小决定了填充色选择的范围，数值越大，选择范围就越大，反之，范围就越小。
- ▽ 【描边颜色】选项：以边线色为选择基准，其中【容差】的作用同【填充颜色】选项中【容差】的作用相似。
- ▽ 【描边粗细】选项：以边线色为选择基准，其中【容差】决定了边线宽度的选择范围。
- ▽ 【不透明度】选项：以透明度为选择基准，其中【容差】决定了透明程度的选择范围。
- ▽ 【混合模式】选项：以相似的混合模式作为选择的基准。

6.1.5　【套索】工具

【套索】工具 可以通过自由拖动的方式选取多个图形、锚点或者路径片段。使用【套索】工具勾选完整的一个对象，整个图形即可被选中。如果只勾选部分图形，则只选中被勾选的局部图形上的锚点，如图 6-7 所示。

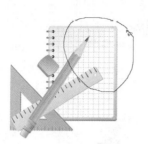 

图6-7　使用【套索】工具

6.2 使用工具变换对象

Illustrator 中提供了【比例缩放】工具、【旋转】工具、【镜像】工具、【倾斜】工具及【自由变换】工具等改变形状的工具。

6.2.1 使用【比例缩放】工具

使用【比例缩放】工具 可随时对 Illustrator 中的图形进行缩放。用户不但可以在水平或垂直方向放大和缩小对象，还可以同时在两个方向上对对象进行整体缩放，如图6-8 所示。

如果要精确控制缩放的角度，在工具栏中选择【比例缩放】工具后，按住 Alt 键，然后在画板中单击，或双击工具栏中的【比例缩放】工具，可打开如图6-9 所示的【比例缩放】对话框。当选中【等比】单选按钮时，可在【比例缩放】文本框中输入百分比。当选中【不等比】单选按钮时，在下面会出现两个选项，可分别在【水平】和【垂直】文本框中输入水平和垂直的缩放比例。如果选中【预览】复选框就可以看到页面中图形的变化。如果图形中包含描边或效果，并且描边或效果也要同时缩放，则可选中【比例缩放描边和效果】复选框。

图6-8　使用【比例缩放】工具　　　　　　　图6-9　【比例缩放】对话框

6.2.2 使用【旋转】工具

在 Illustrator 中，用户可以直接使用【旋转】工具旋转对象，还可以使用【对象】|【变换】|【旋转】命令旋转对象，或双击【旋转】工具 ，在打开的【旋转】对话框中准确设置选中对象的旋转角度。

【例 6-1】 制作发散图形。　视频

(1) 新建一个空白文档，选择【视图】|【显示网格】命令显示网格。选择【钢笔】工具，在画板中绘制如图 6-10 所示的图形，并在【颜色】面板中将描边色设置为无，将填充色设置为 R=243 G=152 B=0。

(2) 使用【选择】工具单击选中刚绘制的对象，在【透明度】面板中设置混合模式为【正片叠底】，设置【不透明度】数值为 30%，如图 6-11 所示。

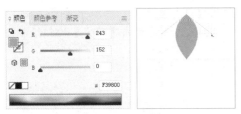

图 6-10　绘制图形　　　　　　　　　　　图 6-11　调整图形

(3) 选择【旋转】工具，按住 Alt 键将中心点向图形底部拖动，松开鼠标后，弹出【旋转】对话框，在该对话框中设置【角度】数值为 10°，单击【复制】按钮进行复制，如图 6-12 所示。

图 6-12　使用【旋转】工具

(4) 选择【对象】|【变换】|【再次变换】命令，或按 Ctrl+D 键重复上一步的旋转并复制对象操作。连续按 Ctrl+D 键，直至完成最终如图 6-13 所示的图形效果。

图 6-13　最终的图形效果

提示

如果对象中包含图案填充，同时选中【变换图案】复选框以旋转图案。如果只想旋转图案，而不想旋转对象，取消选中【变换对象】复选框。

6.2.3　使用【镜像】工具

使用【镜像】工具可以按照镜像轴旋转图形。选择图形后，使用【镜像】工具在页面中单击确定镜像旋转的轴心，然后按住鼠标左键拖动，图形对象就会沿对称轴做镜像旋转。用户也

计算机基础与实训教材系列

可以按住 Alt 键在页面中单击，或双击【镜像】工具，打开【镜像】对话框精确定义对称轴的角度以镜像对象。

【例 6-2】 制作网页广告。 📹视频

(1) 选择【文件】|【新建】命令，打开【新建文档】对话框。在该对话框的【名称】文本框中输入"网页广告"，设置【宽度】和【高度】均为 479 像素，【颜色模式】为【RGB 颜色】，【光栅效果】为【高(300ppi)】，然后单击【创建】按钮新建图形文档，如图 6-14 所示。

(2) 选择【视图】|【显示网格】命令显示网格。使用【矩形】工具在画板中单击，在弹出的【矩形】对话框中，设置【宽度】为 348px，【高度】为 420px，然后单击【确定】按钮绘制矩形，如图 6-15 所示。

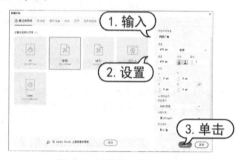

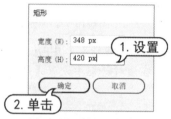

图 6-14　新建文档　　　　　　　　　　　图 6-15　【矩形】对话框

(3) 在控制栏中选择【对齐画板】选项，再单击【水平右对齐】和【垂直顶对齐】按钮。选择【添加锚点】工具，在刚绘制的矩形左侧边缘中央单击，添加锚点。然后使用【直接选择】工具选中图形上要编辑的锚点，调整其位置，如图 6-16 所示。

(4) 使用【直接选择】工具选中图形左侧的锚点，在控制栏中设置【边角】为 60px，效果如图 6-17 所示。

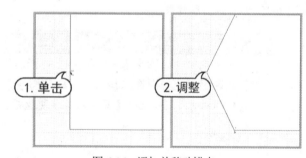

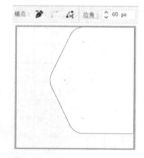

图 6-16　添加并移动锚点　　　　　　　　　图 6-17　设置边角后的效果

(5) 右击刚创建的对象，在弹出的快捷菜单中选择【变换】|【镜像】命令，在打开的【镜像】对话框中选中【垂直】单选按钮，单击【复制】按钮，如图 6-18 所示，即可将所选对象进行镜像并复制。

(6) 右击刚复制的图形对象，在弹出的快捷菜单中选择【变换】|【缩放】命令，在打开的【比例缩放】对话框中选中【等比】单选按钮，设置数值为 75%，单击【确定】按钮。然后在控制栏中单击【水平左对齐】按钮，并使用【选择】工具向下移动图形对象，如图 6-19 所示。

(7) 在【颜色】面板中，将刚创建的图形对象描边色设置为无，设置填充色为 R=166 G=17

B=252。使用【文字】工具在画板中单击,在控制栏中设置文字填充色为白色,字体系列为 Microsoft PhagsPa,字体样式为 Bold,字体大小为 44pt,并输入文字内容,输入完成后按 Ctrl+Enter 键。然后再使用【文字】工具选中第 3 排文字内容,将其字体系列设置为 Myriad Pro,如图 6-20 所示。

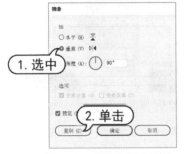

图 6-18　【镜像】对话框

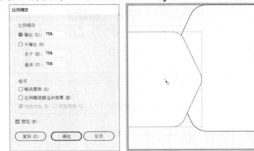

图 6-19　缩放对象

图 6-20　输入文字

(8) 选择【文件】|【置入】命令,打开【置入】对话框。在该对话框中,选中所需的图像文件,单击【置入】按钮。然后在画板中分别单击以置入图像,并调整图像的大小及位置,如图 6-21 所示。

图 6-21　置入图像

(9) 使用【选择】工具选中步骤(4)创建的图形对象,按住 Ctrl+Alt 键同时移动并复制对象,然后在【颜色】面板中将描边色设置为无,填充色设置为 R=30 G=31 B=56,如图 6-22 所示。

(10) 使用【矩形】工具在画板右下角绘制一个矩形,然后使用【选择】工具选中刚绘制的矩形和上一步中复制的对象,在【路径查找器】面板中单击【交集】按钮,效果如图 6-23 所示。

(11) 选择【文件】|【置入】命令,打开【置入】对话框。在该对话框中,选中所需的图像文件,单击【置入】按钮。然后在画板中单击以置入图像,并按 Shift+Ctrl+[键将其置于底层,然后调整图像的大小及位置,如图 6-24 所示。

图 6-22　移动并复制对象

图 6-23　编辑对象

(12) 使用【选择】工具选中刚置入的图像和步骤(4)创建的图形对象，右击，在弹出的快捷菜单中选择【建立剪切蒙版】命令，效果如图 6-25 所示。

图 6-24　置入图像

图 6-25　建立剪切蒙版

(13) 使用【文字】工具在画板中单击，在控制栏中设置文字填充色为白色，字体系列为Microsoft YaHei UI，字体大小为 14pt，并输入文字内容，输入完成后按 Ctrl+Enter 键。然后再使用【文字】工具选中第 2 排文字内容，将其字体大小设置为 26pt，完成后的效果如图 6-26 所示。

图 6-26　完成后的效果

6.2.4　使用【倾斜】工具

　　【倾斜】工具 ▱ 可以使图形发生倾斜。选择图形后，使用【倾斜】工具在页面中单击确定倾斜的固定点，然后按住鼠标左键拖动即可倾斜图形。倾斜的中心点不同，倾斜的效果也不同。在拖动的过程中，按住 Alt 键可以倾斜并复制图形对象。

【例6-3】 制作渐变图标。 📹视频

(1) 选择【文件】|【新建】命令，打开【新建文档】对话框。在该对话框的【名称】文本框中输入"渐变图标"，设置【宽度】为1024px，【高度】为768px，【颜色模式】为【RGB 颜色】，【光栅效果】为【高(300ppi)】，然后单击【创建】按钮新建图形文档，如图 6-27 所示。

(2) 使用【矩形】工具在画板中单击，在弹出的【矩形】对话框中，设置【宽度】为 212px，【高度】为 425px，然后单击【确定】按钮绘制矩形，如图 6-28 所示。

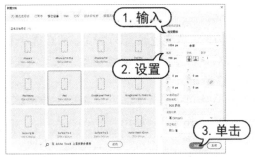

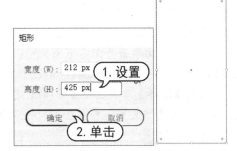

图 6-27　新建文档　　　　　　　　　　图 6-28　绘制矩形

(3) 选择【镜像】工具，按 Alt 键将对象中心点向图形右侧拖动，松开鼠标后，弹出【镜像】对话框，在该对话框中选中【垂直】单选按钮，然后单击【复制】按钮。在【变换】面板中，将参考点设置为左侧中央，取消选中【约束宽度和高度比例】按钮，设置【宽】为429px，如图 6-29 所示。

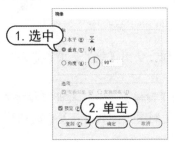
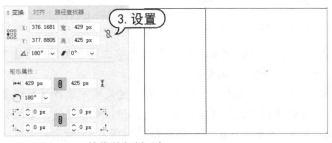

图 6-29　镜像并复制对象

(4) 使用【选择】工具选中步骤(3)创建的对象后，双击工具栏中的【倾斜】工具，打开【倾斜】对话框。在该对话框中选中【垂直】单选按钮，设置【倾斜角度】为 27°，单击【确定】按钮，如图 6-30 所示。

(5) 使用【选择】工具选中步骤(2)创建的对象后，双击工具栏中的【倾斜】工具，打开【倾斜】对话框。在该对话框中选中【垂直】单选按钮，设置【倾斜角度】为-27°，单击【确定】按钮，如图 6-31 所示。

提示

如果要精确定义倾斜的角度，则按住 Alt 键在画板中单击，或双击工具栏中的【倾斜】工具，打开【倾斜】对话框。在该对话框的【倾斜角度】文本框中，可输入相应的角度值。在【轴】选项组中有 3 个选项，分别为【水平】【垂直】和【角度】。当选中【角度】单选按钮后，可在后面的文本框中输入相应的角度值。

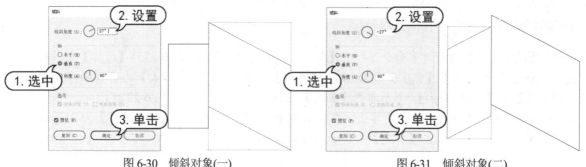

图 6-30　倾斜对象(一)　　　　　　　　　图 6-31　倾斜对象(二)

(6) 在工具栏的标准颜色控件中，将描边色设置为无，填充色设置为渐变，然后选择【渐变】工具，在图形左上角单击并向右下角拖动，释放鼠标后，在显示的渐变控制器上设置渐变填充色为 R=248 G=163 B=27 至 R=229 G=60 B=0，如图 6-32 所示。

(7) 使用【选择】工具选中步骤(4)创建的对象后，使用【吸管】工具单击上一步中填充的渐变色，然后使用【渐变】工具调整渐变控制器的角度，如图 6-33 所示。

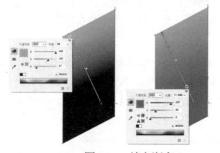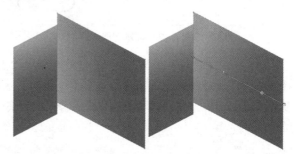

图 6-32　填充渐变　　　　　　　　图 6-33　吸取并调整渐变填充色

(8) 按 Ctrl+A 键全选对象，在控制栏中单击【垂直顶对齐】按钮。使用【钢笔】工具在画板中绘制如图 6-34 所示的三角形。

(9) 右击刚绘制的三角形，在弹出的快捷菜单中选择【变换】|【镜像】命令，打开【镜像】对话框。在该对话框中选中【垂直】单选按钮，单击【复制】按钮复制图形，然后将复制的图形移至右侧，并按 Shift 键缩小复制的图形，如图 6-35 所示。

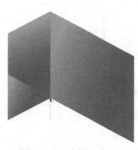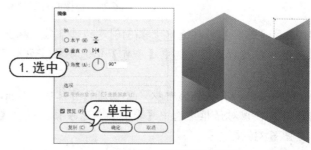

图 6-34　绘制三角形　　　　　　　　图 6-35　复制并调整图形

(10) 选择【渐变】工具，在显示的渐变控制器后，按如图 6-36 所示调整渐变填充效果。

(11) 使用【选择】工具选中步骤(8)绘制的图形，选择【渐变】工具，在显示的渐变控制器后，调整渐变填充效果，并更改结束点色标的颜色为 R=241 G=90 B=36，如图 6-37 所示。

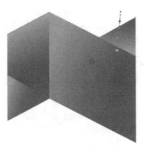

图 6-36　调整渐变填充色(一)

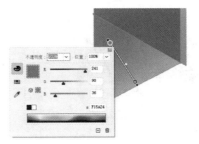

图 6-37　调整渐变填充色(二)

(12) 按 Ctrl+A 键全选对象，按 Ctrl+2 键锁定对象，然后使用【钢笔】工具绘制如图 6-38 所示的图形。

(13) 使用【选择】工具选中上一步中绘制的图形后，使用【吸管】工具单击步骤(6)中填充的渐变色，然后使用【渐变】工具调整渐变控制器的角度，如图 6-39 所示。

图 6-38　绘制图形

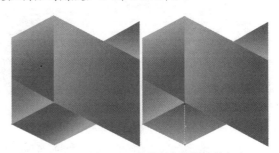

图 6-39　调整渐变控制器的角度

(14) 使用【文字】工具在画板中单击，在控制栏中将字体颜色设置为白色，在【字符】面板中设置字体系列为 Gill Sans MT，字体样式为 Bold，字体大小为 351pt，字符间距数值为-100，然后输入文字内容，完成如图 6-40 所示的图标的绘制。

图 6-40　输入文字

6.2.5　使用【自由变换】工具

使用【自由变换】工具 移动、旋转和缩放对象时，操作方法与通过定界框操作基本相同。该工具的不同之处在于其还可以进行斜切、扭曲和透视变换。使用【选择】工具选中对象后，选择【自由变换】工具，画板中会显示如图 6-41 所示的浮动工具栏，其中包含 4 个按钮。

单击【自由变换】按钮 ，单击并拖动位于定界框边缘中央的控制点(光标变为 状和 状)，可沿水平或垂直方向拉伸对象，如图 6-42 所示。

图 6-41　显示浮动工具栏

图 6-42　沿水平或垂直方向拉伸对象

单击并拖动对象定界框边角的控制点(光标变为 ↘、↙、↖、↗ 状)，可动态拉伸对象，如图 6-43 所示。按下【自由变换】工具浮动面板中的【限制】按钮，再拖动边角的控制点时，可进行等比缩放。如果同时按住 Alt 键，还能以中心点为基准进行等比缩放。

图 6-43　动态拉伸对象

单击【透视扭曲】按钮 ⊡，单击定界框边角的控制点(光标会变为 ⊵ 状)并拖动，可以进行透视扭曲，如图 6-44 所示。

图 6-44　透视扭曲

单击【自由扭曲】按钮 ⊡，单击定界框边角的控制点(光标会变为 ⊵ 状)并拖动，可以自由扭曲对象，如图 6-45 所示。按住 Alt 键拖动，则可以产生对称的倾斜效果。

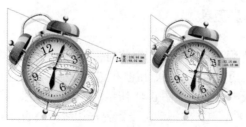

图 6-45　自由扭曲

6.3　变换对象

使用【变换】面板可以直接对图形进行精准的移动、缩放、旋转、倾斜和翻转等变换操作；而且对图形进行过一次变换后，可以使用【再次变换】命令重复执行上一次的变换操作。对于制作大量相同规律变换的图形效果非常方便。

6.3.1　使用【变换】面板

【变换】面板用于精准调整对象的大小、位置、旋转角度、倾斜等。选择【窗口】|【变换】命令，可以打开如图 6-46 所示的【变换】面板。

图 6-46　【变换】面板

> **提示**
>
> 【变换】面板左侧的 图标表示图形外框。选择图形外框上不同的点，它后面的 X、Y 数值表示图形相应点的位置。同时，选中的点将成为后面变形操作的中心点。

【变换】面板的【宽】【高】数值框里的数值分别表示图形的宽度和高度。改变这两个数值框中的数值，图形的大小也会随之发生变化。【变换】面板底部的两个数值框分别表示旋转角度值和倾斜的角度值。在这两个数值框中输入数值，可以旋转和倾斜选中的图形对象。【变换】面板中会根据当前选取的图形对象显示其属性设置选项。

在画板中选中矩形、圆角矩形、椭圆形、多边形时，在【变换】面板中会显示相应的属性选项，用户可以对这些基础图形的各项属性进行设置，如图 6-47 所示。

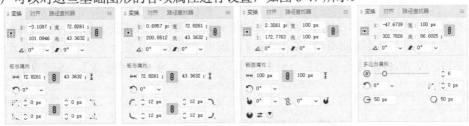

图 6-47　显示各项属性

6.3.2　再次变换

在 Illustrator 中，还可以进行重复的变换操作，软件会默认所有的变换设置，直到选择不同的对象或执行不同的命令为止。选择【对象】|【变换】|【再次变换】命令时，还可以进行对象变换复制操作，可以按照一个相同的变换操作复制一系列的对象。用户也可以按 Ctrl+D 键来应用相同的变换操作。

【例 6-4】 制作运动健身海报。 视频

(1) 新建一个空白的 A4 横向文档，使用【钢笔】工具在刚创建的文档中绘制如图 6-48 所示的图形，并在【颜色】面板中将描边色设置为无，将填充色设置为 C=9 M=0 Y=2 K=0。

(2) 选择【旋转】工具，按住 Alt 键的同时将中心点拖曳至图形最下方锚点，打开【旋转】对话框。在该对话框中，设置【角度】为 10°，然后单击【复制】按钮，如图 6-49 所示。

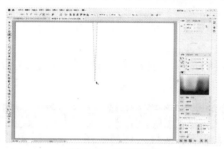

图 6-48　绘制图形

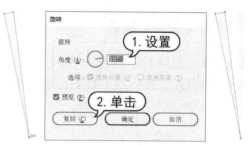

图 6-49　旋转并复制图形

(3) 多次按 Ctrl+D 键重复执行【再次变换】命令，得到一组如图 6-50 所示的图形。

(4) 按 Ctrl+A 键选中所有图形，按 Ctrl+G 键进行编组。选择【文件】|【置入】命令，打开【置入】对话框，选择所需的图像文件，单击【置入】按钮，如图 6-51 所示。

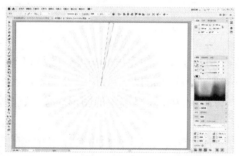

图 6-50　重复执行【再次变换】命令后得到的图形

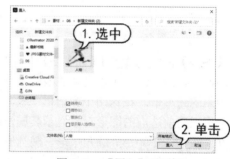

图 6-51　【置入】对话框

(5) 在画板中单击，置入图像，然后按住 Shift 键缩小图像，并调整其位置，如图 6-52 所示。

(6) 使用【椭圆】工具绘制圆形，在【颜色】面板中将描边色设置为无，将填充色设置为 C=27 M=41 Y=67 K=0。然后在【透明度】面板中，设置混合模式为【正片叠底】，如图 6-53 所示。

图 6-52　调整图像

图 6-53　绘制圆形

(7) 按住 Ctrl+Alt 键，同时使用【选择】工具拖曳刚绘制的圆形，移动并复制圆形，如图 6-54 所示。

(8) 按 Ctrl+C 键复制最后创建的圆形，再按 Ctrl+F 键粘贴圆形，并按 Alt+Shift 键拖动放大圆形。使用【选择】工具选中两个圆形，在【路径查找器】面板中单击【差集】按钮，效果如图 6-55 所示。

图 6-54　移动并复制圆形　　　　　　　　　图 6-55　编辑图形

(9) 使用【选择】工具选中步骤(4)置入的图像至步骤(8)所创建的对象，按 Ctrl+G 键编组对象。选中步骤(4)创建的编组对象，按 Alt+Shift 键放大对象，使用【矩形】工具绘制与画板同等大小的矩形，然后使用【选择】工具选中刚绘制的矩形和编组对象，右击，在弹出的快捷菜单中选择【建立剪切蒙版】命令，再按 Shift+Ctrl+[键将其置于底层，效果如图 6-56 所示。

图 6-56　建立剪切蒙版

(10) 使用【矩形】工具绘制与画板同等大小的矩形，在【渐变】面板中，单击【径向渐变】按钮，将填充色设置为 C=3 M=21 Y=64 K=0 至 C=0 M= 66 Y=91 K=0，再按 Shift+Ctrl+[键将其置于底层，效果如图 6-57 所示。

(11) 选中步骤(9)创建的对象，在【透明度】面板中，设置混合模式为【差值】，【不透明度】数值为 45%，如图 6-58 所示。

图 6-57　绘制矩形　　　　　　　　　　　　图 6-58　调整对象

(12) 使用【文字】工具在画板中单击，在控制栏中设置字体填充色为白色，设置字体系列为方正尚酷简体，字体大小为 70pt，然后输入文字内容，输入完成后，按 Ctrl+Enter 键，如图 6-59 所示。

(13) 右击输入的文字内容，在弹出的快捷菜单中选择【创建轮廓】命令，并使用【直接选择】工具调整文字外观，如图 6-61 所示。

图 6-59　输入文字

图 6-60　编辑文字

(14) 使用【钢笔】工具在画板中绘制如图 6-61 所示的图形，并将其与上一步创建的文字进行编组。

(15) 选择【效果】|【风格化】|【投影】命令，打开【投影】对话框。在该对话框中，设置【X 位移】为 1mm，【Y 位移】为 2mm，【模糊】为 1mm，然后单击【确定】按钮，如图 6-62 所示。

图 6-61　绘制图形

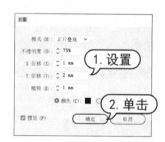

图 6-62　【投影】对话框

(16) 使用【文字】工具在画板中单击，在控制栏中设置字体填充色为白色，设置字体系列为方正尚酷简体，字体大小为 35pt，单击【右对齐】按钮，然后输入文字内容，输入完成后，按 Ctrl+Enter 键，并按 Ctrl+[键将其下移一层，如图 6-63 所示。

(17) 选择【效果】|【应用 "投影"】命令，为刚输入的文字添加上一次设置的投影效果，完成效果如图 6-64 所示。

图 6-63　输入文字

图 6-64　完成效果

6.3.3　分别变换

选中多个对象时，如果直接进行变换操作，则是将所选对象作为一个整体进行变换，而用【分别变换】命令则可以对所选的对象以各自中心点分别进行变换，如图 6-65 所示。

选择【对象】|【变换】|【分别变换】命令，在打开的【分别变换】对话框中可以对【缩放】【移动】【旋转】等参数进行设置。

图 6-65　分别变换

【例 6-5】制作重复变换图形。🎬 视频

(1) 使用【矩形】工具绘制一个矩形。在【渐变】面板中单击【径向渐变】按钮，设置填充色为 C=0 M=0 Y=0 K=0 至 C=20 M=19 Y=0 K=0；在【透明度】面板中，设置混合模式为【正片叠底】，【不透明度】数值为 45%，如图 6-66 所示。

图 6-66　绘制矩形

(2) 使用【选择】工具在图形对象上右击，在弹出的快捷菜单中选择【变换】|【分别变换】命令，打开【分别变换】对话框。在该对话框中的【缩放】选项组中设置【水平】和【垂直】数值为 90%，设置旋转【角度】数值为 20°，然后单击【复制】按钮，如图 6-67 所示。

(3) 多次按 Ctrl+D 键重复执行【再次变换】命令，得到一组如图 6-68 所示的图形。

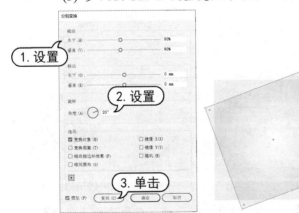

图 6-67　设置分别变换

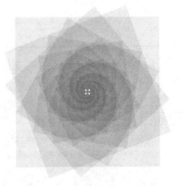

图 6-68　再次变换图形

6.4 实例演练

本章的实例演练通过制作 CD 封套的综合实例，使用户更好地掌握本章所介绍的变换图稿对象的操作方法。

【例 6-6】 制作 CD 封套。 😊 视频

(1) 选择【文件】|【新建】命令，新建一个 A4 大小、横向的空白文档。使用【矩形】工具在画板中单击，打开【矩形】对话框。在该对话框中，设置【宽度】和【高度】均为 120mm，然后单击【确定】按钮，如图 6-69 所示。

(2) 将描边色设置为无，在【渐变】面板中单击【径向渐变】按钮，设置渐变填充色为白色至 C=0 M=0 Y=0 K=90；在【透明度】面板中，设置混合模式为【正片叠底】；然后使用【渐变】工具调整渐变效果，如图 6-70 所示。

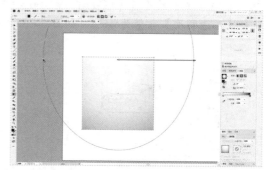

图 6-69　绘制矩形

图 6-70　设置渐变填充色

(3) 使用【椭圆】工具在画板中单击，在弹出的【椭圆】对话框中，设置【宽度】和【高度】均为 120mm，然后单击【确定】按钮，并在标准颜色控件中单击【默认填色和描边】图标。在【描边】面板中，设置【粗细】为 4pt。在【颜色】面板中，设置描边色为 C=58 M=50 Y=45 K=0，如图 6-71 所示。

(4) 选择【对象】|【路径】|【轮廓化描边】命令，再右击对象，在弹出的快捷菜单中选择【取消编组】命令，效果如图 6-72 所示。

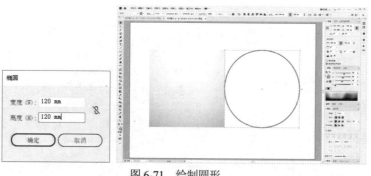

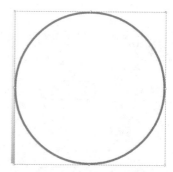

图 6-71　绘制圆形

图 6-72　轮廓化描边

(5) 使用【选择】工具选中取消编组后的圆形，右击，在弹出的快捷菜单中选择【变换】|【缩放】命令，打开【比例缩放】对话框。在该对话框中选中【等比】单选按钮，设置数值为

30%，然后单击【复制】按钮。在【颜色】面板中，设置渐变填充色为 C=65 M=56 Y=54 K=0，如图 6-73 所示。

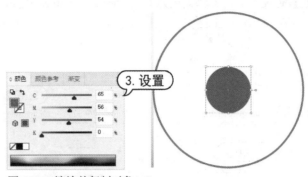

图 6-73　缩放并复制对象(一)

(6) 右击上一步复制的圆形，在弹出的快捷菜单中选择【变换】|【缩放】命令，打开【比例缩放】对话框。在该对话框中选中【等比】单选按钮，设置数值为 88%，然后单击【复制】按钮。在【渐变】面板中，设置渐变填充色为 C=0 M=0 Y=0 K=0 至 C=0 M=0 Y=0 K=45 至 C=0 M=0 Y=0 K=0 至 C=0 M=0 Y=0 K=13，【角度】为 -60°，如图 6-74 所示。

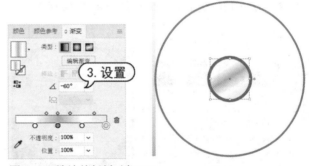

图 6-74　缩放并复制对象(二)

(7) 右击上一步复制的圆形，在弹出的快捷菜单中选择【变换】|【缩放】命令，打开【比例缩放】对话框。在该对话框中选中【等比】单选按钮，设置数值为 55%，然后单击【复制】按钮。在【颜色】面板中，设置填充色为 C=71 M=64 Y=60 K=14，如图 6-75 所示。

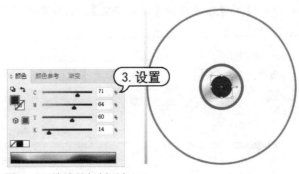

图 6-75　缩放并复制对象(三)

(8) 右击上一步复制的圆形，在弹出的快捷菜单中选择【变换】|【缩放】命令，打开【比例缩放】对话框。在该对话框中选中【等比】单选按钮，设置数值为 88%，然后单击【复制】按钮。在【颜色】面板中，设置填充色为 C=63 M=54 Y=50 K=0，如图 6-76 所示。

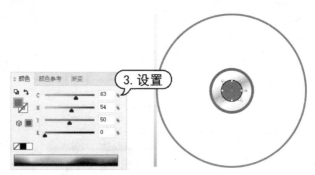

图 6-76　缩放并复制对象(四)

(9) 使用【选择】工具选中步骤(5)至步骤(8)创建的圆形，按 Ctrl+G 键进行编组。选择【文件】|【置入】命令，在弹出的【置入】对话框中选择所需的图像文件，单击【置入】按钮。在画板中单击，置入图像，并连续按 Ctrl+[键，将其放置在步骤(4)创建的对象下方，如图 6-77 所示。

(10) 使用【选择】工具选中步骤(4)取消编组后的圆形和置入的图像，右击，在弹出的快捷菜单中选择【建立剪切蒙版】命令，效果如图 6-78 所示。

图 6-77　置入图像　　　　　　　　　　图 6-78　建立剪切蒙版

(11) 使用【选择】工具选中步骤(3)至步骤(10)创建的圆形，按 Ctrl+G 键进行编组。使用【椭圆】工具在光盘图形下方拖动绘制椭圆形，按 Shift+Ctrl+[键，将其置于底层。在【渐变】面板中单击【径向渐变】按钮，设置填充色为 C=93 M=88 Y=89 K=80 至 C=0 M=0 Y=0 K=0。在【透明度】面板中，设置混合模式为【正片叠底】。然后选择【渐变】工具，调整渐变填充色的长宽比，如图 6-79 所示。

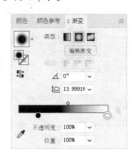

图 6-79　绘制图形(一)

(12) 继续使用【椭圆】工具在光盘图形下方拖动绘制椭圆形，按 Shift+Ctrl+[键，将其置于底层。在【渐变】面板中，设置填充色为 C=93 M=88 Y=89 K=80 至 C=0 M=0 Y=0 K=0。在【透明度】面板中，设置混合模式为【正片叠底】。然后选择【渐变】工具，调整渐变填充色的长宽比，如图 6-80 所示。

(13) 选择【文件】|【置入】命令，在弹出的【置入】对话框中选择所需的图像文件，单击【置入】按钮。在步骤(2)绘制的矩形左上角单击，置入图像，按 Shift+Ctrl+[键，将置入的图像置于底层，并调整其大小，如图 6-81 所示。

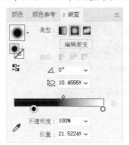

图 6-80　绘制图形(二)

图 6-81　置入图像

(14) 使用【椭圆】工具在步骤(2)绘制的矩形下方拖动绘制椭圆形，按 Shift+Ctrl+[键，将椭圆形置于底层。在【渐变】面板中，设置填充色为 C=93 M=88 Y=89 K=80 至 C=0 M=0 Y=0 K=0。在【透明度】面板中，设置混合模式为【正片叠底】。然后选择【渐变】工具，调整渐变填充色的长宽比，如图 6-82 所示。

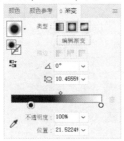

图 6-82　绘制图形(三)

(15) 继续使用【椭圆】工具在步骤(2)绘制的矩形左侧拖动绘制椭圆形，按 Shift+Ctrl+[键，将椭圆形置于底层。在【渐变】面板中，设置填充色为 C=93 M=88 Y=89 K=80 至 C=0 M=0 Y=0 K=0，【角度】为-90°。在【透明度】面板中，设置混合模式为【正片叠底】。然后使用【渐变】工具调整渐变填充色的长宽比，如图 6-83 所示。

(16) 使用【选择】工具，按 Shift+Ctrl+Alt 键的同时，按住鼠标左键移动并复制上一步中绘制的椭圆形，如图 6-84 所示。

图 6-83　绘制图形(四)　　　　　　　图 6-84　移动并复制图形

(17) 继续使用【选择】工具选中左侧的所有图形,按 Ctrl+G 键进行编组。然后使用【矩形】工具绘制一个与页面同等大小的矩形,按 Shift+Ctrl+[键,将其置于底层。在【渐变】面板中,设置填充色为 C=0 M=0 Y=0 K=16 至 C=0 M=0 Y=0 K=88,【长宽比】数值为 95%,完成效果如图 6-85 所示。

图 6-85　完成效果

6.5　习题

1. 绘制一个图形对象并对其进行变换,得到如图 6-86 所示的图案效果。
2. 新建一个文档,制作如图 6-87 所示的图像效果。

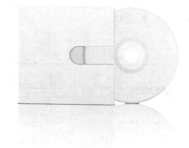

图 6-86　图案效果　　　　　　　　　　　　　图 6-87　图像效果

第7章

编辑图稿对象

本章主要介绍一系列改变图稿对象外观的编辑操作，例如对图形进行调整、扭曲、缩拢、膨胀等，在多个图形间进行相加、相减或提取交集的操作，使用【混合】工具制作多个图形对象混合过渡的效果等。

本章重点

- 编辑路径对象
- 封套扭曲
- 使用【路径查找器】面板

- 混合对象
- 剪切蒙版
- 不透明度蒙版

二维码教学视频

【例 7-1】 制作牛奶广告
【例 7-2】 制作抢红包活动海报
【例 7-3】 制作化妆品广告

【例 7-4】 制作家居画册
【例 7-5】 制作汽车服务广告
【例 7-6】 制作折扣券

7.1 编辑路径对象

在 Illustrator 中,提供了一组调整锚点、编辑路径的工具。熟练掌握这些工具的使用方法,对图形的绘制及编辑操作有很大的帮助作用。

7.1.1 【添加锚点】工具

添加锚点可以增加对路径的控制,也可以扩展开放路径。但是,不建议用户添加过多的锚点,因为较少锚点的路径更易于编辑、显示和打印。使用【添加锚点】工具 ✎,在路径上的任意位置单击,即可添加一个锚点,如图 7-1 所示。如果是直线路径,添加的锚点就是直线点;如果是曲线路径,添加的锚点就是曲线点。添加额外的锚点可以更好地控制曲线。

如果要在路径上均匀地添加锚点,可以选择菜单栏中的【对象】|【路径】|【添加锚点】命令,原有的两个锚点之间就添加了一个锚点,如图 7-2 所示。

图 7-1 使用【添加锚点】工具添加锚点　　图 7-2 使用【添加锚点】命令添加锚点

7.1.2 【转换锚点】工具

使用【转换锚点】工具在曲线锚点上单击,可将曲线锚点变成直线锚点,然后按住鼠标左键并拖动,可从直线锚点拉出方向线,也就是将直线锚点转换为曲线锚点,如图 7-3 所示。锚点改变之后,曲线的形状也会相应地发生变化。

图 7-3 转换锚点

> **提示**
> 在使用【钢笔】工具绘图时,只需按住 Alt 键,即可将【钢笔】工具切换到【锚点】工具。

7.1.3 【删除锚点】工具

在绘制曲线时,曲线上可能包含多余的锚点,这时删除一些多余的锚点可以降低路径的复杂程度,在最后输出的时候也会减少输出时间。

使用【删除锚点】工具 ✎,在路径的锚点上单击,即可将该锚点删除,如图 7-4 所示。用户也可以选择【对象】|【路径】|【移去锚点】命令来删除所选锚点。图形会自动调整形状,删除锚点不会影响路径的开放或封闭属性。

在绘制图形对象的过程中,无意间单击【钢笔】工具后又选取另外的工具,会产生孤立的游离锚点。游离的锚点会让线稿变得复杂,甚至减慢打印速度。要删除这些游离锚点,可以先选择

计算机基础与实训教材系列

【选择】|【对象】|【游离点】命令，选中所有游离点，再选择【对象】|【路径】|【清理】命令，打开如图 7-5 所示的【清理】对话框执行清理操作。在【清理】对话框中，选中【游离点】复选框，然后单击【确定】按钮即可删除所有的游离点。除了对话框方式，用户还可以在选择游离点后，直接按键盘上的 Delete 键删除游离点。

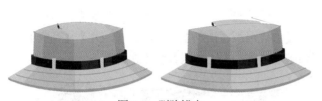

图 7-4　删除锚点　　　　　　　　　　　　图 7-5　【清理】对话框

7.1.4　轮廓化描边

渐变颜色不能添加到对象的描边部分。如果要在一条路径上添加渐变色或其他的特殊填充方式，可以使用【轮廓化描边】命令。选中需要进行轮廓化的路径对象，选择【对象】|【路径】|【轮廓化描边】命令，此时该路径对象将转换为轮廓，即可对路径进行形态的调整及渐变的填充，如图 7-6 所示。

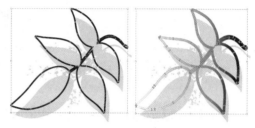

图 7-6　轮廓化描边

7.1.5　偏移路径

【偏移路径】命令可以使路径偏移以创建出新的路径副本，可以用于创建同心图形。选中需要进行偏移的路径，选择【对象】|【路径】|【偏移路径】命令，打开【偏移路径】对话框。然后设置偏移路径选项，设置完成后，单击【确定】按钮进行偏移，如图 7-7 所示。

图 7-7　偏移路径

7.2　封套扭曲

封套扭曲用于对选定对象进行扭曲和改变形状。用户可以利用画板上的对象来制作封套，或者使用预设的变形形状或网格作为封套。用户可以在除图标、参考线、链接对象之外的任何对象上使用封套。

7.2.1　用变形建立封套扭曲

使用【用变形建立】命令可以通过预设的形状创建封套。选中图形对象后，选择【对象】|
【封套扭曲】|【用变形建立】命令，打开如图 7-8 所示的【变形选项】对话框。在【样式】下拉
列表中可选择变形样式。

▽　【样式】：在该下拉列表中，选择不同的选项，可以定义不同的变形样式。在该下拉列表
中可以选择【弧形】【下弧形】【上弧形】【拱形】【凸出】【凹壳】【凸壳】【旗形】
【波形】【鱼形】【上升】【鱼眼】【膨胀】【挤压】和【扭转】选项。

图 7-8　【变形选项】对话框

▽　【水平】【垂直】单选按钮：选中【水平】【垂直】单选按钮时，将定义对象变形的
方向。

▽　【弯曲】选项：调整该选项中的参数，可以定义扭曲的程度，绝对值越大，弯曲的程度
越大。正值是向上或向左弯曲，负值是向下或向右弯曲。

▽　【水平】选项：调整该选项中的参数，可以定义对象扭曲时在水平方向单独进行扭曲的
效果。

▽　【垂直】选项：调整该选项中的参数，可以定义对象扭曲时在垂直方向单独进行扭曲的
效果。

7.2.2　用网格建立封套扭曲

要设置一种矩形网格作为封套，可以选择【用网格建立】命令，在弹出的【封套网格】对话
框中设置行数和列数。选中图形对象后，选择【对象】|【封套扭曲】|【用网格建立】命令，打
开【封套网格】对话框。在该对话框中设置完行数和列数后，可以使用【直接选择】工具和【转
换锚点】工具对封套外观进行调整，如图 7-9 所示。

图 7-9　用网格建立封套扭曲

【例 7-1】 制作牛奶广告。　◎视频

(1) 新建一个 A4 空白横向文档，使用【矩形】工具在新建的文档中绘制与页面同等大小的矩形，并在【渐变】面板中，单击【径向渐变】按钮，设置填充色为 C=0 M=0 Y=0 K=0 至 C=100 M=0 Y=0 K=0，然后使用【渐变】工具在页面中单击并向外拖动调整渐变效果，如图 7-10 所示。

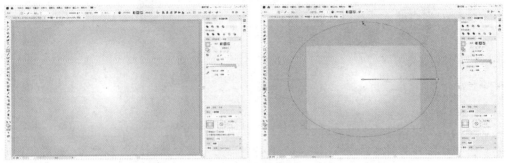

图 7-10　绘制矩形

(2) 使用【钢笔】工具绘制一个三角形，并设置其填充色为白色，如图 7-11 所示。

(3) 选择【效果】|【扭曲和变换】|【变换】命令，打开【变换效果】对话框。在该对话框中，设置变换参考点为下中，设置【角度】为 30°，【副本】数值为 11，然后单击【确定】按钮，如图 7-12 所示。

(4) 使用【选择】工具调整步骤(2)创建的对象的大小，如图 7-13 所示。

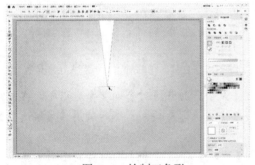

图 7-11　绘制三角形　　　　　　　　　　图 7-12　变换图形

(5) 使用【矩形】工具绘制一个与画板同等大小的矩形，并使用【选择】工具选中步骤(3)创建的对象和刚绘制的矩形，右击，在弹出的快捷菜单中选择【建立剪切蒙版】命令。然后在【透明度】面板中，设置【不透明度】数值为 20%，如图 7-14 所示。

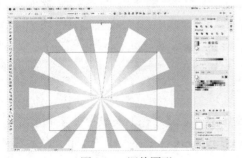

图 7-13　调整图形　　　　　　图 7-14　建立剪切蒙版并设置不透明度后的效果

(6) 选择【文件】|【打开】命令，在弹出的【打开】对话框中选中所需的素材文件，单击【打开】按钮。在打开的文档中，按 Ctrl+A 键全选图形对象，再按 Ctrl+C 键复制图形，如图 7-15 所示。

图 7-15　复制图形对象

(7) 选中步骤(1)中创建的文档，按 Ctrl+F 键粘贴上一步中复制的图形对象，如图 7-16 所示。

(8) 使用与步骤(6)至步骤(7)相同的操作方法，复制并粘贴瓶身标签图形，然后使用【选择】工具调整其大小及位置，如图 7-17 所示。

图 7-16　粘贴图形对象　　　　　　图 7-17　复制、粘贴对象并调整大小和位置

(9) 选择【对象】|【封套扭曲】|【用网格建立】命令，打开【封套网格】对话框。在该对话框中，设置【行数】数值为 2，【列数】数值为 1，单击【确定】按钮。然后使用【直接选择】工具调整封套网格的形状，如图 7-18 所示。

(10) 选择【文件】|【置入】命令，在打开的【置入】对话框中选择所需的图形文档，单击【置入】按钮置入图形并调整其位置，如图 7-19 所示。

图 7-18　用网格建立封套扭曲　　　　　　图 7-19　置入图形

(11) 选择【文字】工具，在画板中拖动创建文本框，在【颜色】面板中设置填充色为 C=20 M=95 Y=100 K=0，在控制栏中设置字体系列为 Eras Light ITC，字体大小为 55pt，然后在文本框中输入文本内容，如图 7-20 所示。

(12) 使用【文字】工具选中第二排文字，在【字符】面板中设置字体系列为 Britannic Bold，字体大小为 143pt，设置行距为 113pt，如图 7-21 所示。

图 7-20　输入文字　　　　　　　　　　图 7-21　调整文字

(13) 按 Ctrl+Enter 键结束文本编辑操作，在【段落】面板中单击【全部两端对齐】按钮，完成效果如图 7-22 所示。

图 7-22　完成效果

7.2.3　用顶层对象建立封套扭曲

设置一个对象作为封套的形状，可以将形状放置在被封套对象的最上方，选择封套形状和被封套对象，然后选择【对象】|【封套扭曲】|【用顶层对象建立】命令。

【例 7-2】制作电商抢红包活动海报。📹视频

(1) 选择【文件】|【新建】命令，打开【新建文档】对话框。在该对话框中，选中【移动设备】选项卡中的 iPhone 8//7/6 Plus 选项，设置【光栅效果】为【高(300ppi)】，然后单击【创建】按钮，如图 7-23 所示。

(2) 选择【文件】|【置入】命令，打开【置入】对话框。在该对话框中选中所需的文档，然后单击【置入】按钮，如图 7-24 所示。

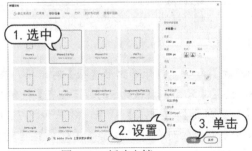
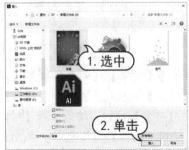

图 7-23　新建文档　　　　　　　　　　图 7-24　置入图像

计算机基础与实训教材系列

(3) 在画板左上角单击, 置入图像。使用【矩形】工具在画板底部拖动绘制矩形, 并在【颜色】面板中设置描边色为无, 填充色为 R=240 G=195 B=37, 如图 7-25 所示。

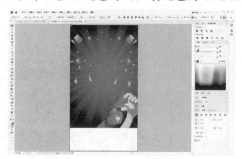

图 7-25　绘制矩形(一)

(4) 继续使用【矩形】工具在画板中拖动绘制矩形, 并在【颜色】面板中, 设置描边色为无, 填充色为 R=221 G=127 B=2, 如图 7-26 所示。

(5) 使用【文字】工具在画板中单击, 在控制栏中设置字体颜色为【RGB 黄】, 设置字体系列为【方正超粗黑简体】, 字体大小为 200pt, 然后输入文字内容, 如图 7-27 所示。

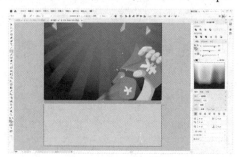

图 7-26　绘制矩形(二)　　　　　　　图 7-27　输入文字

(6) 使用【文字】工具选中第一行文字, 在控制栏中设置字体大小为 280pt, 如图 7-28 所示。

(7) 选择【矩形】工具, 按 Shift 键拖动绘制矩形, 如图 7-29 所示。

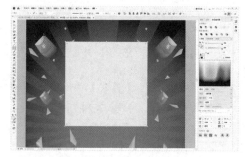

图 7-28　调整文字　　　　　　　　　图 7-29　绘制矩形(三)

(8) 选择【对象】|【封套扭曲】|【用变形建立】命令, 打开【变形选项】对话框。在该对话框中的【样式】下拉列表中选择【拱形】选项, 设置【弯曲】数值为 25%, 【垂直】数值为-40%, 然后单击【确定】按钮。接着选择【对象】|【封套扭曲】|【扩展】命令, 效果如图 7-30 所示。

(9) 使用【选择】工具选中步骤(5)至步骤(8)中创建的对象, 然后选择【对象】|【封套扭曲】|【用顶层对象建立】命令, 效果如图 7-31 所示。

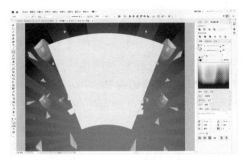

图 7-30　变形对象

(10) 使用【文字】工具在画板中单击，在控制栏中设置字体颜色为白色，设置字体系列为【方正尚酷简体】，字体大小为 82pt，然后输入文字内容，如图 7-32 所示。

图 7-31　用顶层对象建立封套扭曲　　　　　　　　图 7-32　输入文字

(11) 使用【矩形】工具在画板中拖动绘制矩形，将描边色设置为无，并在【渐变】面板中设置填充色为 R=102 G=45 B=145 至 R=195 G=105 B=255 至 R=102 G=45 B=145，然后按 Ctrl+[键将其下移一层，如图 7-33 所示。

(12) 选择【文件】|【置入】命令，打开【置入】对话框。在该对话框中选中所需的文档，然后单击【置入】按钮，置入图像，完成效果如图 7-34 所示。

图 7-33　绘制矩形(四)　　　　　　　　　　　图 7-34　完成效果

7.2.4　设置封套选项

选择一个封套变形对象后，除了可以使用【直接选择】工具进行调整外，还可以选择【对象】|【封套扭曲】|【封套选项】命令，打开如图 7-35 所示的【封套选项】对话框设置封套。

▽　【消除锯齿】复选框：在用封套扭曲对象时，可使用此复选框来平滑栅格。取消选中【消除锯齿】复选框，可降低扭曲栅格所需的时间。

▽ 【保留形状，使用：】选项组：当用非矩形封套扭曲对象时，可使用此选项组指定栅格应以何种形式保留其形状。选中【剪切蒙版】单选按钮以在栅格上使用剪切蒙版，或选择【透明度】单选按钮以对栅格应用 Alpha 通道。

▽ 【保真度】选项：调整该参数，可以指定使对象适合封套模型的精确程度。增加保真度百分比会向扭曲路径添加更多的点，而扭曲对象所花费的时间也会随之增加。

图 7-35 　【封套选项】对话框

> **提示**
>
> 【扭曲外观】【扭曲线性渐变填充】和【扭曲图案填充】复选框，分别用于决定是否扭曲对象的外观、线性渐变和图案填充。

7.2.5 编辑封套中的内容

当对象进行了封套编辑后，使用工具栏中的【直接选择】工具或其他编辑工具对该对象进行编辑时，只能选中该对象的封套部分，而不能对该对象本身进行调整。

如果要对对象进行调整，选择【对象】|【封套扭曲】|【编辑内容】命令，或单击控制栏中的【编辑内容】按钮🔳，将显示原始对象的边框，通过编辑原始图形可以改变复合对象的外观，如图 7-36 所示。编辑内容操作结束后，选择【对象】|【封套扭曲】|【编辑封套】命令，或单击控制栏中的【编辑封套】按钮🔳，结束内容的编辑。

7.2.6 释放或扩展封套

当一个对象进行封套变形后，可以通过封套组件来控制对象外观，但不能对该对象进行其他的编辑操作。此时，选择【对象】|【封套扭曲】|【扩展】命令可以将作为封套的图形删除，只留下已扭曲变形的对象，且留下的对象不能再进行和封套编辑有关的操作，如图 7-37 所示。

图 7-36 编辑内容　　　　　　　　　　图 7-37 扩展封套扭曲

当要将制作的封套对象恢复到操作之前的效果时，可以选择【对象】|【封套扭曲】|【释放】命令，将封套对象恢复到操作之前的效果，而且还会保留封套的部分，如图 7-38 所示。

图 7-38 释放封套扭曲

7.3　使用【路径查找器】面板

选择【窗口】|【路径查找器】命令或按快捷键 Shift+Ctrl+F9 可以打开如图 7-39 所示的【路径查找器】面板。单击【路径查找器】面板中的按钮可以创建新的形状组合，创建后不能够再编辑原始对象。如果创建后产生了多个对象，这些对象会被自动编组到一起。选中要进行操作的对象，在【路径查找器】面板中单击相应的按钮，即可观察到不同的效果。

▽ 【联集】按钮 🔳 可以将选定的多个对象合并成一个对象，如图 7-40 所示。在合并的过程中，将相互重叠的部分删除，只留下合并的外轮廓。新生成的对象保留合并之前最上层对象的填充色和轮廓色。

图 7-39　【路径查找器】面板

图 7-40　联集

▽ 【减去顶层】按钮 🔳 可以在最上层一个对象的基础上，把与后面所有对象重叠的部分删除，最后显示最上面对象的剩余部分，并组成一个闭合路径，如图 7-41 所示。

▽ 【交集】按钮 🔳 可以对多个相互交叉重叠的图形进行操作，仅保留交叉的部分，而其他部分被删除，如图 7-42 所示。

▽ 【差集】按钮 🔳 的应用效果与【交集】按钮的应用效果相反。使用这个按钮可以删除选定的两个或多个对象的重合部分，而仅留下不相交的部分，如图 7-43 所示。

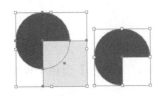

图 7-41　减去顶层

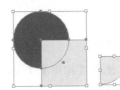

图 7-42　交集

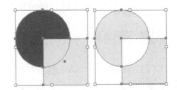

图 7-43　差集

▽ 【分割】按钮 🔳 可以用来将相互重叠交叉的部分分离，从而生成多个独立的部分。应用分割后，各个部分保留原始的填充或颜色，但是前面对象重叠部分的轮廓线的属性将被取消。生成的独立对象，可以使用【直接选择】工具将其选中，如图 7-44 所示。

▽ 【修边】按钮 🔳 主要用于删除被其他路径覆盖的路径，它可以把路径中被其他路径覆盖的部分删除，仅留下使用【修边】按钮前在页面中能够显示出来的路径，并且所有轮廓线的宽度都将被去掉。

▽ 【合并】按钮 🔳 的应用效果根据选中对象的填充和轮廓属性的不同而有所不同。如果属性都相同，则所有的对象将组成一个整体，合并为一个对象，但对象的轮廓线将被取消。如果对象属性不相同，则相当于应用【裁剪】按钮效果。

▽ 【裁剪】按钮 🔳 可以在选中一些重合对象后，把所有在最前面对象之外的部分裁减掉。

计算机基础与实训教材系列

▽ 【轮廓】按钮 ◎ 可以把所有对象都转换成轮廓，同时将路径相交的地方断开，如图 7-45 所示。

▽ 【减去后方对象】按钮 ◻ 可以在最上面一个对象的基础上，把与后面所有对象的重叠部分删除，最后显示最上面对象的剩余部分，并且组成一个闭合路径，如图 7-46 所示。

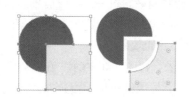
图 7-44 分割

图 7-45 轮廓

图 7-46 减去后方对象

较为简单的图像在进行路径查找操作时，运行速度比较快，查找的精度也比较准确。当图形比较复杂时，用户可以在【路径查找器】面板菜单中选择【路径查找器选项】命令，打开如图 7-47 所示的【路径查找器选项】对话框进行相应的操作。

图 7-47 【路径查找器选项】对话框

▽ 【精度】数值框：在该数值框中输入相应的数值，可以影响路径查找器计算对象路径时的精确程度。计算越精确，绘图就越准确，生成结果路径所需的时间也越长。

▽ 选中【删除冗余点】复选框，再单击【路径查找器】面板中的按钮时可以删除不必要的点。

▽ 选中【分割和轮廓将删除未上色图稿】复选框时，再单击【分割】或【轮廓】按钮可以删除选定图稿中的所有未填充对象。

【例 7-3】 制作化妆品广告。 视频

(1) 新建一个 A4 横向的空白文档，使用【矩形】工具绘制矩形，并在【颜色】面板中设置填充色为 C=7 M=7 Y=80 K=0，如图 7-48 所示。

(2) 选择【橡皮擦】工具，按]键调整【橡皮擦】工具的大小，然后在绘制的矩形上单击，如图 7-49 所示。

图 7-48 绘制矩形

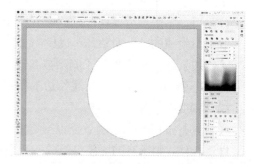
图 7-49 使用【橡皮擦】工具

(3) 选择【文件】|【打开】命令，在弹出的【打开】对话框中选择所需的图形文档，单击【打开】按钮。在打开的图形文档中，按 Ctrl+A 键全选对象，按 Ctrl+C 键复制对象，如图 7-50 所示。

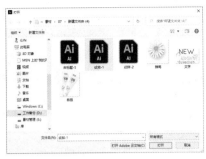

图 7-50　打开并复制对象

(4) 选中步骤(1)创建的文档，按 Ctrl+V 键粘贴上一步中复制的对象，并调整其位置及大小，如图 7-51 所示。

(5) 保持对象的选中状态，按 Ctrl+C 键复制对象，按 Ctrl+B 键再次复制并粘贴纹样对象，选择【效果】|【风格化】|【投影】命令，打开【投影】对话框。在该对话框中，设置【不透明度】数值为 30%，【X 位移】为 5mm，【Y 位移】为 3mm，【模糊】为 1mm，然后单击【确定】按钮，如图 7-52 所示。

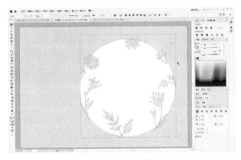

图 7-51　粘贴对象　　　　　　　　　　图 7-52　应用【投影】命令

(6) 使用【选择】工具选中步骤(1)和步骤(4)创建的对象，在【路径查找器】面板中单击【联集】按钮，如图 7-53 所示。

图 7-53　单击【联集】按钮调整对象

(7) 按 Ctrl+2 键锁定上一步中的对象，选择【椭圆】工具，按住 Alt+Shift 键并拖动绘制圆形，按 Shift+Ctrl+[键将该圆形置于底层，然后在【渐变】面板中单击【径向渐变】按钮，设置填充色为 C=7 M=9 Y=84 K=0 至 C=0 M=60 Y=80 K=0，如图 7-54 所示。

(8) 按 Ctrl+C 键复制上一步创建的对象，按 Ctrl+F 键应用【贴在前面】命令，然后缩小复制的对象，并在【渐变】面板中将填充色更改为 C=0 M=44 Y=90 K=0 至 C=0 M=70 Y=85 K=0，如图 7-55 所示。

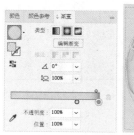   

图 7-54　绘制圆形　　　　　　　　　图 7-55　复制并调整圆形(一)

(9) 继续按 Ctrl+C 键复制上一步创建的对象，按 Ctrl+F 键应用【贴在前面】命令，然后缩小复制的对象，并在【渐变】面板中将填充色更改为 C=0 M=80 Y=95 K=0 至 C=15 M=100 Y=90 K=10，如图 7-56 所示。

(10) 继续按 Ctrl+C 键复制上一步创建的对象，按 Ctrl+F 键应用【贴在前面】命令，然后缩小复制的对象，并在【渐变】面板中将填充色更改为 C=0 M=90 Y=85 K=0 至 C=45 M=100 Y=100 K=15，如图 7-57 所示。

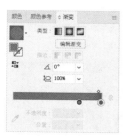  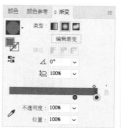 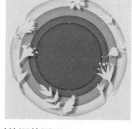

图 7-56　复制并调整圆形(二)　　　　　图 7-57　复制并调整圆形(三)

(11) 选择【文件】|【打开】命令，在弹出的【打开】对话框中选择所需的图形文档，单击【打开】按钮。在打开的图形文档中，按 Ctrl+A 键全选对象，按 Ctrl+C 键复制对象。选中步骤(1)创建的文档，按 Ctrl+V 键粘贴对象，并按 Ctrl+[键将其下移一层，如图 7-58 所示。

图 7-58　复制、粘贴对象(一)

(12) 选择【文件】|【打开】命令，在弹出的【打开】对话框中选择所需的图形文档，单击【打开】按钮。在打开的图形文档中，按 Ctrl+A 键全选对象，按 Ctrl+C 键复制对象。选中步骤(1)创建的文档，按 Ctrl+V 键粘贴对象，并移动复制对象，如图 7-59 所示。

(13) 选择【文件】|【置入】命令，置入所需的图形对象，然后连续按 Ctrl+[键将其放置在步骤(6)创建的对象下方，如图 7-60 所示。

(14) 选择【斑点画笔】工具，在【颜色】面板中，设置填充色为 C=0 M=50 Y=80 K=0，然后使用【斑点画笔】工具在画板中绘制斑点，如图 7-61 所示。

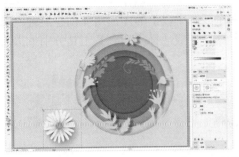
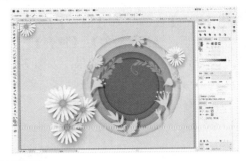

图 7-59　复制、粘贴对象(二)

图 7-60　置入对象　　　　　　　图 7-61　使用【斑点画笔】工具绘制斑点

(15) 选择【文件】|【置入】命令，置入所需的图形对象，完成后的效果如图 7-62 所示。

图 7-62　完成后的效果

7.4　混合对象

在 Illustrator 中可以混合对象以创建形状，并在两个对象之间平均分布形状，也可以在两个开放路径之间进行混合，在对象之间创建平滑的过渡。使用 Illustrator 中的混合工具和混合命令，可以在两个或数个对象之间创建一系列的中间对象。用户可以设置在两个开放路径、两个封闭路径、不同渐变之间产生混合，并且可以使用移动、调整尺寸、删除或加入对象的方式编辑与建立混合。在完成编辑后，图形对象会自动重新混合。

7.4.1　创建混合

　　使用【混合】工具 和【混合】命令可以为两个或两个以上的图形对象创建混合。选中需要混合的路径后，选择【对象】|【混合】|【建立】命令，或选择【混合】工具分别单击需要混合的图形对象，即可生成混合效果，如图 7-63 所示。

图 7-63　创建混合

7.4.2　设置混合选项

　　选择混合的路径后，双击工具栏中的【混合】工具，或选择【对象】|【混合】|【混合选项】命令，可打开如图 7-64 所示的【混合选项】对话框。在该对话框中可以对混合效果进行设置。

▽　【间距】选项用于设置混合对象之间的距离大小。数值越大，混合对象之间的距离也越大。其中包含 3 个选项，分别是【平滑颜色】【指定的步数】和【指定的距离】选项，如图 7-65 所示。【平滑颜色】选项表示系统将按照要混合的两个图形的颜色和形状来确定混合步数；【指定的步数】选项可以控制混合的步数；【指定的距离】选项可以控制每一步混合间的距离。

图 7-64　【混合选项】对话框

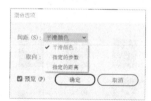

图 7-65　【间距】选项

▽　【取向】选项可以设定混合的方向。【对齐页面】按钮 以对齐页面的方式进行混合；【对齐路径】按钮 以对齐路径的方式进行混合。

▽　【预览】复选框被选中后，可以直接预览更改设置后的所有效果。

7.4.3　编辑混合对象

　　创建混合图形对象后，还可以对混合图形进行编辑修改。

1. 调整混合路径

　　使用 Illustrator 中的编辑工具可以移动、删除或变形混合；用户也可以使用任何编辑工具来编辑锚点和路径或改变混合的颜色。当编辑原始对象的锚点时，混合也会随着改变，如图 7-66 所示。

2. 替换混合轴

在 Illustrator 中，使用【对象】|【混合】|【替换混合轴】命令可以使需要混合的图形按照一条已经绘制好的开放路径进行混合，从而得到所需要的混合图形，如图 7-67 所示。

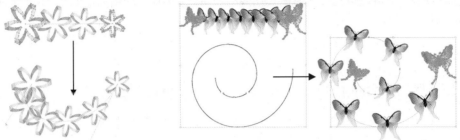

图 7-66　调整混合轴　　　　　　　　　图 7-67　替换混合轴

3. 反向混合轴和反向堆叠

使用【选择】工具选中混合图形后，选择【对象】|【混合】|【反向混合轴】命令可以互换混合的两个图形位置，其效果类似于镜像功能，如图 7-68 所示。选择【对象】|【混合】|【反向堆叠】可以转换进行混合的两个图形的前后位置，如图 7-69 所示。

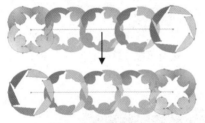
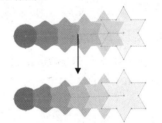

图 7-68　反向混合轴　　　　　　　　　图 7-69　反向堆叠

7.4.4　扩展、释放混合对象

如果要将相应的对象恢复到普通对象的属性，但又保持混合后的效果状态，可以选择【对象】|【混合】|【扩展】命令。此时混合对象将转换为普通对象，并且保持混合后的效果状态，如图 7-70 所示。

创建混合后，在连接路径上包含一系列逐渐变化的颜色与性质都不相同的图形。这些图形是一个整体，不能够被单独选中。如果不想再使用混合，可以选择【对象】|【混合】|【释放】命令将混合释放，释放后原始对象以外的混合对象即被删除，如图 7-71 所示。

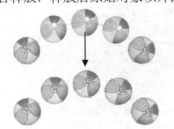
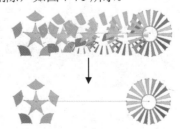

图 7-70　扩展混合对象　　　　　　　　　图 7-71　释放混合对象

计算机基础与实训教材系列

7.5 剪切蒙版

剪切蒙版是一个可以用其形状遮盖其他图稿的对象。因此,使用剪切蒙版,用户只能看到蒙版形状内的区域。从效果上来说,就是将图稿裁剪为蒙版的形状。剪切蒙版和遮盖的对象称为剪切组合。用户可以通过选择的两个或多个对象或者一个组或图层中的所有对象来创建剪切组合。

7.5.1 创建剪切蒙版

在 Illustrator 中,无论是单一路径、复合路径、群组对象或文本对象都可以用来创建剪切蒙版。创建为蒙版的对象会自动群组在一起。

1. 创建图形剪切蒙版

选择【对象】|【剪切蒙版】|【建立】命令,可对选中的图形图像创建剪切蒙版,并可以进行编辑修改。在创建剪切蒙版后,用户还可以通过控制栏中的【编辑剪切蒙版】按钮和【编辑内容】按钮来编辑对象。

【例 7-4】 制作家居画册。 视频

(1) 新建一个 A4 横向空白文档。选择【矩形】工具,在画板左上角单击,在弹出的【矩形】对话框中设置【宽度】为 297mm,【高度】为 46mm,然后单击【确定】按钮创建矩形,并将填充色设置为黑色,如图 7-72 所示。

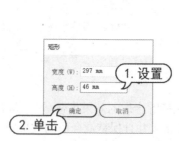
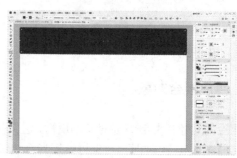

图 7-72 创建矩形

(2) 选择【文件】|【置入】命令,打开【置入】对话框。在该对话框中选中所需的图像,单击【置入】按钮,然后在画板中分别单击,置入图像,如图 7-73 所示。

图 7-73 置入图像

(3) 使用【矩形】工具在画板中单击，在弹出的【矩形】对话框中设置【宽度】为 297mm，【高度】为 46mm，然后单击【确定】按钮创建矩形，如图 7-74 所示。

(4) 使用【选择】工具选中步骤(2)置入的图像和步骤(3)绘制的矩形，右击，在弹出的快捷菜单中选择【建立剪切蒙版】命令，效果如图 7-75 所示。

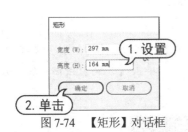

图 7-74　【矩形】对话框　　　　　　　　　　图 7-75　建立剪切蒙版后的效果

(5) 使用【文字】工具在画板中单击，在控制栏中设置字体颜色为白色，设置字体系列为【方正尚酷简体】，字体大小为 114pt，然后输入文字内容，如图 7-76 所示。

(6) 继续使用【文字】工具在画板中单击，在【颜色】面板中设置字体颜色为 C=59 M=0 Y=100 K=0，在控制栏中设置字体系列为【方正尚酷简体】，字体大小为 28pt，然后输入文字内容，如图 7-77 所示。

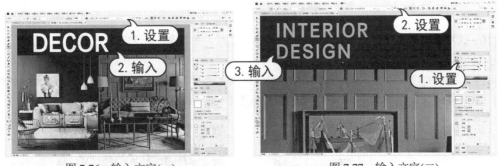

图 7-76　输入文字(一)　　　　　　　　　　　图 7-77　输入文字(二)

(7) 使用【矩形】工具绘制矩形，并在【渐变】面板中设置渐变填充色为 K=100 至 K=0。在【透明度】面板中，设置混合模式为【正片叠底】，如图 7-78 所示。

(8) 使用【矩形】工具在画板左侧单击，在弹出的【矩形】对话框中设置【宽度】和【高度】均为 25mm，然后单击【确定】按钮，如图 7-79 所示。

图 7-78　绘制矩形(一)

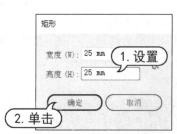

图 7-79　绘制矩形(二)

(9) 右击上一步绘制的矩形，在弹出的快捷菜单中选择【变换】|【移动】命令，打开【移动】对话框。在该对话框中，设置【水平】为 0mm，【垂直】为 28mm，单击【复制】按钮。然后按 Ctrl+D 键，再次移动并复制对象，效果如图 7-80 所示。

图 7-80　移动并复制对象

(10) 选择【文件】|【置入】命令，置入所需的图像，并在【变换】面板中设置【宽】为 26mm，如图 7-81 所示。

(11) 按 Ctrl+[键，将置入的图像下移一层，使用【选择】工具选中置入的图像和上方的矩形，右击，在弹出的快捷菜单中选择【建立剪切蒙版】命令，效果如图 7-82 所示。

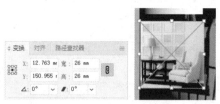

图 7-81　置入图像　　　　　　　图 7-82　建立剪切蒙版后的效果

(12) 使用与步骤(10)至步骤(11)相同的操作方法，置入其他图像并建立剪切蒙版，如图 7-83 所示。

(13) 使用【矩形】工具在画板中单击，打开【矩形】对话框。在该对话框中，设置【宽度】为 70mm，【高度】为 25mm，然后单击【确定】按钮，如图 7-84 所示。

(14) 在【渐变】面板中，设置刚绘制的矩形的填充色为 C=50 M=0 Y=100 K=0 至【不透明度】数值为 0%的 K=0，如图 7-85 所示。

(15) 使用【文字】工具在画板中单击，在控制栏中设置字体系列为 Arial，字体样式为 Narrow Bold，字体大小为 18pt，然后输入文字内容，如图 7-86 所示。

图 7-83 继续置入图像　　　　　图 7-84 绘制矩形(三)

图 7-85 设置渐变填充色　　　　图 7-86 输入文字(三)

(16) 使用【文字】工具在画板中拖动创建文本框，在控制栏中设置字体系列为 Arial，字体样式为 Regular，字体大小为 10pt，然后输入文字内容，如图 7-87 所示。

(17) 选中步骤(13)至步骤(16)创建的对象，按 Ctrl+G 键进行编组。右击，在弹出的快捷菜单中选择【变换】|【移动】命令，打开【移动】对话框。在该对话框中，设置【水平】为 0mm，【垂直】为 28mm，单击【复制】按钮。然后按 Ctrl+D 键，再次移动并复制对象，效果如图 7-88 所示。

图 7-87 输入文字(四)　　　　图 7-88 移动并复制对象

(18) 使用【文字】工具修改上一步中复制的部分文字内容，如图 7-89 所示。

(19) 使用【直接选择】工具分别选中第二行和第三行的渐变矩形，在【渐变】面板中分别更改填充色为 C=0 M=0 Y=100 K=0 至【不透明度】数值为 0%的 K=0 和 C=80 M=0 Y=100 K=0 至【不透明度】数值为 0%的 K=0，完成效果如图 7-90 所示。

图 7-89 修改文字内容　　　　图 7-90 完成效果

2. 创建文本剪切蒙版

Illustrator 除了允许使用各种各样的图形对象作为剪贴蒙版的形状外，还允许使用文本作为剪切蒙版。用户在使用文本创建剪切蒙版时，可以先把文本转换为路径，也可以直接将文本作为剪切蒙版，如图 7-91 所示。

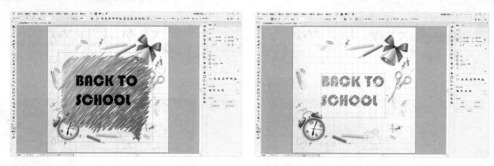

图 7-91　建立文本剪切蒙版

当文本没有被转换为轮廓时，用户仍然可以对被创建为剪切蒙版的文本进行编辑修改，如改变字体的大小、样式等，还可以改变文字的内容。若文本已被转换为轮廓，则不可再对该文本进行编辑操作。

7.5.2　释放剪切蒙版

建立剪切蒙版后，用户可以随时将剪切蒙版释放。只需选定蒙版对象后，选择菜单栏中的【对象】|【剪切蒙版】|【释放】命令，或在【图层】面板中单击【建立/释放剪切蒙版】按钮 ◨ ，即可释放剪切蒙版。此外，用户也可以在选中蒙版对象后，右击，在弹出的快捷菜单中选择【释放剪切蒙版】命令，或选择【图层】面板控制菜单中的【释放剪切蒙版】命令，同样可以释放剪切蒙版。释放剪切蒙版后，将得到原始的被蒙版对象和一个无外观属性的蒙版对象。

7.6　不透明蒙版

在 Illustrator 中，用户可以使用不透明度和蒙版对象来更改图稿的透明度，可以透过不透明蒙版提供的形状来显示其他对象。蒙版对象定义了透明区域和透明度，可以将任何着色对象或栅格图像作为蒙版对象。

Illustrator 使用蒙版对象中颜色的等效灰度来表示蒙版中的不透明度。如果不透明蒙版为白色，则会完全显示图稿。如果不透明蒙版为黑色，则会隐藏图稿。蒙版中的灰阶会导致图稿中出现不同程度的透明度。创建不透明蒙版时，在【透明度】面板中被蒙版的图稿缩览图右侧将显示蒙版对象的缩览图。

7.6.1　创建不透明蒙版

选择一个对象或组，或在【图层】面板中选择需要运用不透明度的图层，打开【透明度】面板。在【透明度】面板中紧靠缩览图的右侧双击，或单击【制作蒙版】按钮将创建一个空蒙版，并且 Illustrator 自动进入蒙版编辑模式，如图 7-92 所示。使用绘图工具绘制好蒙版后，单击【透明度】面板中被蒙版的图稿的缩览图即可退出蒙版编辑模式。

图 7-92　创建蒙版

如果已经有需要设置为不透明蒙版的图形，可以直接将它设置为不透明蒙版。选中被蒙版的对象和蒙版图形，然后从【透明度】面板菜单中选择【建立不透明蒙版】命令，或单击【制作蒙版】按钮，那么最上方的选定对象或组将成为蒙版，如图 7-93 所示。

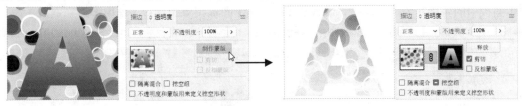

图 7-93　建立不透明蒙版

7.6.2　编辑不透明蒙版

通过编辑蒙版对象可以更改蒙版的形状或透明度。选中添加了不透明蒙版的对象后，在【透明度】面板中按住 Alt 键并单击蒙版缩览图，以隐藏文档窗口中的被蒙版对象图稿，如图 7-94 所示。不按住 Alt 键也可以编辑蒙版，但是画面上除了蒙版外的图形对象不会隐藏，这样可能会造成相互干扰。用户可以使用任何编辑工具来编辑蒙版，完成后单击【透明度】面板中被蒙版的图稿的缩览图以退出蒙版编辑模式。

图 7-94　隐藏被蒙版对象图稿

1. 取消链接或重新链接不透明蒙版

移动被蒙版的图稿时，蒙版对象也会随之移动；而移动蒙版对象时，被蒙版的图稿不会随之移动。用户可以在【透明度】面板中取消蒙版链接，以将蒙版锁定在合适的位置并单独移动被蒙版的图稿。

要取消链接蒙版，可在【图层】面板中选中被蒙版的图稿，然后单击【透明度】面板中缩览图之间的链接符号，或者从【透明度】面板菜单中选择【取消链接不透明蒙版】命令，将锁定蒙版对象的位置和大小，这样可以独立于蒙版来移动被蒙版的对象并调整其大小，如图 7-95 所示。

图 7-95　取消链接不透明蒙版

要重新链接蒙版，可在【图层】面板中选中被蒙版的图稿，然后单击【透明度】面板中缩览图之间的区域，或者从【透明度】面板菜单中选择【链接不透明蒙版】命令。

2. 停用不透明蒙版

要停用不透明蒙版，可在【图层】面板中选中被蒙版的图稿，然后按住 Shift 键并单击【透明度】面板中的蒙版对象的缩览图，或者从【透明度】面板菜单中选择【停用不透明蒙版】命令。停用不透明蒙版后，【透明度】面板中的蒙版缩览图上会显示一个红色的×号，如图 7-96 所示。

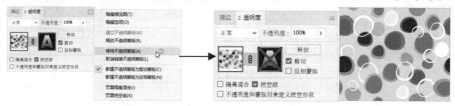

图 7-96　停用不透明蒙版

要重新激活蒙版，可在【图层】面板中选中被蒙版的图稿，然后按住 Shift 键并单击【透明度】面板中的蒙版对象的缩览图，或从【透明度】面板菜单中选择【启用不透明蒙版】命令即可。

3. 释放不透明蒙版

在【图层】面板中选中被蒙版的图稿，然后从【透明度】面板菜单中选择【释放不透明蒙版】命令，或单击【释放】按钮，蒙版对象会重新出现在被蒙版的对象的上方，如图 7-97 所示。

图 7-97　释放不透明蒙版

【例 7-5】　制作汽车服务广告。　📹 视频

(1) 选择【文件】|【新建】命令，打开【新建文档】对话框。在该对话框中，选中【移动设备】选项卡中的 iPhone 8/7/6 Plus 选项，设置【光栅效果】为【高(300ppi)】，然后单击【创建】按钮，如图 7-98 所示。

(2) 使用【矩形】工具拖动绘制矩形，并在【颜色】面板中设置填充色为 R=11 G=49 B=143，如图 7-99 所示。

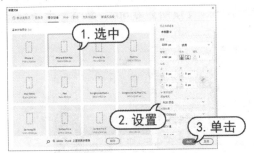

图 7-98　新建文档

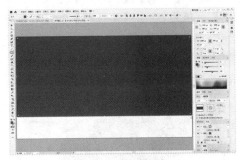

图 7-99　绘制矩形(一)

(3) 选择【矩形】工具，按住 Shift 键拖动绘制矩形，并在【颜色】面板中设置填充色为无，描边色为 R=244 G=191 B=27，在【描边】面板中设置【粗细】为 25pt，如图 7-100 所示。

(4) 选择【文件】|【置入】命令，在打开的【置入】对话框中选择所需的图像置入，并调整图像大小，如图 7-101 所示。

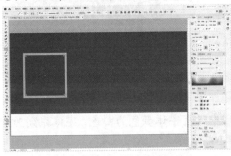

图 7-100　绘制矩形(二)

图 7-101　置入图像

(5) 使用【矩形】工具在画板右侧绘制一个矩形，并在【渐变】面板中设置填充色为 K=0 至 K=100，如图 7-102 所示。

(6) 使用【选择】工具选中置入的图像和绘制的渐变矩形，在【透明度】面板中单击【制作蒙版】按钮，再选中【反相蒙版】复选框，如图 7-103 所示。

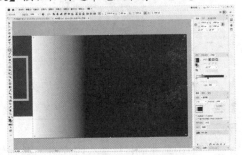

图 7-102　绘制矩形(二)

图 7-103　制作蒙版

(7) 使用【矩形】工具在刚创建的透明度蒙版对象上绘制矩形，然后使用【选择】工具选中透明度蒙版对象和矩形，右击，在弹出的快捷菜单中选择【建立剪切蒙版】命令，如图 7-104 所示。

(8) 使用【文字】工具在画板中单击，在控制栏中设置字体颜色为白色，字体系列为 Myriad Pro，字体大小为 140 pt，然后输入文字内容，如图 7-105 所示。

计算机基础与实训教材系列

(9) 选择【效果】|【风格化】|【投影】命令，打开【投影】对话框。在该对话框中，设置【不透明度】数值为 60%，【X 位移】和【Y 位移】均为-6px，【模糊】为 6px，然后单击【确定】按钮，如图 7-106 所示。

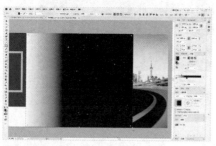 

图 7-104　建立剪切蒙版

图 7-105　输入文字(一)

图 7-106　应用【投影】命令

(10) 使用【文字】工具在画板中单击，在控制栏中设置字体颜色为白色，字体系列为 Myriad Pro，字体大小为 36pt，然后输入文字内容，如图 7-107 所示。

(11) 使用【文字】工具在画板中拖动创建文本框，在控制栏中设置字体颜色为白色，字体系列为 News706 BT Bold，字体样式为 Bold，字体大小为 173pt，然后输入文字内容，如图 7-108 所示。

图 7-107　输入文字(二)

图 7-108　输入文字(三)

(12) 在【段落】面板中，单击【全部两端对齐】按钮，使用【文字】工具选中第一行文字，在【颜色】面板中设置文字填充色为 R=244 G=191 B=27，如图 7-109 所示。

(13) 使用【选择】工具选中步骤(3)绘制的矩形和步骤(10)至步骤(11)输入的文本，在控制栏中选中【对齐所选对象】选项，再单击【水平居中对齐】按钮，如图 7-110 所示。

(14) 使用【矩形】工具拖动绘制矩形，并在【颜色】面板中设置填充色为 R=11 G=49 B=143，如图 7-111 所示。

(15) 选择【效果】|【风格化】|【投影】命令，打开【投影】对话框。在该对话框中，设置【不透明度】数值为 60%，【X 位移】和【Y 位移】均为-12px，【模糊】为 17px，然后单击【确定】按钮，如图 7-112 所示。

图 7-109　调整文字效果

图 7-110　对齐文本

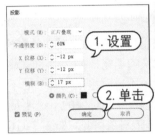

图 7-111　绘制矩形

图 7-112　应用【投影】命令

（16）使用【文字】工具在画板中拖动创建文本框，在控制栏中设置字体颜色为白色，字体系列为 Berlin Sans FB Demi Bold，字体样式为 Bold，字体大小为 67pt，然后输入文字内容。在【段落】面板中，单击【全部两端对齐】按钮，如图 7-113 所示。

（17）选择【文件】|【置入】命令，在打开的【置入】对话框中选择所需的图像置入，并调整图像大小，如图 7-114 所示。

图 7-113　输入文字(四)

图 7-114　置入图像

（18）选择【文件】|【打开】命令，打开所需的图形文档。按 Ctrl+A 键全选文档中的全部对象，按 Ctrl+C 键复制对象。再选中步骤(1)创建的文档，按 Ctrl+V 键粘贴复制的对象，并调整其位置及大小，完成效果如图 7-115 所示。

图 7-115　完成效果

7.7 透明度和混合模式

在 Illustrator 中，使用透明度设置可以改变单个对象、一组对象或图层中所有对象的不透明度，或者一个对象的填充或描边的不透明度。使用混合模式可以通过不同的方法将对象颜色与底层对象的颜色混合。

7.7.1 设置透明度

在 Illustrator 中，使用【透明度】面板中的【不透明度】选项可以为对象的填充、描边、对象编组或图层设置不透明度。不透明度从 100%的不透明至 0%的完全透明。当降低对象的不透明度时，其下方的图形会透过该对象可见，如图 7-116 所示。

图 7-116　设置不同的不透明度

选择【窗口】|【透明度】命令，可以打开【透明度】面板，单击面板菜单按钮，在弹出的菜单中选择【显示选项】命令，可以将隐藏的选项全部显示出来。如果想要更改填充或描边的不透明度，可选择一个对象或组后，在【外观】面板中选择填充或描边，再在【透明度】面板或【属性】面板中设置【不透明度】选项。

7.7.2 设置混合模式

使用【透明度】面板的混合模式选项，可以为选定的对象设置混合模式。当将一种混合模式应用于某一对象时，在此对象的图层或组下方的任何对象上都可看到混合模式的效果。在混合模式选项下拉列表中包括了以下 16 种设置。

▽ 正常：使用混合色对选区上色，而不与基色相互作用，如图 7-117 所示。

▽ 变暗：选择基色或混合色中较暗的一个作为结果色，比混合色亮的区域会被结果色所取代，比混合色暗的区域将保持不变，如图 7-118 所示。

▽ 正片叠底：将基色与混合色相乘，得到的颜色总是比基色、混合色都要暗一些。将任何颜色与黑色相乘都会产生黑色，将任何颜色与白色相乘则颜色保持不变，如图 7-119 所示。

图 7-117　【正常】模式　　　图 7-118　【变暗】模式　　　图 7-119　【正片叠底】模式

▽ 颜色加深：加深基色以反映混合色，如图 7-120 所示。与白色混合后不产生变化。

▽ 变亮：选择基色或混合色中较亮的一个作为结果色，比混合色暗的区域将被结果色所取代，比混合色亮的区域将保持不变，如图 7-121 所示。

▽ 滤色：将混合色的反相颜色与基色相乘，得到的颜色总是比基色和混合色都要亮一些，如图 7-122 所示。用黑色滤色时颜色保持不变，用白色滤色将产生白色。

图 7-120 【颜色加深】模式　　　　图 7-121 【变亮】模式　　　　图 7-122 【滤色】模式

▽ 颜色减淡：加亮基色以反映混合色。与黑色混合不发生变化，如图 7-123 所示。

▽ 叠加：对颜色进行相乘或滤色，具体取决于基色。图案或颜色叠加在现有的图稿上，在与混合色混合以反映原始颜色的亮度和暗度的同时，保留基色的高光和阴影，如图 7-124 所示。

▽ 柔光：使颜色变暗或变亮，具体取决于混合色。此效果类似于漫射聚光灯照在图稿上，如图 7-125 所示。

图 7-123 【颜色减淡】模式　　　　图 7-124 【叠加】模式　　　　图 7-125 【柔光】模式

▽ 强光：对颜色进行相乘或过滤，具体取决于混合色。此效果类似于耀眼的聚光灯照在图稿上，如图 7-126 所示。

▽ 差值：从基色中减去混合色或从混合色中减去基色，具体取决于哪一种的亮度值较大。与白色混合将反转基色值，与黑色混合则不发生变化，如图 7-127 所示。

▽ 排除：用于创建一种与【差值】模式相似但对比度更低的效果。与白色混合将反转基色分量，与黑色混合则不发生变化，如图 7-128 所示。

图 7-126 【强光】模式　　　　图 7-127 【差值】模式　　　　图 7-128 【排除】模式

计算机基础与实训教材系列

▽ 色相：用基色的亮度和饱和度，以及混合色的色相创建结果色，如图 7-129 所示。

▽ 饱和度：用基色的亮度和色相，以及混合色的饱和度创建结果色。在无饱和度(灰度)的区域上用此模式着色不会产生变化，如图 7-130 所示。

图 7-129　【色相】模式

图 7-130　【饱和度】模式

▽ 混色：用基色的亮度及混合色的色相和饱和度创建结果色。这样可以保留图稿中的灰阶，对于给单色图稿上色及给彩色图稿染色都会非常有用，如图 7-131 所示。

▽ 明度：用基色的色相和饱和度，以及混合色的亮度创建结果色。此模式可创建与【混色】模式相反的效果，如图 7-132 所示。

如果要更改填充或描边的混合模式，可选中对象或组，然后在【外观】面板中选择填充或描边，再在【透明度】面板中选择一种混合模式即可。

图 7-131　【混色】模式

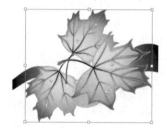

图 7-132　【明度】模式

7.8　实例演练

本章的实例演练通过制作折扣券的综合实例，使用户更好地掌握本章所介绍的图形编辑与剪切蒙版的应用方法和技巧。

【例 7-6】 制作折扣券。 视频

(1) 选择【文件】|【新建】命令，打开【新建文档】对话框。在该对话框中，设置【宽度】为 145mm，【高度】为 66mm，【画板】数值为 2，单击【更多设置】按钮，打开【更多设置】对话框；在【更多设置】对话框中单击【按列排列】按钮，然后单击【创建文档】按钮，如图 7-133 所示。

(2) 使用【矩形】工具在画板中单击，在打开的【矩形】对话框中，设置【宽度】为 16mm，【高度】为 66mm，然后单击【确定】按钮。在控制栏中选择【对齐画板】选项，再单击【水平右对齐】和【垂直顶对齐】按钮。然后将矩形描边色设置为无，在【渐变】面板中，设置渐变填充色为 C=17 M=100 Y=100 K=39 至 C=0 M=79 Y=55 K=0，如图 7-134 所示。

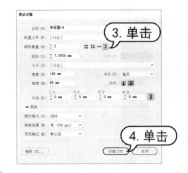

图 7-133　创建文档

图 7-134　创建矩形(一)

(3) 继续使用【矩形】工具在画板中单击，在打开的【矩形】对话框中，设置【宽度】和【高度】均为 4mm，单击【确定】按钮。在【变换】面板中，设置【旋转】为 45°，然后将该矩形移至步骤(2)创建的矩形左侧顶部角点，如图 7-135 所示。

(4) 使用【选择】工具，在按住 Ctrl+Alt 键的同时，按住鼠标左键拖动并复制绘制的矩形至步骤(2)创建的矩形底部角点。然后使用【混合】工具分别单击步骤(2)和步骤(3)创建的矩形，创建混合，如图 7-136 所示。

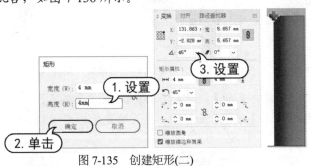

图 7-135　创建矩形(二)

图 7-136　创建混合

(5) 选择【对象】|【混合】|【扩展】命令，按 Ctrl+A 键全选对象，并在【路径查找器】面板中单击【减去顶层】按钮，如图 7-137 所示。

(6) 使用【矩形】工具在画板左上角单击，在打开的【矩形】对话框中，设置【宽度】为 72mm，【高度】为 66mm，然后单击【确定】按钮，如图 7-138 所示。

(7) 使用【直接选择】工具选中刚创建的矩形右下角的锚点，在控制栏中设置 X 为 34mm，如图 7-139 所示。

(8) 选择【文件】|【置入】命令，置入所需的图像文件。按 Shift+Ctrl+[键，将其置于底层，如图 7-140 所示。

计算机基础与实训教材系列

图 7-137　编辑对象

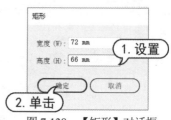

图 7-138　【矩形】对话框

图 7-139　编辑图形

图 7-140　置入图像

(9) 使用【选择】工具选中刚置入的图像和步骤(7)创建的对象，右击，在弹出的快捷菜单中选择【建立剪切蒙版】命令，效果如图 7-141 所示。

(10) 选择【文件】|【置入】命令，置入所需的图像文件，如图 7-142 所示。

图 7-141　建立剪切蒙版

图 7-142　继续置入图像

(11) 使用【矩形】工具在画板左侧单击，在打开的【矩形】对话框中，设置【宽度】为 57mm，【高度】为 10mm，然后单击【确定】按钮。在【颜色】面板中，设置填充色为 C=53 M=92 Y=0 K=0，如图 7-143 所示。

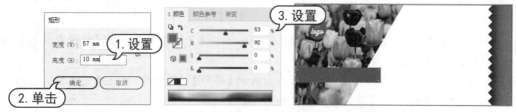

图 7-143　创建矩形

(12) 选择【对象】|【路径】|【添加锚点】命令，使用【直接选择】工具选中矩形右侧中间的锚点，在控制栏中设置 X 为 52mm，如图 7-144 所示。

(13) 使用【文字】工具在画板中单击，在【字符】面板中，设置字体系列为 Segoe UI，字体样式为 Bold Italic，字体大小为 12pt，字符间距数值为-75，字体颜色为白色，然后输入文字内容，如图 7-145 所示。

图 7-144　编辑图形

图 7-145　输入文字

(14) 选择【效果】|【风格化】|【投影】命令，打开【投影】对话框。在该对话框中，设置【不透明度】数值为 40%，【X 位移】和【Y 位移】均为 0.8mm，【模糊】为 0mm，然后单击【确定】按钮，如图 7-146 所示。

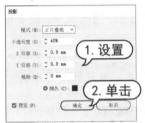
图 7-146　应用【投影】命令

(15) 使用【文字】工具在画板中单击，在【字符】面板中，设置字体系列为 Century Gothic，字体大小为 28pt，字符间距数值为 0；在【颜色】面板中，设置字体颜色为 C=36 M=43 Y=64 K=0，然后输入文字内容，如图 7-147 所示。

图 7-147　输入文字

(16) 继续使用【文字】工具在画板中输入文字内容，然后在【字符】面板中，设置字体系列为 Adefebia，字体大小数值为 47pt，字体颜色为 C=36 M=43 Y=64 K=0，如图 7-148 所示。

(17) 使用【选择】工具选中刚创建的文字对象，按 Ctrl+C 键复制文字，按 Ctrl+F 键应用【贴在前面】命令，在【颜色】面板中，更改文字颜色为 C=64 M=82 Y=100 K=54，然后按键盘上的←键调整文字位置，如图 7-149 所示。

(18) 使用【文字】工具在画板中拖动创建文本框，在【字符】面板中，设置字体系列为 Arial，字体大小为 5pt，行间距数值为 6pt；在【颜色】面板中，设置字体颜色为 C=0 M=0 Y=0 K=50，然后输入示例文字内容，如图 7-150 所示。

图 7-148 继续输入文字 图 7-149 复制并调整文字

图 7-150 输入示例文字内容

(19) 使用【椭圆】工具在画板中拖动绘制圆形,在【颜色】面板中,设置填充色为 C=53 M=92 Y=0 K=0,如图 7-151 所示。

(20) 使用【文字】工具在画板中单击,在【字符】面板中,设置字体系列为 Humnst777 Cn BT,字体大小为 36pt,字符间距数值为-75,字体颜色为白色,然后输入文字内容,如图 7-152 所示。

图 7-151 绘制圆形 图 7-152 输入文字

(21) 选择【效果】|【风格化】|【投影】命令,打开【投影】对话框。在该对话框中,设置【不透明度】数值为 40%,【X 位移】和【Y 位移】为 0.8mm,【模糊】为 0mm,然后单击【确定】按钮,如图 7-153 所示。

(22) 使用【文字】工具在画板中单击,在【字符】面板中,设置字体系列为 Segoe UI Emoji,字体大小为 14pt,字符间距数值为 0,字体颜色为白色,然后输入文字内容。输入完成后,在【变换】面板中,设置【旋转】为 90°,再单击控制栏中的【垂直居中对齐】按钮,效果如图 7-154 所示。

图 7-153 应用【投影】命令 图 7-154 输入文字

(23) 使用【选择】工具选中图 7-155 左图中的对象，按 Ctrl+C 键复制对象，然后选中画板 2，按 Ctrl+F 键应用【贴在前面】命令，效果如图 7-155 右图所示。

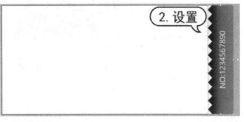

图 7-155 复制、粘贴对象

(24) 选中刚复制的文本对象，在【变换】面板中，设置【旋转】为 270°，如图 7-156 所示。

(25) 选中文本对象下方的图形对象，在【属性】面板中单击【水平轴翻转】按钮，调整图形对象的位置，然后选中该图形及上方的文本对象，按 Ctrl+G 键进行编组，再在控制栏中单击【水平左对齐】按钮，效果如图 7-157 所示。

图 7-156 设置旋转角度　　　　　　　　图 7-157 对齐对象

(26) 选中步骤(9)创建的剪切蒙版对象，按 Ctrl+C 键复制对象，然后选中画板 2，按 Ctrl+F 键应用【贴在前面】命令，再在控制栏中单击【水平右对齐】按钮，如图 7-158 所示。

(27) 使用【选择】工具双击复制的剪切蒙版对象，进入隔离编辑状态。选中剪切蒙版对象中的图形，在【属性】面板中单击【水平轴翻转】按钮和【垂直轴翻转】按钮，结果如图 7-159 所示。

图 7-158 复制、粘贴对象　　　　　　　图 7-159 编辑对象

(28) 按 Esc 键，退出隔离编辑模式。选中步骤(10)至步骤(21)创建的对象，按 Ctrl+C 键复制对象，再选中画板 2，按 Ctrl+F 键应用【贴在前面】命令，然后使用【选择】工具调整复制的对象，如图 7-160 所示。

图 7-160　复制、粘贴、编辑对象

(29) 选中飘带图形，在【属性】面板中单击【水平轴翻转】按钮，然后选中上方文字并调整其位置，如图 7-161 所示。

(30) 使用【矩形】工具绘制与画板同等大小的矩形，然后使用【选择】工具选中画板 2 中的全部图形对象，右击，在弹出的快捷菜单中选择【建立剪切蒙版】命令，完成效果如图 7-162 所示。

图 7-161　调整对象

图 7-162　完成效果

7.9　习题

1. 新建一个文档，绘制如图 7-163 所示的礼品券。
2. 新建一个文档，创建如图 7-164 所示的网页效果。

图 7-163　礼品券效果

图 7-164　网页效果

第8章
管理图稿对象

一些较为复杂的设计作品包含的对象较多。为了操作便利，用户可以对部分对象进行编组锁定或者隐藏。当一个文档中包含多个对象时，这些对象的上下堆叠顺序、左右排列顺序都会影响画面的显示效果。因此，在 Illustrator 中对对象进行管理显得尤为重要。

本章重点

- 对齐与分布图稿对象
- 使用外观属性
- 图层的应用
- 图稿描摹

二维码教学视频

【例 8-1】 隐藏和显示选定的对象
【例 8-2】 对选定的多个对象进行编组
【例 8-3】 制作企业文化展板
【例 8-4】 描摹位图图像
【例 8-5】 制作网站导航页

8.1 对象的排列

在 Illustrator 中绘制图形时，新绘制的图形总是位于先前绘制图形的上方。图形的堆叠方式决定了其重叠部分如何显示。因此，调整堆叠顺序时，会影响图稿最终的显示效果。

选择【对象】|【排列】命令子菜单中的命令，可以改变图形的前后堆叠顺序。【置于顶层】命令可将所选图形放置在所有图形的最前面。【前移一层】命令可将所选中对象向前移动一层。【后移一层】命令可将所选图形向后移动一层。【置于底层】命令可将所选图形放置在所有图形的最后面。

> **提示**
>
> 在实际操作过程中，用户可以在选中图形对象后，右击，在弹出的快捷菜单中选择【排列】命令子菜单中的命令，或直接通过键盘快捷键排列图形对象，如图 8-1 所示。按 Shift+Ctrl+]键可以将所选对象置于顶层；按 Ctrl+]键可将所选对象前移一层；按 Ctrl+[键可将所选对象后移一层；按 Shift+Ctrl+[键可将所选对象置于底层。

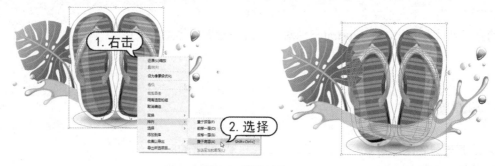

图 8-1　排列对象

8.2 对齐与分布

对象的堆叠方式决定了最终的显示效果，在 Illustrator 中，使用【排列】命令可以随时更改图稿中对象的堆叠顺序。用户还可以使用对齐与分布命令定义多个图形的排列、分布方式。

在 Illustrator 中，使用【对齐】面板和控制栏中的对齐选项都可以沿指定的轴对齐或分布所选对象。首先将要进行对齐的对象选中，选择【窗口】|【对齐】命令或按 Shift+F7 键，打开如图 8-2 所示的【对齐】面板。在其中的【对齐对象】选项组中可以看到对齐控制按钮，在【分布对象】选项组中可以看到分布控制按钮。

在【对齐】面板中，对齐对象选项共有 6 个按钮，分别是【水平左对齐】按钮、【水平居中对齐】按钮、【水平右对齐】按钮、【垂直顶对齐】按钮、【垂直居中对齐】按钮、【垂直底对齐】按钮。

分布对象选项也共有 6 个按钮，分别是【垂直顶分布】按钮、【垂直居中分布】按钮、【垂直底分布】按钮、【水平左分布】按钮、【水平居中分布】按钮、【水平右分布】按钮。

在 Illustrator 中提供了【对齐所选对象】【对齐关键对象】【对齐面板】3 种对齐依据，如图 8-3 所示，设置不同的对齐依据得到的对齐或分布效果也各不相同。

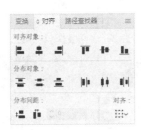

图 8-2　【对齐】面板

图 8-3　对齐依据选项

▽　对齐所选对象：使用该选项可以对所有选定对象的定界框对齐或分布。

▽　对齐关键对象：该选项可以相对于一个对象进行对齐或分布。在对齐之前首先需要使用选择工具，单击要用作关键对象的对象。这时关键对象周围会出现一个轮廓。然后单击与所需的对齐或分布类型对应的按钮即可。

▽　对齐画板：选择要对齐或分布的对象，在对齐依据中选择该选项，然后单击所需的对齐或分布类型的按钮，即可将所选对象按照当前的画板进行对齐或分布。

> **提示**
>
> 用来对齐的基准对象是由创建的顺序或选择的顺序决定的。如果框选对象，则会使用最后创建的对象为基准。如果通过多次选择单个对象来选择对齐对象组，则最后选定的对象将成为对齐其他对象的基准。

在 Illustrator 中，还可以使用对象路径之间的精确距离来分布对象。选择要分布的对象，在【对齐】面板中的【分布间距】文本框中输入要在对象之间显示的间距量。如果未显示【分布间距】选项，则在【对齐】面板菜单中选择【显示选项】命令。使用【选择】工具选中要在其周围分布其他对象的路径，选中的对象将在原位置保持不动，然后单击【垂直分布间距】按钮或【水平分布间距】按钮。

8.3　隐藏与显示

在处理复杂的图形文档时，用户可以根据需要对操作对象进行隐藏和显示，以减少干扰因素。选择【对象】|【显示全部】命令可以显示全部对象。选择【对象】|【隐藏】命令，可以在选择了需要隐藏的对象后将其隐藏。

【例 8-1】　在 Illustrator 中，隐藏和显示选定的对象 视频

(1) 选择菜单栏中的【文件】|【打开】命令，在【打开】对话框中选择并打开图形文档，选择【窗口】|【图层】命令，显示【图层】面板，如图 8-4 所示。

(2) 在图形文档中，使用【选择】工具选中一个路径图形，然后选择菜单栏中的【对象】|【隐藏】|【所选对象】命令，或在【图层】面板中单击图层中的可视按钮 ，即可隐藏所选对象，如图 8-5 所示。

图 8-4　打开图形文档并显示【图层】面板

图 8-5　隐藏图形对象

(3) 选择菜单栏中的【对象】|【显示全部】命令，即可将所有隐藏的对象显示出来。

8.4　编组与解组

在编辑过程中，为了操作方便可将一些图形对象进行编组，分类操作，这样在绘制复杂图形时可以避免选择失误。当需要对编组中的对象进行单独编辑时，还可以对该组对象取消编组操作。使用【选择】工具选定多个对象，然后选择【对象】|【编组】命令，或按快捷键 Ctrl+G 即可将选择的对象创建成组。当多个对象被编组后，可以使用【选择】工具选定编组对象进行整体移动、删除、复制等操作。也可以使用【编组选择】工具选定编组中的单个对象进行移动、删除、复制等操作。从不同的图层中选择对象进行编组，编组后的对象都将处于同一图层中。要取消编组对象，只需在选择编组对象后，选择【对象】|【取消编组】命令，或按 Shift+Ctrl+G 键即可。

【例 8-2】　在 Illustrator 中，对选定的多个对象进行编组。　🎬视频

(1) 在图形文档中，使用【选择】工具选中需要编组的对象，然后选择菜单栏中的【对象】|【编组】命令，或按 Ctrl+G 快捷键将选中对象进行编组，如图 8-6 所示。

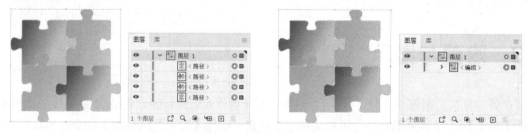

图 8-6　编组选中的对象

(2) 双击【图层】面板中的【<编组>】子图层，打开【选项】对话框，在【名称】文本框中输入"拼图"，然后单击【确定】按钮即可更改该编组名称，如图 8-7 所示。

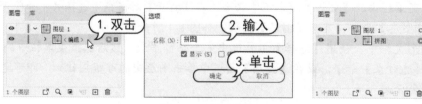

图 8-7　更改编组名称

8.5　锁定与解锁

在 Illustrator 中，锁定对象可以使该对象避免修改或移动，在进行复杂的图形绘制时，可以避免误操作，提高工作效率。

在页面中使用【选择】工具选中需要锁定的对象，选择【对象】|【锁定】命令，或按快捷键 Ctrl+2 可以锁定对象。当对象被锁定后，不能再使用选择工具进行选定操作，也不能移动、编辑对象。如果需要对锁定的对象再次进行修改、编辑操作，必须将其解锁。选择【对象】|【全部解锁】命令，或按快捷键 Ctrl+Alt+2 即可解锁对象。用户也可以通过【图层】面板锁定与解锁对象。在【图层】面板中单击要锁定对象前的编辑列，当编辑列中显示为 🔒 状态时即可锁定对象，如图 8-8 所示。再次单击编辑列即可解锁对象。

图 8-8　锁定对象

8.6　使用外观属性

外观属性是一组在不改变对象的基础结构的前提下影响对象外观效果的属性。外观属性包括填色、描边、透明度和效果。如果把一个外观属性应用于某个对象后又编辑或删除这个属性，则该基本对象及任何应用于该对象的其他属性都不会改变。

8.6.1　【外观】面板

用户可以使用【外观】面板来查看和调整对象、组或图层的外观属性。在画板中选中图形对象后，选择【窗口】|【外观】命令，打开如图 8-9 所示的【外观】面板。在【外观】面板中，填充和描边将按堆栈顺序列出，面板中从上到下的顺序对应于图稿中从前到后的顺序，各种效果按其在图稿中的应用顺序从上到下排列。

要启用或禁用单个属性，可单击该属性旁的可视图标 👁。可视图标呈灰色时，即切换到不可视状态。如果文档中有多个被隐藏的属性，而用户想同时启用所有隐藏的属性时，可在【外观】面板菜单中选择【显示所有隐藏的属性】命令。

在文档中选择文本对象时，【外观】面板中会显示【字符】项目。双击【外观】面板中的【字符】项目，可以查看文本属性，如图 8-10 所示。

图 8-9　【外观】面板

计算机基础与实训教材系列

图 8-10　查看文本属性

8.6.2　更改外观属性的堆栈顺序

在【外观】面板中向上或向下拖动外观属性可以更改外观属性的堆栈顺序。当所拖动的外观属性的轮廓出现在所需位置时，释放鼠标即可更改外观属性的堆栈顺序，如图 8-11 所示。

图 8-11　更改外观属性的堆栈顺序

8.6.3　编辑外观属性

在【外观】面板中的描边、不透明度、效果等属性行中，单击带下画线的文本可以打开相应面板或对话框重新设定参数值，如图 8-12 所示。

图 8-12　重新设定参数值

要编辑填色颜色，可在【外观】面板中单击【填色】选项，然后在【颜色】面板、【色板】面板或【渐变】面板中设置新填色。用户也可以单击【填色】选项右侧的色块，在弹出的【色板】面板中选择颜色，如图 8-13 所示。

如果要添加新外观效果，可以单击【外观】面板底部的【添加新效果】按钮 *fx.*，然后在弹出的菜单中选择需要添加的效果命令，如图 8-14 所示。

计算机基础与实训教材系列

图 8-13 设置填色   图 8-14 添加新效果

【例 8-3】 制作企业文化展板。 🎬视频

(1) 选择【文件】|【新建】命令，在打开的【新建文档】对话框中，选中【图稿和插图】选项卡中的【Tabloid】选项，然后单击【创建】按钮，如图 8-15 所示。

(2) 使用【矩形】工具在画板左侧单击，打开【矩形】对话框。在该对话框中设置【宽度】为 279.4mm，【高度】为 200mm，然后单击【确定】按钮，如图 8-16 所示。

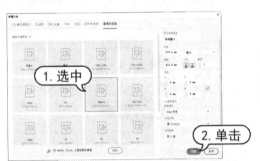

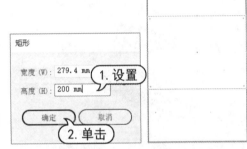

图 8-15 新建文档   图 8-16 创建矩形

(3) 选择【自由变换】工具，在显示的浮动工具栏上单击【自由变换】按钮，然后倾斜图形，如图 8-17 所示。

(4) 选择【选择】工具，右击刚创建的对象，在弹出的快捷菜单中选择【变换】|【镜像】命令，打开【镜像】对话框。在该对话框中选中【水平】单选按钮，然后单击【复制】按钮，并调整图形大小，如图 8-18 所示。

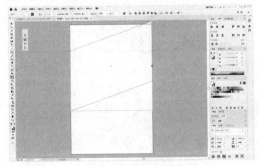

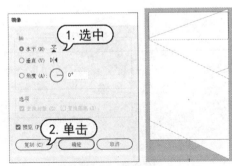

图 8-17 倾斜图形   图 8-18 镜像图形

(5) 在【颜色】面板中设置描边色为无，填色为 C=66 M=16 Y=10 K=0。在【透明度】面板

中，设置混合模式为【正片叠底】，如图 8-19 所示。

(6) 选择【文件】|【置入】命令，打开【置入】对话框。在该对话框中选中所需的图像文件，单击【置入】按钮，如图 8-20 所示。

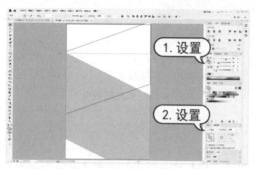

图 8-19　编辑图形

图 8-20　【置入】对话框

(7) 置入图像后，按 Shift+Ctrl+[键将置入的图像置于底层，选中步骤(3)创建的图形和置入的图像，右击，在弹出的快捷菜单中选择【建立剪切蒙版】命令并调整图像，如图 8-21 所示。

(8) 选择【文件】|【置入】命令，置入所需的图像文件并调整其位置及大小，如图 8-22 所示。

图 8-21　建立剪切蒙版并调整图像

图 8-22　置入图像

(9) 使用【文字】工具在画板中拖动创建文本框，在控制栏中设置字体颜色为白色，设置字体系列为【方正品尚粗黑简体】，字体大小为 89pt，然后输入文字内容，如图 8-23 所示。

(10) 使用【文字】工具在画板中单击，在控制栏中设置字体系列为 Arial，字体大小为 48pt，然后输入文字内容，如图 8-24 所示。

图 8-23　输入文字(一)

图 8-24　输入文字(二)

(11) 使用【文字】工具在画板中单击，在控制栏中设置字体系列为 Bahnschrift，字体样式为 Bold，字体大小为 25pt，然后输入文字内容，如图 8-25 所示。

(12) 使用【矩形】工具绘制与页面同等大小的矩形，按 Ctrl+A 键全选对象，右击，在弹出的快捷菜单中选择【建立剪切蒙版】命令，效果如图 8-26 所示。

图 8-25　输入文字(三)　　　　　　　　图 8-26　建立剪切蒙版

(13) 使用【选择】工具在空白处单击，在控制栏中单击【文档设置】按钮，在弹出的【文档设置】对话框中，单击【编辑画板】按钮，进入文档画板编辑状态。按 Ctrl+Alt 键移动并复制画板 1 及画板中的对象，如图 8-27 所示。

(14) 选择【直接选择】工具，单击【画板 1 副本】中的图形，在【外观】面板中选中【填色】选项，并在【颜色】面板中设置填色为 C=15 M=75 Y=60 K=0，如图 8-28 所示。

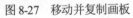

图 8-27　移动并复制画板　　　　　　　图 8-28　编辑图形

(15) 选择【直接选择】工具，单击【画板 1 副本】中的置入图像，在【链接】面板中，单击【重新链接】按钮，在打开的【置入】对话框中，重新选择所需的图像文件，单击【置入】按钮，如图 8-29 所示。

图 8-29　重新链接图像

计算机基础与实训教材系列

(16) 使用【文字】工具修改【画板 1 副本】中的文字内容，如图 8-30 所示。

(17) 使用与步骤(14)至步骤(16)相同的操作方法，分别更改【画板 1 副本 2】和【画板 1 副本 3】中的图形填色为 C=14 M=46 Y=66 K=0 和 C=81 M=22 Y=95 K=0；再重新链接图像并更改文字内容，完成效果如图 8-31 所示。

图 8-30　修改文字

图 8-31　完成效果

8.6.4　复制外观属性

要在同一图形对象上复制外观属性，可以在【外观】面板中选中要复制的属性，然后单击【外观】面板中的【复制所选项目】按钮，或在【外观】面板菜单中选择【复制项目】命令，或将外观属性拖动到【外观】面板的【复制所选项目】按钮上，如图 8-32 所示。

图 8-32　复制外观属性

8.6.5　删除外观属性

要删除某个外观属性，可在【外观】面板中单击该属性行，然后单击【删除所选项目】按钮，如图 8-33 所示。若要删除所有的外观属性，可单击【外观】面板中的【清除外观】按钮，或在【外观】面板菜单中选择【清除外观】命令。

图 8-33　删除外观属性

8.7　图层的应用

在使用 Illustrator 绘制复杂的图形对象时，使用图层可以快捷有效地管理图形对象，并将它们当成独立的单元进行编辑和显示。

8.7.1　使用【图层】面板

选择【窗口】|【图层】命令，打开如图 8-34 所示的【图层】面板。默认情况下，每个新建的文档都包含一个图层，而每个创建的对象都列在该图层之下，并且用户可以根据需要创建新的图层。

图层名称前的 ◉ 图标用于显示或隐藏图层。单击 ◉ 图标，不显示该图标时，选中的图层被隐藏。当图层被隐藏时，在 Illustrator 的绘图页面中，将不显示此图层中的图形对象，也不能对该图层进行任何图像编辑。再次单击可重新显示图层。

当图层前显示 ◻ 图标时，表明该图层被锁定，不能进行编辑修改操作。再次单击该图标可以取消锁定状态，可以重新对该图层中所包括的各种图形元素进行编辑。

除此之外，【图层】面板底部还有 6 个功能按钮，其作用分别如下。

▽ 【收集以导出】按钮 ↻：单击该按钮可以打开【资源导出】面板。

▽ 【定位对象】按钮 ◎：在画板中选中某个对象后，单击此按钮，即可在【图层】面板中快速定位该对象。

▽ 【建立/释放剪切蒙版】按钮 ◻：该按钮用于创建剪切蒙版和释放剪切蒙版。

▽ 【创建新子图层】按钮 ↳：单击该按钮可以建立一个新的子图层。

▽ 【创建新图层】按钮 ▣：单击该按钮可以建立一个新图层，如果用鼠标拖动一个图层到该按钮上释放，可以复制该图层。

▽ 【删除所选图层】按钮 ⬚：单击该按钮，可以把当前图层删除。把不需要的图层拖动到该按钮上释放，也可删除该图层。

在【图层】面板菜单中选择【面板选项】命令，可以打开如图 8-35 所示的【图层面板选项】对话框。在该对话框中，可以设置图层在面板中的显示效果。

计算机基础与实训教材系列

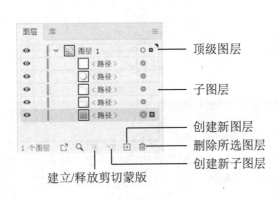

图 8-34　【图层】面板

图 8-35　【图层面板选项】对话框

▽ 选中【仅显示图层】复选框，可以隐藏【图层】面板中的路径、组和元素集。

▽ 使用【行大小】选项组中的选项可以指定行高度。

▽ 使用【缩览图】选项组中的选项可以选择图层、组和对象的一种组合，确定其中哪些项要以缩览图的预览形式显示。

8.7.2 新建图层

如果想要在某个图层的上方新建图层，需要在【图层】面板中单击该图层的名称以选定图层，然后直接单击【图层】面板中的【创建新图层】按钮即可，如图 8-36 所示。若要在选定的图层内创建新子图层，可以单击【图层】面板中的【创建新子图层】按钮，如图 8-37 所示。

在【图层】面板中，每一个图层都可以根据需求自定义不同的名称以便区分。如果在创建图层时没有命名，Illustrator 会自动依照【图层 1】【图层 2】【图层 3】……的顺序定义图层名称。

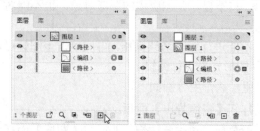
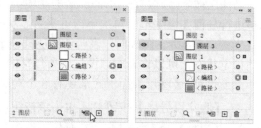

图 8-36　创建新图层　　　　　　　　图 8-37　创建新子图层

> **提示**
>
> 在【图层】面板中单击图层或编组名称左侧的三角形按钮，可以展开其内容，再次单击该按钮即可收起该对象。如果对象内容是空的，就不会显示三角形按钮，表示其中没有任何内容可以展开。

要编辑图层属性，用户可以双击图层名称，打开如图 8-38 所示的【图层选项】对话框对图层的基本属性进行修改。选择【图层】面板菜单中的【新建图层】命令或【新建子图层】命令，也可以打开【图层选项】对话框，在该对话框中根据选项可设置新建图层。

图 8-38　打开【图层选项】对话框

▽ 【名称】文本框：指定图层在【图层】面板中显示的名称。

▽ 【颜色】选项：指定图层的颜色设置，可以从下拉列表中选择颜色，或者双击下拉列表右侧的颜色色板以选择颜色。在指定图层颜色之后，在该图层中绘制图形路径、创建文本框时都会采用该颜色。

▽ 【模板】复选框：选中该复选框，使图层成为模板图层。

▽ 【锁定】复选框：选中该复选框，禁止对图层进行更改。

▽ 【显示】复选框：选中该复选框，显示画板图层中包含的所有图稿。

▽ 【打印】复选框：选中该复选框，使图层中所含的图稿可供打印。

▽ 【预览】复选框：选中该复选框，按颜色而不是按轮廓来显示图层中包含的图稿。

▽ 【变暗图像至】复选框：选中该复选框，将图层中所包含的链接图像和位图图像的强度降低到指定的百分比。

8.7.3　释放对象到图层

使用【释放到图层】命令可以将一个图层的所有对象重新均分到各个子图层中，也可以根据对象的堆叠顺序，在每一个图层上创建新的对象。如果要将各对象释放到新图层上，则在【图层】面板中选取一个图层或编组后，选择【图层】面板菜单中的【释放到图层(顺序)】命令，如图 8-39 所示。

如果要将各对象释放到图层中并复制对象，以便创建累积渐增的顺序，则在【图层】面板菜单中选择【释放到图层(累积)】命令，如图 8-40 所示。最底层的对象会出现在每一个新图层上，而最顶端的对象只会出现在最顶端的图层中。

图 8-39　选择【释放到图层(顺序)】命令

图 8-40　选择【释放到图层(累积)】命令

8.7.4　收集图层

使用【收集到新图层中】命令可以将【图层】面板中选取的对象移至新图层中。

在【图层】面板中选取要移到新图层的图层，然后在【图层】面板菜单中选择【收集到新图层中】命令，如图 8-41 所示。

图 8-41　选择【收集到新图层中】命令

8.7.5　合并图层

　　合并图层和拼合图稿的功能类似，两者都可以将对象、组和子图层合并到同一图层或组中。使用合并图层功能时，需要选择要合并的图层。使用拼合图稿功能，则可将图稿中的所有可见对象都合并到同一图层中。在【图层】面板中将要进行合并的图层选中，然后从【图层】面板菜单中选择【合并所选图层】命令，即可将所选图层合并为一个图层，如图 8-42 所示。

　　拼合图稿功能能够将当前文件中的所有图层拼合到指定的图层中。选择即将拼合到的图层，然后在【图层】面板菜单中选择【拼合图稿】命令，如图 8-43 所示。

图 8-42　合并所选图层

图 8-43　拼合图稿

> **提示**
>
> 　　如果隐藏的图层包含对象，选择【拼合图稿】命令会打开如图 8-44 所示的提示框，提示是要显示对象，以便进行拼合以汇入图层中，还是要删除对象及隐藏的图层。

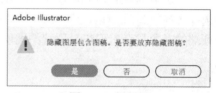

图 8-44　提示框

8.7.6　选取图层中的对象

　　若要选中图层中的某个对象，只需展开一个图层，并找到要选中的对象，单击该对象图层，或单击图层右侧的。 标记，即可将其选中，如图 8-45 所示。用户也可以使用【选择】工具，在画板上直接单击相应的对象。

图 8-45　选取图层中的对象

　　如果要将一个图层中的所有对象同时选中，在【图层】面板中按住 Ctrl+Alt 键并单击相应图层名称，或单击图层名称右侧的。 标记，即可将该图层中所有的对象同时选中。

8.7.7　使用【图层】面板复制对象

　　使用【图层】面板可快速复制图层、编组对象。在【图层】面板中选择要复制的对象，然后

在【图层】面板中将其拖动到【图层】面板底部的
【新建图层】按钮 ⊡ 上释放即可,如图 8-46 所示。
用户也可以在【图层】面板菜单中选择【复制图层】
命令进行操作。用户还可以在【图层】面板中选中
要复制的对象后,按住 Alt 键将其拖动到【图层】
面板中的新位置上,释放鼠标即可复制对象。

图 8-46　复制对象

8.8　图像描摹

图像描摹可以自动将置入的图像转换为矢量图,从而可以轻松地对图形进行编辑、处理,而不
会带来任何失真的问题。图像描摹可大大节约在屏幕上重新创建扫描绘图所需的时间,而图像品质
依然完好无损。用户还可以使用多种矢量化选项来交互调整图像描摹的效果。

8.8.1　实时描摹图稿

使用图像描摹功能可以根据现有的图像绘制新
的图形。描摹图稿的方法是将图像打开或置入
Illustrator 工作区中,然后使用【图像描摹】命令描
摹图稿。用户通过控制图像描摹细节级别和填色描摹
的方式,可得到满意的描摹效果。当置入位图图像后,
选中图像,选择【对象】|【图像描摹】|【建立】命
令,或单击控制栏中的【图像描摹】按钮,图像将以
默认的预设进行描摹,如图 8-47 所示。

图 8-47　描摹图稿

选中描摹结果后,选择【窗口】|【图像描摹】命令,或直接单击【属性】面板中的【图像
描摹面板】按钮 ⊡ ,可以打开如图 8-48 所示的【图像描摹】面板。

　▽　【预设】下拉列表用于指定描摹预设,如图 8-49 所示。

　▽　【视图】下拉列表用于指定描摹结果的显示模式,如图 8-50 所示。

图 8-48　【图像描摹】面板

图 8-49　【预设】下拉列表

图 8-50　【视图】下拉列表

计算机基础与实训教材系列

▽ 【模式】下拉列表用于指定描摹结果的颜色模式,包括彩色、灰度和黑白 3 种模式。

▽ 【调板】选项用于指定从原始图像生成颜色或灰度描摹的面板。

▽ 【阈值】数值框用于指定从原始图像生成黑白描摹结果的值。所有比阈值亮的像素被转换为白色,而所有比阈值暗的像素被转换为黑色。该选项仅在【模式】设置为【黑白】选项时可用。

8.8.2 创建描摹预设

单击【图像描摹】面板中【预设】选项旁的【管理预设】按钮 ≡,在弹出的下拉列表中选择【存储为新预设】命令,即可打开【存储图像描摹预设】对话框创建新预设。

【例 8-4】 在 Illustrator 中,描摹位图图像。 🎬 视频

(1) 在空白文档中,选择【文件】|【置入】命令,打开【置入】对话框,在其中选择图像文件并置入,如图 8-51 所示。

(2) 选择【对象】|【图像描摹】|【建立】命令,或单击控制栏中的【图像描摹】按钮,图像将以默认的预设进行描摹,如图 8-52 所示。

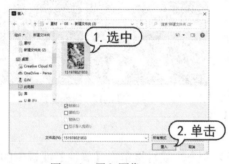

图 8-51 置入图像

图 8-52 描摹图像

(3) 单击控制栏中的【图像描摹面板】按钮,打开【图像描摹】面板,在【图像描摹】面板的【模式】下拉列表中选择【彩色】选项,将【颜色】设置为 15,如图 8-53 所示。

(4) 单击【图像描摹】面板中【预设】选项旁的【管理预设】按钮 ≡,在弹出的下拉列表中选择【存储为新预设】命令,打开【存储图像描摹预设】对话框,在【名称】文本框中输入"彩色 15",然后单击【确定】按钮,如图 8-54 所示。

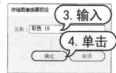

图 8-53 设置图像描摹

图 8-54 存储描摹预设

8.8.3　转换描摹对象

如果用户对描摹结果满意，可将描摹转换为路径对象。将描摹转换为路径对象后，不能再调整描摹选项。选择描摹结果，单击控制栏中的【扩展】按钮，或选择【对象】|【图像描摹】|【扩展】命令，将得到一个编组的对象。用户如果要放弃描摹结果，保留原始置入的图像，可释放描摹对象。释放描摹对象的操作是选中描摹对象，选择【对象】|【图像描摹】|【释放】命令。

8.9　实例演练

本章的实例演练通过制作网站导航页的综合示例，使用户更好地掌握本章所介绍的管理图稿对象的基础知识。

【例 8-5】 制作网站导航页。 视频

(1) 选择【文件】|【新建】命令，打开【新建文档】对话框。在该对话框中，选中【移动设备】选项卡中的 iPad 选项，设置【光栅效果】为【高(300ppi)】，单击【创建】按钮新建文档，如图 8-55 所示。

(2) 选择【矩形】工具，在画板左侧单击，在弹出的【矩形】对话框中设置【宽度】为 1024px，【高度】为 316px，然后单击【确定】按钮，如图 8-56 所示。

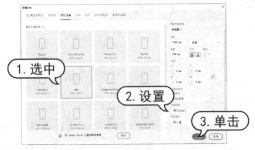

图 8-55　新建文档

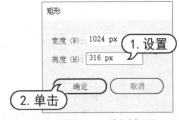

图 8-56　创建矩形

(3) 选择【文件】|【置入】命令，置入所需的图像文件，在【变换】面板中设置【宽】为 1024px，按 Ctrl+[键将置入的图像下移一层，如图 8-57 所示。

(4) 使用【选择】工具选中步骤(2)绘制的矩形和步骤(3)置入的图像，右击，在弹出的快捷菜单中选择【建立剪切蒙版】命令建立剪切蒙版，效果如图 8-58 所示。

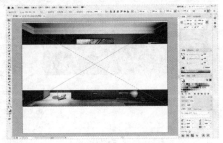

图 8-57　置入图像

图 8-58　建立剪切蒙版后的效果

(5) 选择【矩形】工具，在刚创建的剪切蒙版对象上拖动绘制矩形，然后在【颜色】面板中设置填色为 R=0 G=52 B=152，在【透明度】面板中设置混合模式为【正片叠底】，【不透明度】数值为 50%，如图 8-59 所示。

(6) 按 Ctrl+A 键全选图形对象，在控制栏中选中【对齐画板】选项，再单击【水平居中对齐】按钮和【垂直顶对齐】按钮，效果如图 8-60 所示。

图 8-59　绘制矩形

图 8-60　对齐图形

(7) 保持对象的选中状态，右击，在弹出的快捷菜单中选择【变换】|【移动】命令，在打开的对话框中设置【垂直】为 130px，然后单击【确定】按钮，如图 8-61 所示。

图 8-61　移动对象

(8) 选中步骤(5)绘制的矩形，按 Ctrl+C 键复制矩形，按 Ctrl+F 键应用【贴在前面】命令。在【颜色】面板中设置填色为 R=68 G=132 B=255。在【透明度】面板中设置混合模式为【正常】，【不透明度】数值为 100%。在【变换】面板中，设置【旋转】为 5°。然后按 Ctrl+Shift+[键，将其置于底层，如图 8-62 所示。

(9) 继续按 Ctrl+C 键复制矩形，按 Ctrl+B 键应用【贴在后面】命令。在【变换】面板中，设置【旋转】为 15°。在【透明度】面板中设置【不透明度】数值为 13%。如图 8-63 所示。

图 8-62　变换对象(一)

图 8-63　变换对象(二)

(10) 使用【椭圆】工具在画板中分别拖动绘制圆形，并在【透明度】面板中设置【不透明度】数值为 13%。如图 8-64 所示。

(11) 使用【文字】工具在画板中单击，在控制栏中设置字体系列为 Century，字体大小为 48pt，然后输入文字内容，如图 8-65 所示。

图 8-64 绘制圆形   图 8-65 输入文字

(12) 继续使用【文字】工具在画板中单击，在控制栏中设置字体系列为 Source Code Variable，字体样式为 Light，字体大小为 14pt，然后输入文字内容，如图 8-66 所示。

(13) 选中步骤(11)至步骤(12)创建的文字内容，在【对齐】面板的【对齐】选项中选择【对齐画板】选项，然后单击【水平居中对齐】按钮，如图 8-67 所示。

图 8-66 输入文字   图 8-67 对齐对象

(14) 选择【矩形】工具，按 Shift 键绘制矩形，设置描边色为白色，在【描边】面板中设置【粗细】为 9pt，如图 8-68 所示。

(15) 使用【文字】工具拖动创建文本框，在控制栏中设置字体系列为 Bahnschrift，字体样式为 Blod，字体大小为 66pt，在【段落】面板中单击【全部两端对齐】按钮，然后输入文字内容，如图 8-69 所示。

图 8-68 绘制矩形   图 8-69 输入文字

(16) 使用【文字】工具选中第一行，在控制栏中设置字体大小为 85pt，如图 8-70 所示。

(17) 选中步骤(14)至步骤(16)创建的对象，并在控制栏中单击【水平居中对齐】按钮，如图 8-71 所示。

图 8-70 编辑文字　　　　　　　　　　图 8-71 对齐对象

(18) 使用【文字】工具在画板中单击，在控制栏中设置字体颜色为白色，字体系列为 Arial，字体样式为 Bold，字体大小为 48pt，然后分别输入文字内容，如图 8-72 所示。

(19) 选中上一步输入的文字内容和步骤(14)绘制的矩形，在控制栏中选中【对齐关键对象】选项，然后单击步骤(14)绘制的矩形将其设置为关键对象，再单击控制栏中的【垂直居中对齐】按钮，如图 8-73 所示。

图 8-72 输入文字　　　　　　　　　　图 8-73 对齐对象

(20) 选择【直线段】工具，在【描边】面板中设置【粗细】为 1pt，然后在画板中绘制直线，如图 8-74 所示。

(21) 使用【矩形】工具在画板中分别绘制矩形条，并在【颜色】面板中分别设置填色为 R=76 G=137 B=255 和 R=161 G=255 B=56，如图 8-75 所示。

图 8-74 绘制直线　　　　　　　　　　图 8-75 绘制矩形条

(22) 使用【矩形】工具在画板中单击，打开【矩形】对话框。在【矩形】对话框中，设置【宽度】和【高度】均为 125px，然后单击【确定】按钮，再在【颜色】面板中设置填色为 R=0 G=79 B=196，如图 8-76 所示。

 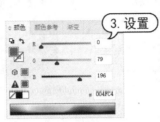 

图 8-76 绘制矩形

(23) 右击刚绘制的矩形，在弹出的快捷菜单中选择【变换】|【移动】命令，打开【移动】对话框。在该对话框中，设置【水平】为 125px，【垂直】为 0px，然后单击【复制】按钮。再在【颜色】面板中设置填色为 R=1 G=49 B=118，如图 8-77 所示。

(24) 选中步骤(22)至步骤(23)创建的对象，右击，在弹出的快捷菜单中选择【变换】|【移动】命令，打开【移动】对话框。在该对话框中，设置【水平】为 250px，【垂直】为 0px，然后单击【复制】按钮，如图 8-78 所示。

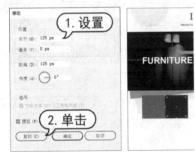 

图 8-77 移动并复制对象　　　　　　　图 8-78 移动并复制对象

(25) 选中步骤(22)至步骤(24)创建的对象，右击，在弹出的快捷菜单中选择【变换】|【移动】命令，打开【移动】对话框。在该对话框中，设置【水平】为 0px，【垂直】为 125px，然后单击【复制】按钮，如图 8-79 所示。

图 8-79 移动并复制对象

(26) 选择【文件】|【置入】命令，打开【置入】对话框。在该对话框中，选择所需的图像文件，单击【置入】按钮。在画板中单击，置入图像文件，并调整其位置及大小，如图 8-80 所示。

图 8-80　置入图像

(27) 连续按 Ctrl+[键，将置入的图像移至步骤(22)绘制的矩形下方，选中图像和矩形，右击，在弹出的快捷菜单中选择【建立剪切蒙版】命令，如图 8-81 所示。

(28) 使用与步骤(26)至步骤(27)相同的操作方法，在先前创建的矩形中置入其他图像文件，如图 8-82 所示。

图 8-81　选择【建立剪切蒙版】命令　　　　　　　图 8-82　置入图像

(29) 使用【文字】工具在步骤(23)绘制的矩形中单击，在控制栏中，设置字体颜色为白色，字体系列为 Bahnschrift，字体样式为 Light，字体大小为 14pt，然后输入文字内容，如图 8-83 所示。

(30) 使用与步骤(29)相同的操作方法，输入其他文字内容，如图 8-84 所示。

图 8-83　输入文字　　　　　　　　　　　　图 8-84　输入文字

(31) 选中步骤(22)至步骤(30)创建的对象，按 Ctrl+G 键进行编组。使用【矩形】工具在画板中单击，打开【矩形】对话框。在该对话框中，设置【宽度】为 190px，【高度】为 250px，然后单击【确定】按钮，如图 8-85 所示。

(32) 选择【文件】|【置入】命令，置入所需的图像文件。按 Ctrl+[键，将置入的图像移动至上一步绘制的矩形下方，然后选中图像和矩形，右击，在弹出的快捷菜单中选择【建立剪切蒙版】命令，效果如图 8-86 所示。

图 8-85　创建矩形　　　　　　　　　　图 8-86　置入图像并建立剪切蒙版

(33) 使用【矩形】工具在画板中单击，打开【矩形】对话框。在该对话框中，设置【宽度】为 165px，【高度】为 250px，然后单击【确定】按钮，如图 8-87 所示。

(34) 选择【文件】|【置入】命令，置入所需的图像文件。按 Ctrl+[键，将置入图像移动至刚绘制的矩形下方，然后选中图像和矩形，右击，在弹出的快捷菜单中选择【建立剪切蒙版】命令，如图 8-88 所示。

图 8-87　创建矩形　　　　　　　　　　图 8-88　置入图像并建立剪切蒙版

(35) 使用【文字】工具在画板中单击，在【颜色】面板中设置填色为 R=68 G=132 B=255，在控制栏中设置字体系列为 Arial，字体样式为 Bold，字体大小为 26pt，然后输入文字内容，如图 8-89 所示。

(36) 使用【矩形】工具在刚输入的文字下方绘制矩形条，并在【颜色】面板中设置填色为 R=161 G=255 B=56，如图 8-90 所示。

图 8-89　输入文字　　　　　　　　　　图 8-90　绘制矩形条

(37) 使用【矩形】工具绘制一个矩形，并在【颜色】面板中设置填色为 R=1 G=49 B=118，如图 8-91 所示。

(38) 按 Shift+Ctrl+[键将刚绘制的矩形置于底层，然后选中步骤(22)至步骤(37)创建的对象，按 Ctrl+G 键编组对象，并在控制栏中选择【对齐画板】选项，再单击【水平居中对齐】按钮，如图 8-92 所示。

计算机基础与实训教材系列

图 8-91　绘制矩形

图 8-92　调整对象

(39) 使用【文字】工具在画板中单击，在【颜色】面板中设置字体颜色为 R=153 G=153 B=153，在控制栏中设置字体系列为【方正细等线简体】，字体大小为 72pt，然后输入文字内容，如图 8-93 所示。

(40) 右击刚输入的文本，在弹出的快捷菜单中选择【变换】|【镜像】命令，在打开的【镜像】对话框中，选中【垂直】单选按钮，然后单击【复制】按钮，完成效果如图 8-94 所示。

图 8-93　输入文字

图 8-94　完成效果

8.10　习题

1. 打开如图 8-95 所示的图形文档，使用【外观】面板编辑图形外观。

2. 绘制如图 8-96 所示的图形对象，并利用【图层】面板练习编组、排列图形对象。

图 8-95　打开图形文档

图 8-96　绘制图形

第9章

应用文本操作

在进行平面设计时，文字是必不可少的元素之一。Illustrator 2020 提供了强大的文字排版编辑功能。使用这些功能可以快速创建文本和段落，并且还可以更改文本和段落的外观效果，甚至可以将图形对象和文本组合编排，从而制作出丰富多样的文本效果。

本章重点

- 应用文本操作
- 应用区域文字
- 编辑文字
- 创建文本绕排

二维码教学视频

【例 9-1】 制作素雅风格新年海报
【例 9-2】 使用【区域文字】工具
【例 9-3】 制作菜单样式
【例 9-4】 使用【路径文字】工具
【例 9-5】 制作饮料广告
【例 9-6】 制作情人节海报
【例 9-7】 制作杂志封面
【例 9-8】 制作演奏会节目单
【例 9-9】 进行图文混排
【例 9-10】 制作开学有礼广告
【例 9-11】 制作书法培训班广告

9.1 使用文字工具

Illustrator 2020 的工具栏中提供了 7 种文字工具,包括【文字】工具、【区域文字】工具、【路径文字】工具、【直排文字】工具、【直排区域文字】工具、【直排路径文字】工具和【修饰文字】工具,如图 9-1 所示。使用它们可以输入各种类型的文字,以满足不同的文字处理需求。

9.1.1 输入点文字

在工具栏中选取【文字】工具或【直排文字】工具后,移动光标到绘图窗口中的任意位置单击确定文字内容的插入点,并显示预设文本样式,此时即可输入文本内容。使用【文字】工具 T,可以按照横排的方式,由左至右进行文字的输入,如图 9-2 所示。

图 9-1 文字工具

图 9-2 使用【文字】工具输入文字

使用【直排文字】工具 ↓T 创建的文本会从上至下进行排列;在换行时,下一行文字会排列在该行的左侧,如图 9-3 所示。

图 9-3 使用【直排文字】工具输入文字

> **提示**
>
> 使用【文字】工具和【直排文字】工具创建点文字时,不能自动换行,用户必须按下 Enter 键才能执行换行操作。

9.1.2 输入段落文本

在 Illustrator 中,使用【文字】工具和【直排文字】工具除了可以创建点文本外,还可以通过创建文本框确定文本输入的区域,并显示预设文本样式,此时输入的文本会根据文本框的范围自动进行换行。

输入完所需文本后,文本框右下方出现田图标时,表示有文字未完全显示。选择工具栏中的【选择】工具,将光标移动到右下角控制点上,当光标变为双向箭头时按住左键向右下角拖动,将文本框扩大,即可将文字内容全部显示。

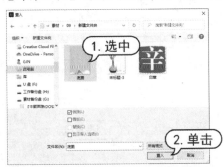

【例 9-1】 制作素雅风格新年海报。🎬视频

(1) 新建一个 A4 空白文档，选择【文件】|【置入】命令，在打开的【置入】对话框中，选中所需的图像文件，单击【置入】按钮。在画板左上角单击，置入所需的图像文件，并在控制栏中选择【对齐画板】选项，然后单击【水平居中对齐】和【垂直居中对齐】按钮，如图 9-4 所示。

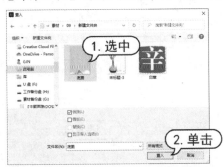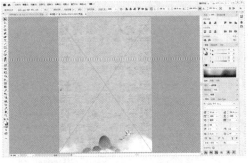

图 9-4　置入图像

(2) 使用【文字】工具在画板中拖动创建文本框，在控制栏中设置字体系列为【方正大标宋简体】、字体大小为 150pt，单击【居中对齐】按钮，在【颜色】面板中设置填色为白色，然后输入文字内容，如图 9-5 所示。

(3) 选择【效果】|【风格化】|【投影】命令，打开【投影】对话框。在该对话框中，设置【不透明度】数值为 25%，【X 位移】和【Y 位移】均为 2mm，【模糊】为 0mm，然后单击【确定】按钮，如图 9-6 所示。

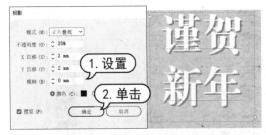

图 9-5　输入文字　　　　　　　　　图 9-6　添加投影效果

(4) 使用【文字】工具在画板中单击，在控制栏中设置字体系列为 Century、字体大小为 19pt，在【颜色】面板中设置填色为白色，然后输入文字内容，如图 9-7 所示。

(5) 选择【效果】|【风格化】|【投影】命令，打开【投影】对话框。在该对话框中，设置【不透明度】数值为 25%，【X 位移】和【Y 位移】均为 0.5mm，【模糊】为 0mm，然后单击【确定】按钮，如图 9-8 所示。

(6) 选择【文件】|【置入】命令，置入所需的图像文件，并调整图像的大小及位置，如图 9-9 所示。

(7) 使用【直排文字】工具拖动创建文本框，在【字符】面板中设置字体系列为【方正大标宋简体】，字体大小为 14pt，然后输入文字内容，如图 9-10 所示。

图9-7 输入文字

图9-8 添加投影效果

图9-9 置入图像

图9-10 输入文字

(8) 使用【文字】工具选中第二列文字，在【字符】面板中，更改字体大小为24pt，如图9-11所示。

(9) 使用【文字】工具选中第一列中的数字，在【字符】面板中，设置【字符旋转】为-90°，如图9-12所示。

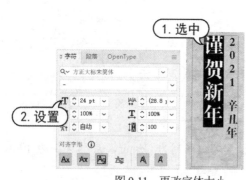

图9-11 更改字体大小

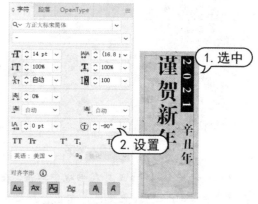

图9-12 设置字符旋转

(10) 使用【选择】工具选中步骤(7)创建的文字对象，在【段落】面板中单击【全部两端对齐】按钮，如图9-13所示。

(11) 使用【选择】工具选中步骤(2)至步骤(7)创建的对象，在控制栏中选择【对齐画板】选项，单击【水平居中对齐】按钮，效果如图9-14所示。

(12) 使用【矩形】工具在画板中拖动绘制矩形，设置描边色为白色，在【描边】面板中设置【粗细】为1pt，在【变换】面板中设置【圆角半径】为11mm，【边角类型】为【反向圆角】，如图9-15所示。

图 9-13　对齐段落

图 9-14　对齐对象

(13) 按 Ctrl+C 键复制刚绘制的矩形，按 Ctrl+F 键应用【贴在前面】命令，按住 Alt+Shift 键同时缩放对象，完成效果如图 9-16 所示。

图 9-15　绘制矩形

图 9-16　完成效果

9.2　应用区域文字

区域文字可以利用对象的边界来控制文字的排列。当文字触及边界时，会自动换行。区域文字常用于大量文字的排版，如书籍、杂志等页面的制作。

9.2.1　创建区域文字

在 Illustrator 中选择【区域文字】工具，然后在对象路径内的任意位置单击，即可将对象路径转换为文字区域，在其中输入文本内容，输入的文本会根据文本框的范围自动进行换行。【直排区域文字】工具的使用方法与【区域文字】工具基本相同，只是输入的文字方向为直排。

【例 9-2】　使用【区域文字】工具创建文本。　　视频

(1) 在打开的图形文档中，使用【椭圆】工具在文档中绘制一个圆形，如图 9-17 所示。

(2) 选择【区域文字】工具，然后在对象路径内单击，将路径转换为文字区域，并在其中输入文字内容，如图 9-18 所示。

(3) 按 Esc 键结束文本的输入，在【颜色】面板中设置字体颜色为 R=102 G=151 B=195。在控制栏中，设置字体系列为【方正黑体简体】，字体大小为 12 pt。在【段落】面板中，单击【两端对齐，末行左对齐】按钮，设置【段后间距】为 5pt，如图 9-19 所示。

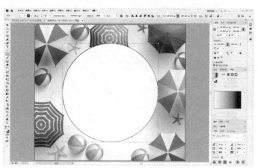

图 9-17　绘制圆形　　　　　　　　　　　图 9-18　输入区域文字

(4) 使用【文字】工具选中第一行文字内容，在控制栏中单击【居中对齐】按钮，并设置字体系列为【方正粗圆简体】，字体大小为 30pt，如图 9-20 所示。

图 9-19　设置文字效果(一)　　　　　　　图 9-20　设置文字效果(二)

9.2.2　调整文本区域大小

在创建区域文字后，用户可以随时修改文本区域的形状和大小。使用【选择】工具选中文本对象，拖动定界框上的控制手柄可以改变文本框的大小、旋转文本框；或使用【直接选择】工具选择文字对象外框路径或锚点，并调整对象形状，如图 9-21 所示。

图 9-21　调整区域文本框

9.2.3　设置区域文字选项

用户还可以使用【选择】工具或通过【图层】面板选择文字对象后，选择【文字】|【区域文字选项】命令，在打开的如图 9-22 所示的【区域文字选项】对话框中输入合适的【宽度】和【高度】值。如果文字区域不是矩形，这里的【宽度】和【高度】定义的是文本对象定界框的尺寸。

在【区域文字选项】对话框中除了可以设置文本框的大小外，还可以对文本框内的段落文本进行格式设置。

▽　【数量】数值框：用于指定对象包含的行数和列数。

▽　【跨距】数值框：用于指定单行高度和单列宽度。

▽　【固定】复选框：确定调整文本区域大小时行高和列宽的变化情况。选中该复选框后，若调整区域大小，只会更改行数和列数，而行高和列宽不会改变。

▽　【间距】数值框：用于指定行间距或列间距。

图 9-22　【区域文字选项】对话框

> **提示**
> 不能在选中区域文字对象时，使用【变换】面板直接改变其大小，这样会同时改变区域内文字对象的外观效果。

▽　【内边距】数值框：可以控制文本和边框路径之间的边距。

▽　【首行基线】选项：选择【字母上缘】选项，字符的高度将降到文本对象顶部之下；选择【大写字母高度】选项，大写字母的顶部触及文字对象的顶部；选择【行距】选项，将以文本的行距值作为文本首行基线和文本对象顶部之间的距离；选择【X 高度】选项，字符 X 的高度降到文本对象顶部之下；选择【全角字框高度】选项，亚洲字体中全角字框的顶部将触及文本对象的顶部。

▽　【最小值】数值框：用于指定文本首行基线与文本对象顶部之间的距离。

▽　【按行，从左到右】按钮 / 【按列，从左到右】按钮 ：单击【文本排列】选项中的两个按钮，以确定行和列之间的文本排列方式。

【例 9-3】 制作菜单样式。 视频

(1) 选择【文件】|【打开】命令，选择并打开图形文档。使用【选择】工具选中区域文字对象，如图 9-23 所示。

(2) 选择【文字】|【区域文字选项】命令，打开【区域文字选项】对话框。在该对话框中设置列【数量】数值为 2，【间距】为 15mm，如图 9-24 所示。

图9-23　选中区域文字

图9-24　设置区域文字(一)

(3) 在【区域文字选项】对话框中，设置【内边距】为8mm。在【首行基线】下拉列表中选择【字母上缘】，然后单击【确定】按钮，如图9-25所示。

图9-25　设置区域文字(二)

9.3　应用路径文字

使用【路径文字】工具或【直排路径文字】工具可以将普通路径转换为文字路径，然后在文字路径上输入和编辑文字，输入的文字将沿着路径形状进行排列。

9.3.1　创建路径文字

使用【路径文字】工具或【直排路径文字】工具可以使路径上的文字沿着任意开放或闭合路径进行排列。将文字沿着路径输入后，还可以编辑文字在路径上的位置。选择工具栏中的【选择】工具选中路径文字对象，选中位于中点的竖线，当光标变为 形状时，可拖动文字到路径的另一边。

【例9-4】 创建路径并使用【路径文字】工具创建路径文字。 视频

(1) 在打开的图形文档中，使用【椭圆】工具在图形文档中按Alt+Shift键拖动绘制圆形，如图9-26所示。

(2) 选择【路径文字】工具，在圆形路径上单击。按Ctrl+T键打开【字符】面板，在【字符】面板中设置字体系列为Bell MT，字体样式为Bold，字体大小为75pt。在【颜色】面板中设置填色为R=220 G=82 B=41，然后输入所需的文字。完成输入后，按Ctrl+Enter键确认，如图9-27所示。

图 9-26　绘制路径

图 9-27　输入路径文字

9.3.2　设置路径文字选项

选中路径文本对象后，可以选择【文字】|【路径文字】命令，在弹出的子菜单中选择一种路径文字效果。该命令子菜单中包含【彩虹效果】【倾斜效果】【3D 带状效果】【阶梯效果】和【重力效果】5 种效果，如图 9-28 所示。

用户也可以选择【文字】|【路径文字】|【路径文字选项】命令，打开如图 9-29 所示的【路径文字选项】对话框。在该对话框的【效果】下拉列表中选择一种效果选项。并且还可以通过【对齐路径】下拉列表中的选项指定如何将所有字符对齐到路径。【对齐路径】下拉列表中包含以下几个选项。

图 9-28　路径文字效果

图 9-29　【路径文字选项】对话框

▽　【字母上缘】选项：沿字母上缘对齐，如图 9-30 所示。

▽ 【字母下缘】选项：沿字母下缘对齐，如图 9-31 所示。

图 9-30　使用【字母上缘】选项　　　　图 9-31　使用【字母下缘】选项

▽ 【居中】选项：沿字母上、下边缘间的中心点对齐，如图 9-32 所示。
▽ 【基线】选项：沿基线对齐。这是 Illustrator 的默认设置，如图 9-33 所示。

图 9-32　使用【居中】选项　　　　图 9-33　使用【基线】选项

9.4　编辑文字

在 Illustrator 中输入文字内容时，可以在控制栏中设置文字格式，也可以通过【字符】面板和【段落】面板更加精确地设置文字格式，从而获得更加丰富的文字效果。

9.4.1　选择文字

在对文字对象进行编辑、格式修改、填充或描边属性修改等操作前，必须先将其进行选择。

1. 选择字符

要在文档中选择字符有以下几种方法。选择字符后，【外观】面板中会出现【字符】字样。
▽ 使用文字工具拖动可选择单个或多个字符。在选择的同时，按住 Shift 键拖动鼠标，可加选或减选字符。如果使用文字工具在输入的文本中拖动并选中部分文字，选中的文字将高亮显示。此时，再进行的文字修改只针对选中的文字内容，如图 9-34 所示。
▽ 将光标插入一个单词中，双击即可选中这个单词。
▽ 将光标插入一个段落中，三击即可选中整行。
▽ 选择【选择】|【全部】命令或按 Ctrl+A 键可选中当前文字对象中包含的全部文字。

文本的选择　文本的选择

图 9-34　选择字符

2．选择文本

如果要对文本对象中的所有字符进行字符和段落属性的修改、填充和描边属性的修改，以及透明属性的修改，甚至对文字对象应用效果和透明蒙版，可以选中整个文字对象。当选中文字对象后，【外观】面板中会出现【文字】字样。

选择文字对象的方法包括以下 3 种。

▽　在文档窗口使用【选择】工具或【直接选择】工具单击文字对象进行选择，按住 Shift 键的同时单击可以加选对象。

▽　在【图层】面板中通过单击文字对象右边的圆形按钮进行选择，按住 Shift 键的同时单击圆形按钮可进行加选或减选。

▽　要选中文档中所有的文字对象，可选择【选择】|【对象】|【所有文本对象】命令。

3．选择文字路径

文字路径是路径文字排列的依据。用户可以对文字路径进行填充和描边属性的修改。当选中文字路径后，【外观】面板中会出现【路径】字样，如图 9-35 所示。

选择文字路径的方法有以下两种。

▽　选择【视图】【轮廓】命令，在【轮廓】模式下选择文字路径。

▽　使用【直接选择】工具或【编组选择】工具单击文字路径，可以将其选中。

图 9-35　选择文字路径

9.4.2　使用【字符】面板

在 Illustrator 中可以通过【字符】面板来准确地控制文字的字体系列、字体大小、行距、字符间距、水平与垂直缩放等各种属性。用户可以在输入新文本前设置字符属性，也可以在输入完成后，选中文本重新设置字符属性来更改所选中的字符外观。

选择【窗口】|【文字】|【字符】命令，或按 Ctrl+T 键，可以打开如图 9-36 所示的【字符】面板。单击【字符】面板菜单按钮，在打开的菜单中选择【显示选项】命令，可以在【字符】面板中显示更多的设置选项。

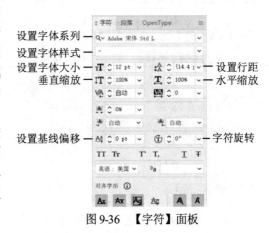

图 9-36　【字符】面板

219

1. 设置字体和字号

在【字符】面板中，可以设置字符的各种属性。单击【设置字体系列】文本框右侧的小三角按钮，从弹出的下拉列表中选择一种字体，如图 9-37 所示，或选择【文字】|【字体】子菜单中的字体系列，即可设置字符的字体。如果选择的是英文字体，还可以在【设置字体样式】下拉列表中选择 Narrow、Narrow Italic、Narrow Bold、Narrow Bold Italic、Regular、Italic、Bold、Bold Italic、Black 样式。

字号是指字体的大小，表示字符的最高点到最低点之间的尺寸。用户可以单击【字符】面板中的【设置字体大小】数值框右侧的小三角按钮，在弹出的下拉列表中选择预设的字号，也可以在数值框中直接输入一个字号数值，如图 9-38 所示。或选择【文字】|【大小】命令，在打开的子菜单中选择字号。

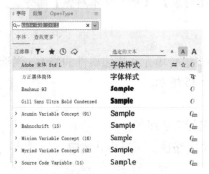

图 9-37　选择字体系列

图 9-38　设置字体大小

2. 调整字距

字距微调是增加或减少特定字符对之间的距离的过程。使用任意文字工具在需要调整字距的两个字符中间单击，进入文本输入状态。在【字符】面板的字符间距调整选项中，可以调整两个字符间的字距，如图 9-39 所示。当该值为正值时，可以加大字距；该值为负值时，可减小字距。当光标在两个字符之间闪烁时，按 Alt+← 键可减小字距，按 Alt+→ 键可增大字距。

字距调整是放宽或收紧所选文本或整个文本块中字符之间的距离的过程。选择需要调整的部分字符或整个文本对象后，在字符间距调整选项后可以调整所选字符的字距，如图 9-40 所示。该值为正值时，字距变大；该值为负值时，字距变小。

图 9-39　字距微调

图 9-40　字距调整

3. 设置行距

行距是指两行文字之间间隔距离的大小，是指从一行文字基线到另一行文字基线之间的距离。用户可以在输入文本之前设置文本的行距，也可以在输入文本后，在【字符】面板的【设置行距】数值框中设置行距，如图 9-41 所示。默认为【自动】，此时行距为字体大小的 120%。

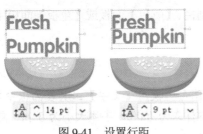

图 9-41　设置行距

> **提示**
>
> 按 Alt+↑键可减小行距，按 Alt+↓键可增大行距。每按一次，系统减小或增大行距的默认量为 2 pt。要修改默认量，用户可以选择【首选项】|【文字】命令，打开【首选项】对话框，修改【大小/行距】数值框中的数值。

4. 水平或垂直缩放

在 Illustrator 中，用户可以改变单个字符的宽度和高度，可以将文字外观压扁或拉长，如图 9-42 所示。【字符】面板中的【垂直缩放】和【水平缩放】数值框用来控制字符的宽度和高度，使选定的字符进行水平或垂直方向上的放大或缩小。

5. 基线偏移

在 Illustrator 中，可以通过调整基线来调整文本与基线之间的距离，从而提升或降低选中的文本。使用【字符】面板中的【设置基线偏移】数值框设置上标或下标，如图 9-43 所示。用户也可以按 Shift+Alt+↑键来增加基线偏移量，按 Shift+Alt+↓键减小基线偏移量。在 Illustrator 中，默认的基线偏移量为 2 pt。如果要修改偏移量，可以选择【首选项】|【文字】命令，打开【首选项】对话框，修改【基线偏移】数值框中的数值。

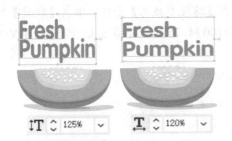

图 9-42　设置垂直缩放和水平缩放

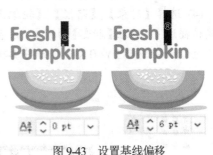

图 9-43　设置基线偏移

6. 文本旋转

在 Illustrator 中，支持字符以任意角度旋转。在【字符】面板的【字符旋转】数值框中输入或选择合适的旋转角度，可以为选中的文字进行自定义角度的旋转，如图 9-44 所示。

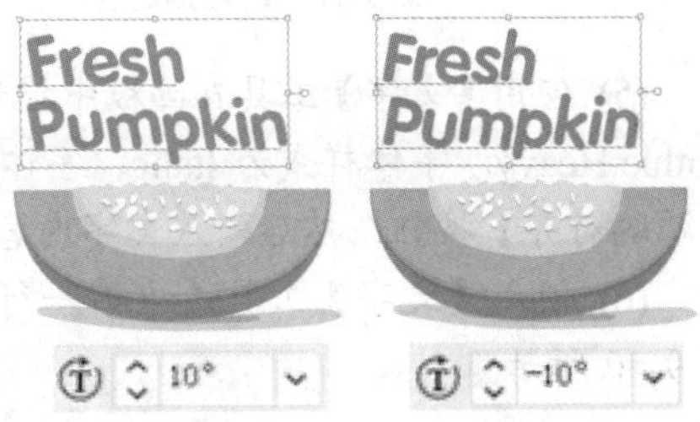

图 9-44　设置文本旋转

9.4.3　设置文字颜色

在 Illustrator 中，用户可以根据需要在工具栏、控制栏、【颜色】面板或【色板】面板中设定文字的填充或描边颜色。

【例 9-5】 制作饮料广告。 视频

(1) 选择【文件】|【打开】命令，选择并打开一幅图形。使用【文字】工具在画板中单击，在控制栏中设置字体系列为 Franklin Gothic Heavy，字体样式为 Italic，字体大小为 55pt，然后输入文字内容，输入完成后按 Ctrl+Enter 键确认，如图 9-45 所示。

(2) 在【色板】面板中单击 C=0 M=0 Y=0 K=10 色板，更改文字颜色，如图 9-46 所示。

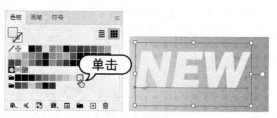

图 9-45　输入文字　　　　　　　　　　　图 9-46　更改文字颜色

(3) 按 Ctrl+C 键复制文字，按 Ctrl+B 键将复制的文字粘贴在下层，并按 Shift+Ctrl+O 键应用【创建轮廓】命令。然后在【描边】面板中，设置【粗细】为 10pt，【限制】为 4x，如图 9-47 所示。

(4) 选择【对象】|【路径】|【轮廓化描边】命令，在【路径查找器】面板中单击【联集】按钮编辑描边。然后在【渐变】面板中，设置渐变填色为 C=100 M=75 Y=0 K=0 至 C=100 M=16 Y=0 K=0 至 C=100 M=85 Y=0 K=0，如图 9-48 所示。

图 9-47　设置描边　　　　　　　　　　　图 9-48　轮廓化描边

(5) 使用【文字】工具在画板中拖动创建文本框，在【字符】面板中设置字体系列为 Franklin Gothic Heavy，字体样式为 Italic，字体大小为 85pt，行距为 72pt; 在【段落】面板中，单击【全部两端对齐】按钮; 然后输入文字内容，如图 9-49 所示。

(6) 使用【文字】工具选中第一行文字内容，在【字符】面板中设置字体大小为 111pt，如图 9-50 所示。

图 9-49　输入文字

图 9-50　编辑文字

（7）按 Ctrl+C 键复制刚创建的文字，按 Ctrl+B 键应用【贴在后面】命令。在【描边】面板中，设置【粗细】为 10pt，【限制】为 4x；在【颜色】面板中，设置描边色为 C=0 M=0 Y=0 K=15，如图 9-51 所示。

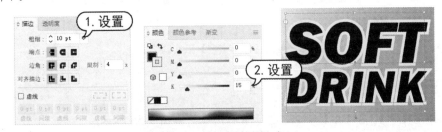

图 9-51　复制并编辑文字

（8）使用【选择】工具选中步骤(5)创建的文本对象，右击，在弹出的快捷菜单中选择【创建轮廓】命令，在【渐变】面板中，将渐变填色设置为 C=100 M=87 Y=48 K=9 至 C=85 M=44 Y=0 K=0 至 C=100 M=98 Y=65 K=50 至 C=85 M=44 Y=0 K=0 至 C=100 M=83 Y=40 K=0，然后使用【渐变】工具在文字轮廓上从左往右拖动以填充渐变，如图 9-52 所示。

图 9-52　填充渐变

（9）使用【选择】工具选中步骤(6)至步骤(7)创建的文本对象，按 Ctrl+G 键进行编组。选择【效果】|【风格化】|【投影】命令，打开【投影】对话框。在该对话框中，设置【不透明度】数值为

60%，【X 位移】和【Y 位移】均为 1mm，【模糊】为 0.5mm，单击【确定】按钮，如图 9-53 所示。

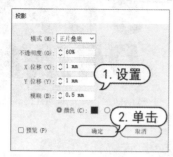

图 9-53　添加投影效果

9.4.4　使用【修饰文字】工具

使用【修饰文字】工具在创建的文本中选中字符，可对选中的字符进行自由变换，可单独调整字符外观效果，如图 9-54 所示。

图 9-54　使用【修饰文字】工具调整字符

【例 9-6】　制作情人节海报。🔘视频

(1) 选择【文件】|【打开】命令，打开素材图像，如图 9-55 所示。

(2) 使用【文字】工具在画板中单击，在控制栏中设置字体系列为【方正大雅宋_GBK】，字体大小为 205pt，在【颜色】面板中设置字体填色为 C=10 M=88 Y=65 K=0，然后输入文字内容，如图 9-56 所示。

图 9-55　打开素材图像　　　　　　　　　　图 9-56　输入文字

(3) 使用【修饰文字】工具选中字符，调整字符位置及大小，如图 9-57 所示。

(4) 使用【文字】工具在画板中单击，在控制栏中设置字体系列为【方正大雅宋_GBK】，字体大小为 30pt，在【颜色】面板中设置字体填色为白色，然后输入文字内容，如图 9-58 所示。

图 9-57　使用【修饰文字】工具

图 9-58　输入文字

(5) 选择【效果】|【风格化】|【投影】命令，打开【投影】对话框。在该对话框中，设置【不透明度】数值为 80%，【X 位移】和【Y 位移】均为 1mm，【模糊】为 0.5mm，然后单击【确定】按钮，如图 9-59 所示。

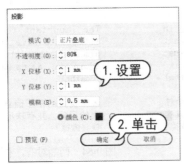

图 9-59　添加投影效果

9.4.5　使用【段落】面板

在处理段落文本时，可以通过【段落】面板设置文本对齐方式、首行缩进、段落间距等参数，从而获得更加丰富的段落效果。

选择菜单栏中的【窗口】|【文字】|【段落】命令，即可打开如图 9-60 所示的【段落】面板。单击【段落】面板的扩展菜单按钮，在打开的菜单中选择【显示选项】命令，可以在【段落】面板中显示更多的设置选项。

1. 文本对齐

在 Illustrator 中，提供了【左对齐】【居中对齐】【右对齐】【两端对齐，末行左对齐】【两端对齐，末行居中对齐】【两端对齐，末行右对齐】【全部两端对齐】7 种文本对齐方式。使用【选择】工具选择文本后，单击【段落】面板中相应的按钮即可对齐文本。【段落】面板中的各个对齐按钮的功能如下。

▽　左对齐▤：单击该按钮，可以使文本靠左边对齐，如图 9-61 所示。

图9-60 【段落】面板

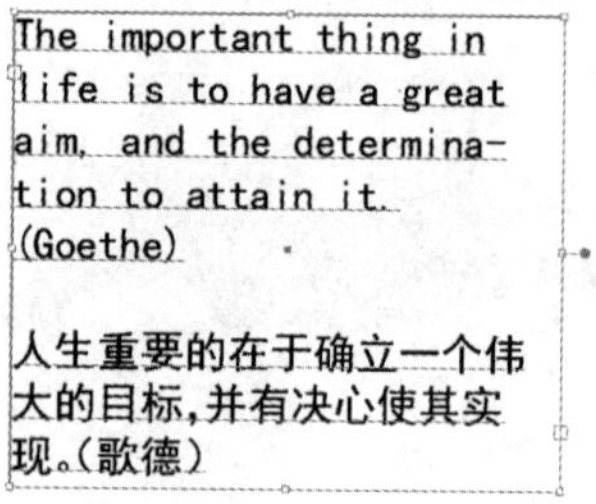

图9-61 左对齐

▽ 居中对齐 ≣：单击该按钮，可以使文本居中对齐，如图9-62所示。

▽ 右对齐 ≣：单击该按钮，可以使文本靠右边对齐，如图9-63所示。

▽ 两端对齐，末行左对齐 ≣：单击该按钮，可以使文本的左右两边都对齐，最后一行左对齐，如图9-64所示。

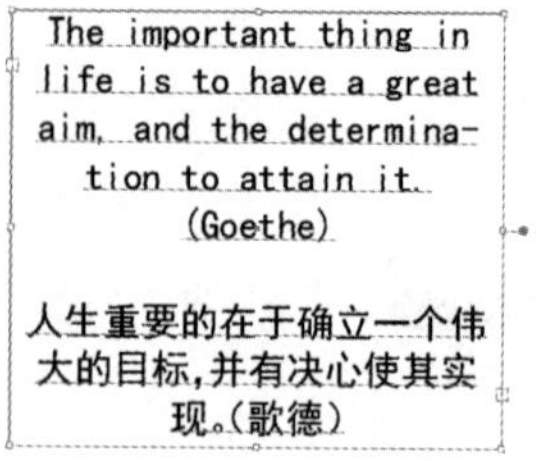

图9-62 居中对齐

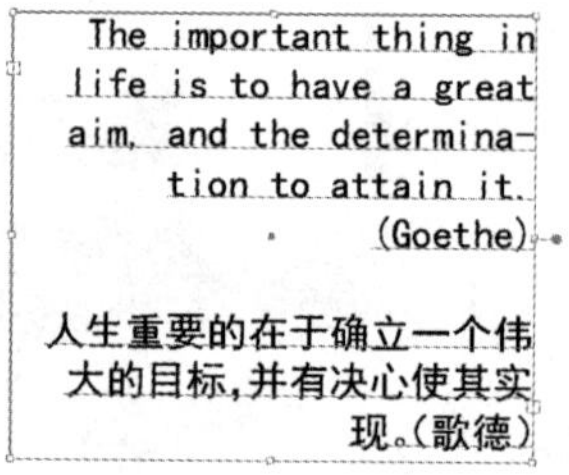

图9-63 右对齐

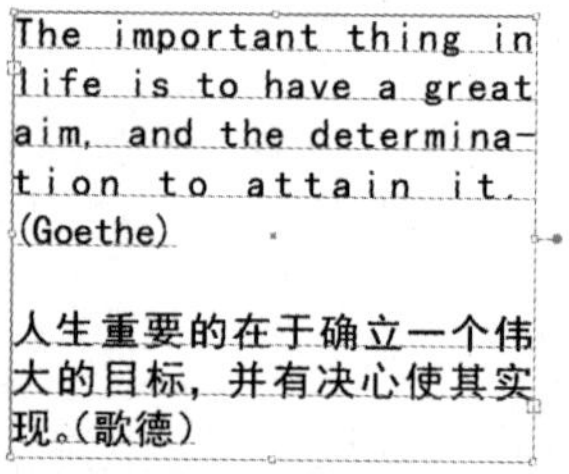

图9-64 两端对齐，末行左对齐

▽ 两端对齐，末行居中对齐 ≣：单击该按钮，可以使文本的左右两边都对齐，最后一行居中对齐，如图9-65所示。

▽ 两端对齐，末行右对齐 ≣：单击该按钮，可以使文本的左右两边都对齐，最后一行右对齐，如图9-66所示。

▽ 全部两端对齐 ≣：单击该按钮，可以使文本的左右两边都对齐，并强制段落中的最后一行也两端对齐，如图9-67所示。

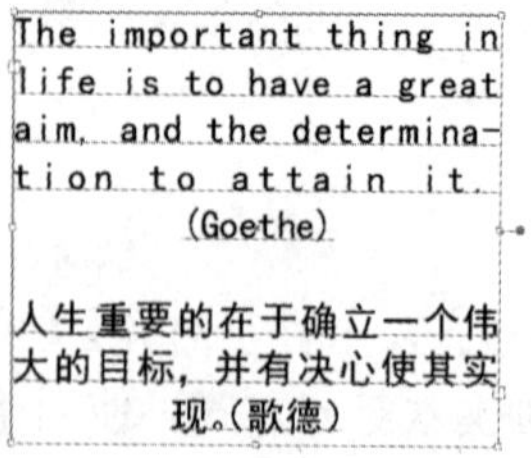

图9-65 两端对齐，末行居中对齐

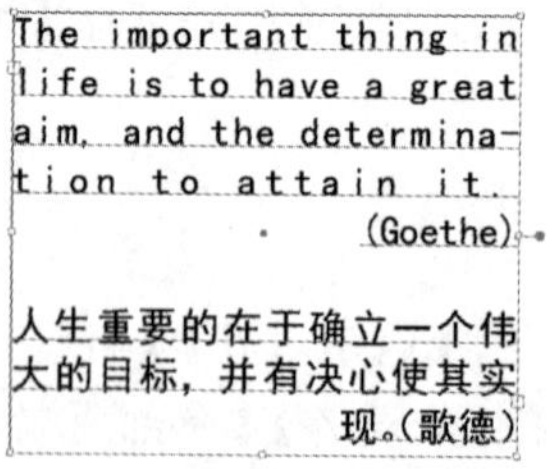

图9-66 两端对齐，末行右对齐

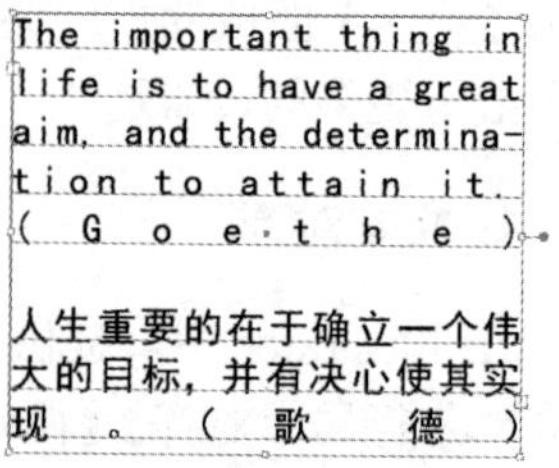

图9-67 全部两端对齐

2. 视觉边距对齐方式

利用【视觉边距对齐方式】命令可以控制是否将标点符号和某些字母的边缘悬挂在文本边距以外，以便使文字在视觉上呈现对齐状态。选中要对齐视觉边距的文本，选择【文字】|【视觉边距对齐方式】命令即可，效果如图9-68所示。

The important thing in life is to have a great aim, and the determination to attain it. (Goethe)

人生重要的在于确立一个伟大的目标，并有决心使其实现。（歌德）

The important thing in life is to have a great aim, and the determination to attain it. (Goethe)

人生重要的在于确立一个伟大的目标，并有决心使其实现。（歌德）

图 9-68 使用【视觉边距对齐方式】命令前后的效果对比

3. 段落缩进

在【段落】面板中，【首行缩进】可以控制每段文本首行按照指定的数值进行缩进，如图 9-69 所示。使用【左缩进】和【右缩进】可以调整整段文字边界到文本框的距离，如图 9-70 所示。

图 9-69 设置首行缩进   图 9-70 设置左缩进和右缩进

4. 段落间距

使用【段前间距】和【段后间距】可以设置段落文本之间的距离。这是排版中分隔段落的专业方法，如图 9-71 所示。

图 9-71 设置段落间距

【例 9-7】 制作杂志封面。 📹视频

(1) 选择【文件】|【新建】命令，新建一个 A4 纵向文档。选择【文件】|【置入】命令，在打开的【置入】对话框中选择所需的图像文件，单击【置入】按钮，置入背景图像，如图 9-72 所示。

(2) 使用【矩形】工具绘制与画板同等大小的矩形，然后使用【选择】工具选中置入的图像和绘制的矩形，右击，在弹出的快捷菜单中选择【建立剪切蒙版】命令，效果如图 9-73 所示。

图 9-72　置入图像

图 9-73　建立剪切蒙版

(3) 使用【文字】工具在画板顶部拖动创建文本框，在【字符】面板中设置字体系列为 Century Gothic，字体样式为 Bold，字体大小为 72pt，行距为 93pt；在【段落】面板中，单击【全部两端对齐】按钮，设置【左缩进】和【右缩进】均为 3pt；然后输入文字内容，如图 9-74 所示。

图 9-74　输入文字

(4) 使用【文字】工具选中第二行文字内容，在【字符】面板中设置字体大小为 118pt，在【颜色】面板中设置字体颜色为 C=0 M=0 Y=100 K=0，如图 9-75 所示。

图 9-75　调整文字

计算机基础与实训教材系列

(5) 使用【矩形】工具绘制正方形，使用【文字】工具在绘制的正方形中单击，在控制栏中设置【区域文字】选项为【居中】。在【字符】面板中设置字体系列为 Century Gothic，字体大小为 75pt，设置行距为 100pt。在【段落】面板中，单击【居中对齐】按钮。然后输入文字内容，如图 9-76 所示。

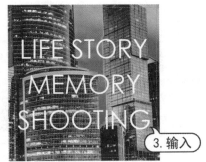

图 9-76 输入文字

(6) 使用【文字】工具选中第二行文字，设置字体大小为 50pt，如图 9-77 所示。

(7) 使用【直接选择】工具选中正方形，在【颜色】面板中设置描边色为白色，在【描边】面板中设置【粗细】为 4pt，如图 9-78 所示。

图 9-77 调整文字　　　　　　　　　　图 9-78 设置描边

(8) 使用【选择】工具选中步骤(5)创建的文字对象，按 Ctrl+C 键复制文字对象，按 Ctrl+B 键应用【贴在后面】命令，在【颜色】面板中设置填色和描边色为 C=0 M=0 Y=0 K=100；在【描边】面板中设置【粗细】为 4pt；在【透明度】面板中，设置混合模式为【叠加】；然后按键盘上的方向键移动文字对象位置，如图 9-79 所示。

图 9-79 复制并编辑文字对象

(9) 使用【矩形】工具绘制与画板同等大小的矩形，然后在【渐变】面板中将填色设置为 C=100

M=65 Y=0 K=0 至【不透明度】数值为 100%的白色,【角度】为 90°；在【透明度】面板中设置混合模式为【正片叠底】,如图 9-80 所示。

图 9-80　绘制矩形

　　(10) 使用【文字】工具在画板中单击,在控制栏中设置字体系列为【方正品尚黑简体】,字体大小为 24pt,在【段落】选项中单击【居中对齐】按钮；在【颜色】面板中设置字体颜色为 C=18 M=34 Y=65 K=0,然后输入文字内容。输入完成后,在控制栏中选择【对齐画板】选项,单击【水平居中对齐】按钮,如图 9-81 所示。

　　(11) 使用【矩形】工具在刚输入的文字下方绘制正方形,然后在控制栏中单击【水平居中对齐】按钮,完成效果如图 9-82 所示。

图 9-81　输入文字　　　　　　　　　　　　　图 9-82　完成效果

5. 避头尾法则设置

　　不能位于行首或行尾的字符被称为避头尾字符。在【段落】面板中,可以从【避头尾集】下拉列表中选择一个选项,指定中文或日文文本的换行方式,如图 9-83 所示。选择【无】选项,表示不使用避头尾法则；选择【严格】或【宽松】选项,可避免所选的字符位于行首或行尾；选择【避头尾设置】选项,可打开如图 9-84 所示的【避头尾法则设置】对话框设置避头尾字符。

　　使用文字工具选中需要设置避头尾法则的文字,然后从【段落】面板菜单中选择【避头尾法则类型】命令,在子菜单中设置合适的方式即可,如图 9-85 所示。

图 9-83　【避头尾集】下拉列表

计算机基础与实训教材系列

▽　先推入：将字符向上移到前一行，以防止禁止的字符出现在一行的结尾或开头。

▽　先推出：将字符向下移到下一行，以防止禁止的字符出现在一行的结尾或开头。

▽　只推出：不会尝试推入，而总是将字符向下移到下一行，以防止禁止的字符出现在一行的结尾或开头。

图 9-84　【避头尾法则设置】对话框　　　　　图 9-85　【避头尾法则类型】命令

6. 标点挤压设置

利用【标点挤压设置】命令可以设置亚洲字符、罗马字符、标点符号、特殊字符、行首、行尾和数字之间的距离，确定中文或日文的排版方式。在【段落】面板的【标点挤压集】下拉列表中选择一种预设挤压设置即可调整间距，如图 9-86(a)所示。

选择【文字】|【标点挤压设置】命令，或在【段落】面板的【标点挤压集】下拉列表中选择【标点挤压设置】选项，可以打开如图 9-86(b)所示的【标点挤压设置】对话框进行设置。

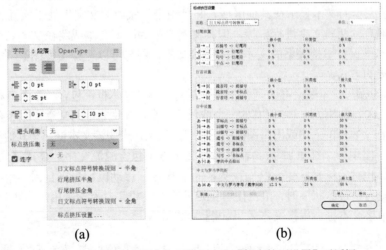

(a)　　　　　　　　　　　　　　　　(b)

图 9-86　【标点挤压集】下拉列表和【标点挤压设置】对话框

9.4.6　更改大小写

选择要更改大小写的字符或文本对象，选择【文字】|【更改大小写】命令，在弹出的子菜单中根据需要选择【大写】【小写】【词首大写】或【句首大写】命令即可。

▽ 【大写】：将所有字符更改为大写。

▽ 【小写】：将所有字符更改为小写。

▽ 【词首大写】：将每个单词的首字母大写。

▽ 【句首大写】：将每个句子的首字母大写。

9.4.7 更改文字方向

将要改变方向的文本对象选中，然后选择【文字】|【文字方向】|【横排】或【直排】命令，即可切换文字的排列方向，如图9-87所示。

图 9-87　更改文字的排列方向

9.5 应用串接文本

当创建区域文本或路径文本时，输入的文本信息超出区域或路径的容纳量时，可以通过文本串接，将未显示完全的文本显示在其他区域，并且两个区域内的文字仍处于相互关联的状态。另外，也可以将现有的两段文字进行串接，但其文本必须为区域文本或路径文本。

在多个文本框保持串接关系的文本称为串接文本，用户可以选择【视图】|【显示文本串接】命令来查看串接的方式。

串接文本可以跨页，但是不能在不同文档间进行。每个文本框都包含一个入口和一个出口。空的出口图标代表这个文本框是文章仅有的一个或最后一个，在文本框的文章末尾还有一个不可见的非打印字符#。在文本框的入口或出口图标中出现三角箭头，表明该文本框已和其他文本框串接。

出口图标中出现一个红色加号(+)表明当前文本框中包含溢流文字。使用【选择】工具单击文本框的出口，此时鼠标光标变为已加载文字的形状 。移动鼠标光标到需要串接的文本框上，此时鼠标光标变为链接形状 时，单击便可把这两个文本框串接起来。用户也可以直接在画板空白处单击创建串接文本框。串接文本效果如图9-88所示。

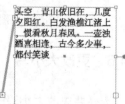

图 9-88　串接文本效果

要取消串接，可以单击文本框的出口或入口，然后串接到其他文本框。双击文本框出口也可以断开文本框之间的串接关系。

用户也可以在串接中删除文本框，使用【选择】工具选择要删除的文本框，按键盘上的 Delete 键即可删除文本框，其他文本框的串接不受影响。如果删除了串接文本中最后一个文本框，多余的文字将变为溢流文字。

【例 9-8】 制作演奏会节目单。 视频

(1) 选择【文件】|【打开】命令，打开所需的素材文件，如图 9-89 所示。

(2) 使用【文字】工具在画板中单击，在【字符】面板中设置字体系列为 Source Code Variable，字体样式为 Light，字体大小为 30pt，字符间距为 - 50，然后输入文字内容，如图 9-90 所示。

图 9-89　打开素材文件　　　　　　　　图 9-90　输入文字

(3) 继续使用【文字】工具在画板中拖动创建文本框，在【字符】面板中设置字体系列为 Source Code Variable，字体样式为 Medium，字体大小为 11pt，行间距为 12pt，字符间距为 - 50；在【段落】面板中单击【两端对齐，末行左对齐】按钮，设置【段后间距】为 8pt，然后添加文字内容，如图 9-91 所示。

图 9-91　输入文字

(4) 使用【选择】工具选中文本，再单击文本框出口，当光标变为 形状时，拖动绘制一个新文本框，如图 9-92 所示。

(5) 创建新文本框后，Illustrator 会自动把文本框添加到串接中并显示溢流文字的内容，如图 9-93 所示。

计算机基础与实训教材系列

图 9-92　绘制新文本框　　　　　　　　　　　　　图 9-93　创建串接文本

9.6　创建文本绕排

在 Illustrator 中，使用【文本绕排】命令，能够让文字按照要求围绕图形进行排列。此命令对于设计、排版非常有用。

使用【选择】工具选择要绕排的对象和文本，然后选择【对象】|【文本绕排】|【建立】命令，在弹出的对话框中单击【确定】按钮即可，效果如图 9-94 所示。绕排是由对象的堆叠顺序决定的。要在对象周围绕排文本，绕排对象必须与文本位于相同的图层中，并且在图层层次结构中位于文本的正上方。

图 9-94　建立文本绕排

> **提示**
>
> 如果图层中包含多个文字对象，则需要将不希望绕排于对象周围的文字对象转移到其他图层或绕排对象的上方。

用户可以将区域文本绕排在任何对象的周围，其中包括文字对象、导入的图像及在 Illustrator 中绘制的对象。如果绕排对象是嵌入的位图图像，Illustrator 则会在不透明或半透明的像素周围绕排文本，而忽略完全透明的像素。

用户还可以在绕排文本之前或之后设置绕排选项。选中绕排对象后，选择【对象】|【文本绕排】|【文本绕排选项】命令，在打开的如图 9-95 所示的【文本绕排选项】对话框中设置相应的参数，然后单击【确定】按钮即可。

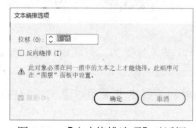

图 9-95　【文本绕排选项】对话框

> **提示**
>
> 反向绕排需要更多的调整才能协调、美观。因为在没有遇到绕排对象的时候，文字还是正常排列，遇到对象后则开始反向绕排，而溢出的文字又继续正常排列。如果行距调整得不合适，就会重叠对象，效果不好。

▽　【位移】选项：指定文本和绕排对象之间的间距大小。它可以是正值或负值。

▽　【反向绕排】选项：围绕对象反向绕排文本。

【例 9-9】　对段落文本和图形图像进行图文混排。　📹视频

(1) 选择【文件】|【打开】命令，打开图形文档。然后使用【选择】工具选中左侧的图形对象和正文文本，如图 9-96 所示。

(2) 选择【对象】|【文本绕排】|【建立】命令，在弹出的如图 9-97 所示的提示对话框中，单击【确定】按钮，即可建立文本绕排。

图 9-96　选中图形对象和正文文本　　　　图 9-97　提示对话框

(3) 选择【对象】|【文本绕排】|【文本绕排选项】命令，打开【文本绕排选项】对话框，在该对话框中设置【位移】为 30pt，单击【确定】按钮，即可修改文本围绕的距离，如图 9-98 所示。

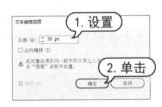

图 9-98　设置文本绕排

(4) 使用【选择】工具选中正文文本框，在控制栏中单击【段落】选项中的【居中对齐】按钮，如图 9-99 所示。

(5) 选择【圆角矩形】工具，在画板中拖动绘制圆角矩形，在【变换】面板中设置圆角半径为 2mm; 在【渐变】面板中设置填色为 R=251 G=237 B=33 至 R=246 G=146 B=30,【角度】为-90°，然后连续按 Ctrl+[键应用【后移一层】命令，效果如图 9-100 所示。

图 9-99　对齐段落　　　　　　　　图 9-100　绘制圆角矩形

(6) 使用【文字】工具选中第三行文字内容，在【字符】面板中设置字体系列为【方正品尚粗黑简体】，字体大小为 21pt，完成效果如图 9-101 所示。

图 9-101　完成效果

9.7　将文本转换为轮廓

使用【选择】工具选中文本后，选择【文字】|【创建轮廓】命令，或按 Shift+Ctrl+O 键即可将文字转换为轮廓。转换成轮廓后的文字不再具有文字属性，并且可以像编辑图形对象一样对其进行编辑处理。

【例 9-10】制作开学有礼广告。　📹视频

(1) 选择【文件】|【新建】命令，新建一个 A4 横向文档。选择【文件】|【置入】命令，在打开的【置入】对话框中选择所需的图像文件，单击【置入】按钮，置入背景图像文件，如图 9-102 所示。

图 9-102　置入图像

(2) 使用【文字】工具在画板中单击，在【字符】面板中设置字体系列为【方正粗圆简体】，字体大小为 135pt，字符间距为 50，然后输入文字内容，如图 9-103 所示。

图 9-103　输入文字

(3) 在上一步创建的文字上右击，在弹出的快捷菜单中选择【创建轮廓】命令，如图 9-104 所示，将文字转换为轮廓。

(4) 使用【直接选择】工具选中文字形状路径上的锚点，调整文字形状，如图 9-105 所示。

图 9-104　选择【创建轮廓】命令　　　　　图 9-105　调整文字形状

(5) 选择【自由变换】工具，在显示的浮动工具栏中选中【透视扭曲】按钮，然后调整文字形状透视效果，如图 9-106 所示。

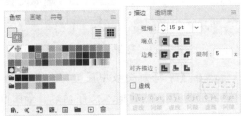

图 9-106　自由变换对象

(6) 保持文字形状的选中状态，在【色板】面板中单击【CMYK 黄】色板进行填充。然后按 Ctrl+C 键进行复制，再按 Ctrl+B 键应用【贴在后面】命令；接着在【色板】面板中单击 C=85 M=10 Y=100 K=10 色板进行描边色设置；并在【描边】面板中，设置【粗细】为 15pt，【限制】为 5x，如图 9-107 所示。

图 9-107　编辑对象

(7) 选择【效果】|【风格化】|【投影】命令，打开【投影】对话框。在该对话框中，设置【不透明度】数值为 65%，【X 位移】和【Y 位移】均为 2mm，【模糊】为 0mm，阴影颜色为 C=74 M=11 Y=88 K=0，然后单击【确定】按钮，如图 9-108 所示。

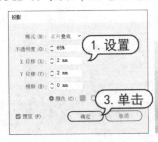

图 9-108　添加投影效果

(8) 使用【圆角矩形】工具在画板中单击，在弹出的【圆角矩形】对话框中，设置【宽度】为 38mm，【高度】为 12mm，【圆角半径】为 3mm，然后单击【确定】按钮，并在【颜色】面板中设置填充色为 C=0 M=80 Y=95 K=0，图 9-109 所示。

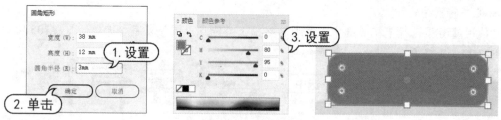

图 9-109　创建圆角矩形

(9) 使用【文字】工具在绘制的圆角矩形上单击，在【字符】面板中设置字体系列为【方正粗倩简体】，字体大小为 28pt，设置所选字符的字距调整数值为 75，在【颜色】面板中设置字体颜色为白色，然后输入文字内容，如图 9-110 所示。

(10) 使用【选择】工具选中步骤(8)至步骤(9)创建的对象，按 Shift+Ctrl+Alt 键移动并复制对象，然后连续按 Ctrl+D 键重复操作。接着使用【文字】工具分别选中复制的文字对象，并进行修改。使用【选择】工具分别选中复制的圆角矩形，在【颜色】面板中分别设置填充色为 C=90 M=0 Y=100 K=0、C=0 M=60 Y=100 K=0 和 C=100 M=0 Y=0 K=0，效果如图 9-111 所示。

图 9-110　输入文字

图 9-111　复制并编辑对象

(11) 使用【文字】工具在画板中拖动创建文本框，在【字符】面板中设置字体系列为【微软雅黑】，字体大小为 14pt，设置所选字符的字距调整数值为 20，然后输入文字内容，如图 9-112 所示。

(12) 使用【选择】工具选中步骤(2)至步骤(7)创建的对象，按 Ctrl+G 键进行编组。再选中步骤(8)至步骤(10)创建的对象，按 Ctrl+G 键进行编组。然后选中两组编组对象和步骤(11)输入的文本，在控制栏中选择【对齐画板】选项，并单击【水平居中对齐】按钮，完成效果如图 9-113 所示。

图 9-112　输入文字

图 9-113　完成效果

9.8　实例演练

本章的实例演练通过制作书法培训班广告，使用户更好地掌握本章所介绍的文本创建与编辑的基础操作知识及技巧。

【例 9-11】 制作书法培训班广告。 🎬 视频

(1) 选择【文件】|【新建】命令，新建一个 A4 空白文档。选择【文件】|【置入】命令，打开【置入】对话框，在该对话框中选择所需的图像文件，单击【置入】按钮。然后在画板左上角单击，置入图像，并调整图像大小。完成调整后，按 Ctrl+2 键锁定对象，如图 9-114 所示。

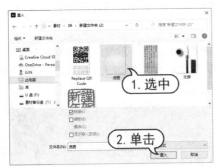
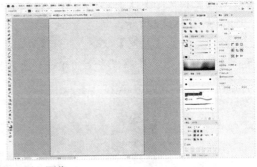

图 9-114　置入图像

(2) 选择【文件】|【置入】命令，打开【置入】对话框，在该对话框中选择所需的图像文件，单击【置入】按钮。然后在画板左上角单击，置入图像，并调整图像大小。在【透明度】面板中设置混合模式为【正片叠底】，【不透明度】数值为 40%。完成调整后，按 Ctrl+2 键锁定对象，如图 9-115 所示。

(3) 使用【直排文字】工具在画板中单击，在【颜色】面板中，设置字符填色为 C=78 M=73 Y=70 K=40；在【字符】面板中设置字体系列为【方正字迹-佛君包装简体】，字体大小为 188pt，字符间距为-75，然后输入文字内容。输入结束后，按 Ctrl+Enter 组合键结束操作，如图 9-116 所示。

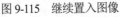
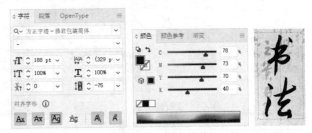

图 9-115　继续置入图像　　　　　　　　　图 9-116　输入文字

(4) 使用【文字】工具在画板中单击，在【字符】面板中设置字体为 Segoe UI Emoji，字体大小为 24pt，字符间距为 200，字体颜色为 C=37 M=78 Y=62 K=17，然后输入文字内容。输入结束后，在【变换】面板中设置【旋转】为 270°，如图 9-117 所示。

(5) 继续使用【直排文字】工具在画板中单击，在【字符】面板中设置字体为【黑体】，字体大小为 10pt，字体颜色为 C=72 M=65 Y=62 K=17，然后输入文字内容。输入结束后，按 Ctrl+Enter 键，如图 9-118 所示。

计算机基础与实训教材系列

图 9-117　输入文字　　　　　　　　　图 9-118　输入文字

(6) 使用【直排文字】工具选中刚输入的文字内容的第二排，并在【字符】面板中更改字体大小为 20pt，如图 9-119 所示。

(7) 选择【文件】|【置入】命令，打开【置入】对话框，在该对话框中选择所需的图像文件，单击【置入】按钮。然后在画板左上角单击，置入图像，并调整图像大小，如图 9-120 所示。

图 9-119　更改字体大小

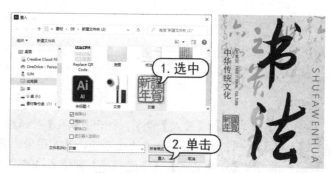

图 9-120　置入图像并调整大小

(8) 选择【文件】|【打开】命令，打开所需图像。按 Ctrl+A 键全选图像，按 Ctrl+C 键复制图像。然后选中步骤(1)创建的文档，按 Ctrl+V 键粘贴图像，并在【透明度】面板中设置混合模式为【正片叠底】，如图 9-121 所示。

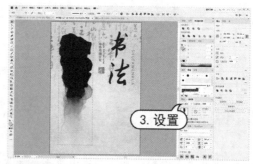

图 9-121　贴入图像

(9) 选择【文件】|【置入】命令，打开【置入】对话框，在该对话框中选择所需的图像文件，单击【置入】按钮。在画板中单击，置入图像，并调整图像大小。在【透明度】面板中，设置混合模式为【颜色加深】，【不透明度】数值为 60%。完成调整后，按 Ctrl+[键应用【后移一层】命令，如图 9-122 所示。

(10) 使用【选择】工具选中步骤(8)贴入的图像，按 Ctrl+C 键复制图像，按 Ctrl+F 键应用【贴在前面】命令，再按 Shift 键选中步骤(9)置入的图像，在【透明度】面板中单击【制作蒙版】按钮，效果如图 9-123 所示。

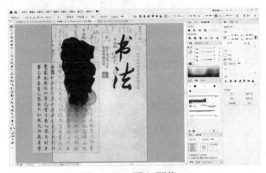

图 9-122　置入图像

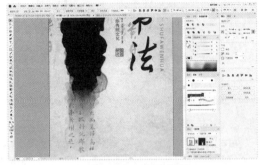

图 9-123　制作蒙版

(11) 选择【文件】|【置入】命令，打开【置入】对话框，在该对话框中选择所需的图像文件，单击【置入】按钮。然后在画板中单击，置入图像，并调整图像大小。完成调整后，按 Ctrl+2 键锁定对象，如图 9-124 所示。

(12) 使用【直排文字】工具在画板中拖动创建文本框，在【字符】面板中设置字体系列为【微软雅黑】，字体大小为 9pt，字符间距为 100，字体颜色为 C=78 M=73 Y=71 K=43，然后输入文字内容。输入结束后，按 Ctrl+Enter 键，如图 9-125 所示。

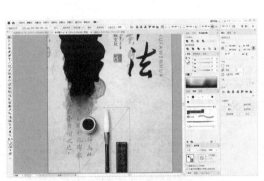

图 9-124　置入图像

图 9-125　输入文字

(13) 使用【直排文字】工具在画板中单击，在【字符】面板中设置字体系列为【方正行楷简体】，字体大小为 24pt，然后输入文字内容。输入结束后，按 Ctrl+Enter 键，如图 9-126 所示。

(14) 使用【直排文字】工具在画板中单击，在【字符】面板中设置字体为【方正行楷简体】，字体大小为 17pt，然后输入文字内容。输入结束后，按 Ctrl+Enter 键，如图 9-127 所示。

(15) 选择【文件】|【置入】命令，打开【置入】对话框，在该对话框中选择所需的图像文件，单击【置入】按钮。然后在画板左上角单击，置入图像，并调整图像大小，完成效果如图 9-128 所示。

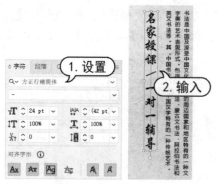

图 9-126　输入文字

图 9-127　输入文字

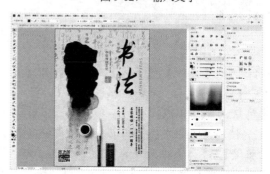

图 9-128　完成效果

9.9　习题

1. 新建一个文档并制作如图 9-129 所示的版式效果。
2. 使用文本工具创建并编辑文本，制作如图 9-130 所示的版式效果。

图 9-129　版式效果(1)

图 9-130　版式效果(2)

第10章

制作图表

为了获得更加精确、直观的效果，我们经常运用图表的方式对各种数据进行统计和比较。在 Illustrator 中，可以根据提供的数据生成如柱形图、条形图、折线图、面积图、饼图等类型的数据图表。这些图表在各种说明类的设计中具有非常重要的作用。除此之外，Illustrator 还允许用户改变图表的外观，从而使图表具有更丰富的视觉效果。本章将详细介绍图表的创建与图表外观编辑的相关操作。

➡ 本章重点

- ◉ 创建图表
- ◉ 改变图表的表现形式
- ◉ 设计图表

➡ 二维码教学视频

【例 10-1】 创建图表　　　　　【例 10-4】 编辑图表外观效果
【例 10-2】 自定义图表效果　　　【例 10-5】 制作带图表的画册内页
【例 10-3】 组合图表类型　　　　【例 10-6】 制作运动健身 App 界面

10.1 图表类型

图表是由数值轴和导入的数据组成的。Illustrator 中提供了【柱形图】工具、【堆积柱形图】工具、【条形图】工具、【堆积条形图】工具、【折线图】工具、【面积图】工具、【散点图】工具、【饼图】工具和【雷达图】工具9 种图表类型创建工具，如图 10-1 所示。使用这些图表工具可以创建不同类型的图表。

使用【柱形图】工具可以创建如图 10-2 所示的柱形图图表。柱形图图表是默认的图表类型。这种类型的图表是通过柱形长度与数据数值成比例的垂直矩形，表示一组或多组数据之间的相互关系。柱形图图表可以将数据表中的每一行数据放在一起，供用户进行比较。该类型的图表可以将事物随时间的变化趋势直观地表现出来。

图 10-1　图表工具

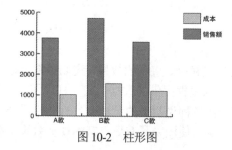

图 10-2　柱形图

使用【堆积柱形图】工具可以创建如图 10-3 所示的堆积柱形图图表。堆积柱形图图表与柱形图图表相似，只是在表达数据信息的形式上有所不同。柱形图图表用于每一类项目中单个分项目数据的数值比较，而堆积柱形图图表则用于比较每一类项目中的所有分项目数据。从图形的表现形式上看，堆积柱形图图表是将同类中的多组数据，以堆积的方式形成垂直矩形以进行类别之间的比较。

使用【条形图】工具可以创建如图 10-4 所示的条形图图表。条形图图表与柱形图图表类似，都是通过条形长度与数据值成比例的矩形，表示一组或多组数据之间的相互关系。它们的不同之处在于，柱形图图表中的数据值形成的矩形是垂直方向的，而条形图图表中的数据值形成的矩形是水平方向的。

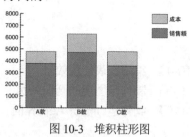

图 10-3　堆积柱形图

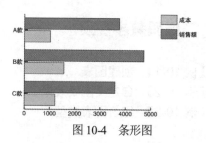

图 10-4　条形图

使用【堆积条形图】工具可以创建如图 10-5 所示的堆积条形图图表。堆积条形图图表与堆积柱形图图表类似，都是将同类中的多组数据，以堆积的方式形成矩形以进行类别之间的比较。它们的不同之处在于，堆积柱形图图表中的矩形是垂直方向的，而堆积条形图图表中的矩形是水平方向的。

使用【折线图】工具可以创建如图 10-6 所示的折线图图表。折线图图表能够表现数据随时间变化的趋势，以帮助用户更好地把握事物发展的进程、分析变化趋势和辨别数据变化的特性和规律。该类型的图表将同项目中的数据以点的方式在图表中表示，再通过线段将其连接。通过折线图，不仅能够纵向比较图表中各个横向的数据，而且可以横向比较图表中的纵向数据。

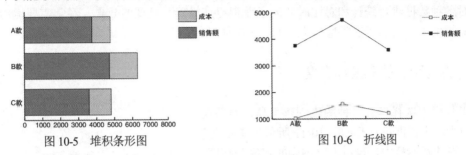

图 10-5　堆积条形图　　　　　　　　　　　　图 10-6　折线图

使用【面积图】工具可以创建如图 10-7 所示的面积图图表。面积图图表表示的数据关系与折线图相似，但相比之下折线图比面积图更强调整体在数值上的变化。面积图图表通过点表示一组或多组数据，并以线段连接不同组的数值点形成面积区域。

使用【散点图】工具可以创建如图 10-8 所示的散点图图表。散点图图表是比较特殊的数据图表，它主要用于数学上的数理统计、科技数据的数值比较等方面。该类型图表的 X 轴和 Y 轴都是数值坐标轴，在两组数据的交汇处形成坐标点。每一个数据的坐标点都是通过 X 坐标和 Y 坐标定位的，各个坐标点之间用线段相互连接。用户通过散点图能够分析出数据的变化趋势，而且可以直接查看 X 和 Y 坐标轴之间的相对性。

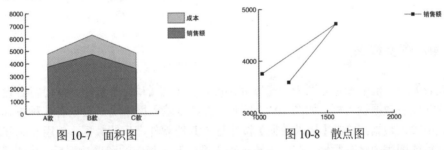

图 10-7　面积图　　　　　　　　　　　　图 10-8　散点图

使用【饼图】工具可以创建如图 10-9 所示的饼图图表。饼图图表将数据的数值总和作为一个圆饼，其中各组数据所占的比例通过不同的颜色表示。该类型图表非常适合于显示同类项目中不同分项目的数据所占的比例，能够很直观地显示一个整体中各个分项目所占的数值比例。

使用【雷达图】工具可以创建如图 10-10 所示的雷达图图表。雷达图图表是一种以环形方式进行各组数据比较的图表。这种比较特殊的图表，能够将一组数据以其数值多少在刻度尺上标注成数值点，然后通过线段将各个数值点连接，这样用户可以通过所形成的各组不同的线段图形，判断数据的变化。

图 10-9　饼图　　　　　　　　　　　　图 10-10　雷达图

10.2 创建图表

在对各种数据进行统计和对比时，为了获得更加精确、直观的效果，经常需要运用图表。Illustrator 提供了丰富的图表类型和强大的图表编辑功能。

10.2.1 设定图表的宽度和高度

在工具栏中选择任意一种图表创建工具，然后在绘图窗口中单击，即可打开如图 10-11 所示的【图表】对话框。在此对话框中，可以设置图表的宽度和高度，然后单击【确定】按钮。

图 10-11　【图表】对话框

> **提示**
>
> 在工具箱中选择任意一种图表创建工具后，在绘图窗口中需要绘制图表处按住鼠标左键并拖动，拖动的矩形框大小即为所创建的图表的大小。在拖动创建图表的过程中，按住 Shift 键拖动出的矩形框为正方形，即创建的图表长度与宽度相等。按住 Alt 键，将从单击点向外扩张，单击点即为图表的中心。

10.2.2 输入图表数据

在【图表】对话框中设定完图表的宽度和高度后，单击【确定】按钮，弹出符合设计形状和大小的图表和图表数据输入框，如图 10-12 所示。在数据输入框中输入数据有 3 种方式：直接在数据输入栏中输入数据；单击【导入数据】按钮导入其他软件产生的数据；使用复制和粘贴的方式从其他文件或图表中粘贴数据。在图表数据输入框中输入相应的图表数据后，单击【应用】按钮✔即可创建数据图表。

在图表数据输入框中，第一排除了数据输入栏之外，还有几个按钮，从左至右分别如下。

▽ 【导入数据】按钮🖥：用于导入其他软件生成的数据。

▽ 【换位行/列】按钮🖳：用于转换横向和纵向数据。

图 10-12　图表和【图表数据】输入框

▽ 【切换 X/Y】按钮🖳：用于切换 X 轴和 Y 轴的位置。

▽　【单元格样式】按钮 ：用于调整单元格大小和小数点位数。单击该按钮，可打开如图
　　10-13 所示的【单元格样式】对话框，该对话框中的【小数位数】用于设置小数点的位数，
　　【列宽度】用于设置数据输入框中的栏宽。

【恢复】按钮 ↺：用于使数据输入框中的数据恢复到初始状态。

【应用】按钮 ✔：单击该按钮，或按 Enter 键，可以重新生成图表。

图 10-13　【单元格样式】对话框

> **提示**
>
> 图表制作完成后，若想修改其中的数据，首先要使用【选择】工具选中图表，然后选择【对象】|【图表】|【数据】命令，打开图表数据输入框。在此输入框中修改要改变的数据，然后单击【应用】按钮 ✔ 关闭输入框，完成数据的修改。

【例 10-1】 使用图表工具创建图表。 🎬 视频

(1) 在 Illustrator 中，选择【柱形图】工具，然后在绘图窗口中单击，弹出【图表】对话框。在该对话框中，设置【宽度】为 100mm，【高度】为 70mm，单击【确定】按钮创建图表，如图 10-14 所示。

(2) 确定图表宽度和高度后，弹出图表数据输入框，在框中输入相应的图表数据，如图 10-15 所示。

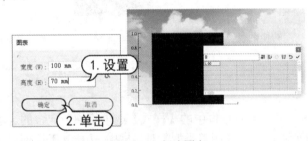

图 10-14　创建图表

图 10-15　输入数据

(3) 在图表数据输入框中，选中数据部分，然后单击【单元格样式】按钮。在打开的【单元格样式】对话框中，设置【小数位数】为 0 位，然后单击【确定】按钮，如图 10-16 所示。

(4) 单击数据输入框中的【应用】按钮 ✔，然后单击 ✖ 按钮关闭图表数据输入框，即可创建如图 10-17 所示的图表。

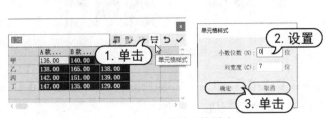

图 10-16　设置单元格样式

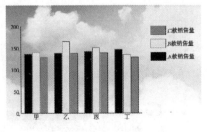

图 10-17　应用图表设置

10.3 改变图表的表现形式

用户选中图表后，可以在工具栏中双击图表工具，或选择【对象】|【图表】|【类型】命令，打开【图表类型】对话框。在【图表类型】对话框中可以改变图表类型、坐标轴的外观和位置，添加投影、移动图例、组合显示不同的图表类型等。

10.3.1 转换图表类型

创建完成的图表对象可以在已有的图表类型之间轻松切换。选择已经创建完成的图表，选择【对象】|【图表】|【类型】命令，或者双击工具栏中的图表工具按钮，在弹出的【图表类型】对话框的【类型】选项组中单击所需的图表按钮，单击【确定】按钮，即可转换为所选图表的类型，如图 10-18 所示。

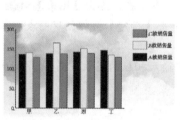  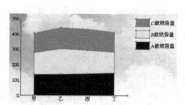

图 10-18 转换图表类型

10.3.2 常规图表选项

在文档中选择不同的图表类型时，【图表类型】对话框中的【样式】选项组中所包含的选项是一样的，【选项】选项组中包含的选项有所不同。在【图表类型】对话框中，【样式】选项组用来改变图表的表现形式，如图 10-19 所示。

▽ 【添加投影】：用于给图表添加投影。选中此复选框后，绘制的图表中有阴影出现，如图 10-20 所示。

 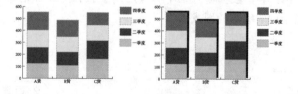

图 10-19 【样式】选项组　　　　图 10-20 添加投影

▽ 【在顶部添加图例】复选框：选中该复选框后，把图例添加在图表上边，如图 10-21 所示。如果不选中该复选框，图例将位于图表的右边。

 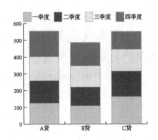

图 10-21 在顶部添加图例

▽ 【第一行在前】和【第一列在前】复选框：可以更改柱形、条形和线段重叠的方式，这
两个选项一般和下面的【选项】选项组中的选项结合使用。

在【图表类型】对话框的【选项】选项组中包含的选项各不相同。只有面积图图表没有附加
选项可供选择。当选择的图表类型为柱形图和堆积柱形图时，【选项】选项组中包含的内容一致，
如图 10-22 所示。

▽ 【列宽】选项：该选项用于定义图表中矩形条的宽度。

▽ 【簇宽度】选项：该选项用于定义一组中所有矩形条的总宽度。所谓【簇】，就是指与
图表数据输入框中一行数据相对应的一组矩形条。

当选择的图表类型为条形图与堆积条形图时，【选项】选项组中包含的内容一致，如图 10-23 所示。

▽ 【条形宽度】选项：该选项用于定义图表中矩形横条的宽度。

▽ 【簇宽度】选项：该选项用于定义一组中所有矩形横条的总宽度。

当选择的图表类型为折线图、雷达图与散点图时，【选项】选项组中包含的内容基本一致，
如图 10-24 所示。

▽ 【标记数据点】复选框：选择此复选框后，将在每个数据点处绘制一个标记点。

▽ 【连接数据点】复选框：选择此复选框后，将在数据点之间绘制一条折线，以便更直观
地显示数据。

▽ 【线段边到边跨 X 轴】复选框：选择此复选框后，连接数据点的折线将贯穿水平坐标轴。

▽ 【绘制填充线】复选框：选择此复选框后，将会用不同颜色的闭合路径代替图表中的折
线。

当选择的图表类型为饼图时，【选项】选项组中包含的内容如图 10-25 所示。

▽ 【图例】选项：此选项决定图例在图表中的位置，其右侧的下拉列表中包含【无图例】
【标准图例】和【楔形图例】3 个选项。选择【无图例】选项时，图例在图表中将被省
略；选择【标准图例】选项时，图例将被放置在图表的外围；选择【楔形图例】选项时，
图例将被插入图表中的相应位置。

▽ 【位置】选项：此选项用于决定图表的大小，其右侧的下拉列表中包括【比例】【相等】
【堆积】3 个选项。选择【比例】选项时，将按照比例显示图表的大小；选择【相等】
选项时，将按照相同的大小显示图表；选择【堆积】选项时，将按照比例把每个饼形图
表堆积在一起显示。

▽ 【排序】选项：此选项决定了图表元素的排列顺序，其右侧的下拉列表中包括【全部】【第一个】和【无】3 个选项。选择【全部】选项时，图表元素将被按照从大到小的顺序顺时针排列；选择【第一个】选项时，会将最大的图表元素放置在顺时针方向的第一位，其他的图表元素按输入的顺序顺时针排列；选择【无】选项时，所有的图表元素按照输入顺序顺时针排列。

图 10-22　柱形图与堆积柱形图图表选项

图 10-23　条形图与堆积条形图图表选项

图 10-24　折线图图表选项

图 10-25　饼图图表选项

10.3.3　定义坐标轴

在【图表类型】对话框中，不仅可以指定数值坐标轴的位置，还可以重新设置数值坐标轴的刻度标记及标签选项等。单击打开【图表类型】对话框左上角的 图表选项 ∨ 下拉列表，即可选择【数值轴】选项，显示相应的选项对图表进行设置，如图 10-26 所示。

▽ 【刻度值】：用于定义数值坐标轴的刻度值，软件在默认状态下不选中【忽略计算出的值】复选框。此时软件根据输入的数值自动计算数值坐标轴的刻度。如果选中此复选框，则下面 3 个选项变为可选项，此时即可输入数值设定数值坐标轴的刻度。其中【最小值】表示原点数值；【最大值】表示数值坐标轴上最大的刻度值；【刻度】表示在最大和最小的数值之间分成几部分。

▽ 【刻度线】：用于设置刻度线的长度。在【长度】下拉列表中有 3 个选项，【无】表示没有刻度线；【短】表示有短刻度线；【全部】表示刻度线的长度贯穿图表。【绘制】文本框用来设置在相邻两个刻度之间刻度标记的条数。

▽ 【添加标签】：可以为数值轴上的数据加上前缀或者后缀。

【类别轴】选项在一些图表类型中并不存在，【类别轴】选项包含的选项内容也很简单，如图 10-27 所示。一般情况下，柱形、堆积柱形及条形等图表由数值轴和名称轴组成坐标轴，而散点图表则由两个数值轴组成坐标轴。在【刻度线】选项组中可以控制类别刻度标记的长度。【绘制】选项右侧文本框中的数值用于决定在两个相邻类别刻度之间刻度标记的条数。

图 10-26　【数值轴】选项　　　　　　图 10-27　【类别轴】选项

【例 10-2】自定义图表效果。　视频

(1) 选择工具栏中的【面积图】工具，在文档中创建图表，如图 10-28 所示。

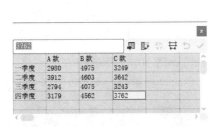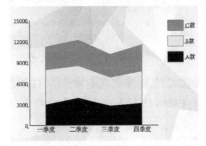

图 10-28　创建图表

(2) 双击工具栏中的图表工具，打开【图表类型】对话框。在该对话框中，选中【在顶部添加图例】复选框，如图 10-29 所示。

(3) 在【图表类型】对话框左上角设置选项的下拉列表中选择【数值轴】选项，显示相应的选项，如图 10-30 所示。

图 10-29　【图表类型】对话框　　　　　图 10-30　选择【数值轴】选项

(4) 在【刻度线】选项组中设置【长度】为【全宽】。在【添加标签】选项组中为数值坐标轴上的数值添加前缀和后缀。此处在【前缀】文本框中输入"外销"，在【后缀】文本框中输入

"万件",然后单击【确定】按钮,如图 10-31 所示。

 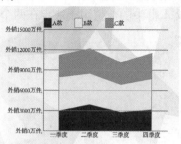

图 10-31　设置数值轴

10.3.4　组合图表类型

　　用户还可以在一个图表中组合显示不同的图表类型。例如,可以让一组数据显示为柱形图,而其他数据组显示为折线图。除了散点图之外,可以将任何类型的图表与其他图表组合。散点图不能与其他类型图表组合。

　　在【图表类型】对话框中,单击所需图表类型相对应的按钮,然后单击【确定】按钮即可变更图表类型。

【例 10-3】组合图表类型。　视频

　　(1) 选择【文件】|【打开】命令,打开图表文件,如图 10-32 所示。
　　(2) 使用【编组选择】工具,选择要更改图表类型的数据图例,如图 10-33 所示。

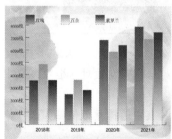 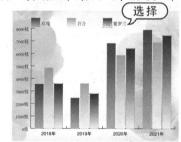

图 10-32　打开图表文件　　　　　　　图 10-33　选择数据图例

　　(3) 选择【对象】|【图表】|【类型】命令,或者双击工具栏中的图表工具,打开【图表类型】对话框。在该对话框中,单击【面积图】按钮,然后单击【确定】按钮,如图 10-34 所示。

 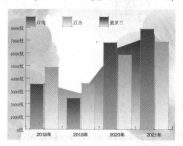

图 10-34　更改图表类型

10.4　设计图表

图表制作完成后自动处于选中状态，并且自动进行编组。这时如果要改变图表的单个元素，可以使用【编组选择】工具选择图表的一部分。用户也可以定义图表图案，使图表的显示更为生动；还可以对图表取消编组，但取消编组后的图表不能再更改图表类型。

10.4.1　改变图表中的部分显示效果

图表的标签和图例生成的文本，在 Illustrator 中使用默认的字体和大小。这时，如果想改变图表中的单个元素，用户可以使用【编组选择】工具轻松地选择、更改文字格式，还可以直接更改图表中图例的外观效果。

【例 10-4】编辑图表外观效果。　视频

(1) 选择【文件】|【打开】命令，打开图表文件，如图 10-35 所示。

(2) 使用【编组选择】工具双击图表中的某一图例，选中其相关数据列，在【颜色】面板中，设置描边色为无，填色为 C=8 M=82 Y=92 K=0，如图 10-36 所示。

图 10-35　打开图表文件

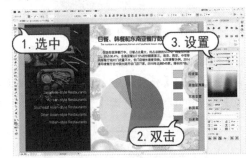

图 10-36　更改数据列颜色(1)

(3) 使用与步骤(2)相同的操作方法分别更改其他数据图例列的填色为 C=12 M=10 Y=85 K=0、C=49 M=6 Y=95 K=0、C=73 M=6 Y=55 K=0 和 C=58 M=9 Y=5 K=0，如图 10-37 所示。

(4) 使用【编组选择】工具单击一次以选择要更改文字的基线；再单击以选择同组数据文字。在控制栏中，更改字体大小为 13pt，在【段落】面板中设置【首行左缩进】为 0pt，在【颜色】面板中设置字体填色为 C=35 M=100 Y=60 K=0，如图 10-38 所示。

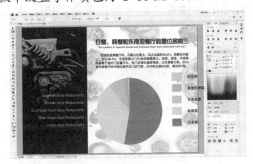

图 10-37　更改数据列颜色(2)

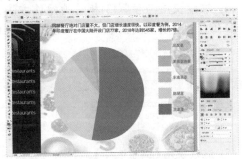

图 10-38　编辑数据文字

计算机基础与实训教材系列

253

10.4.2 使用图案表现图表

在 Illustrator 中，不仅可以给图表应用单色填充和渐变填充，还可以使用图案图形来创建图表效果。用户还可以对图表取消编组，对图表中的元素进行个性化设置，但取消编组后的图表不能再更改图表类型。

【例 10-5】 制作带图表的画册内页。 🎬 视频

(1) 选择【文件】|【打开】命令，打开所需的素材文件，如图 10-39 所示。

(2) 选择【编组选择】工具，框选页面左侧图表上方的图例对象，调整图例的排列方式，如图 10-40 所示。

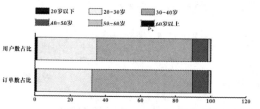

图 10-39　打开素材文件　　　图 10-40　调整图例的排列方式

(3) 继续使用【编组选择】工具框选堆积条形图中的图表数据列，右击，在弹出的快捷菜单中选择【变换】|【移动】命令，打开【移动】对话框。在该对话框中，设置【水平】为 1mm，【垂直】为 0mm，然后单击【确定】按钮，如图 10-41 所示。

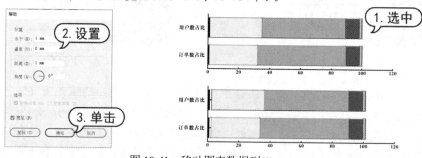

图 10-41　移动图表数据列(1)

(4) 继续使用与步骤(3)相同的操作方法，分别选中堆积条形图中的图表数据列，然后按 Ctrl+D 键应用【再次变换】命令，效果如图 10-42 所示。

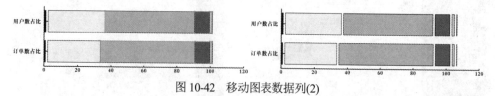

图 10-42　移动图表数据列(2)

(5) 继续使用【编组选择】工具双击一个图例对象，在【颜色】面板中设置填色为 C=52 M=100 Y=100 K=38，如图 10-43 所示。

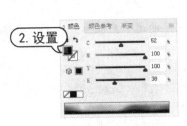 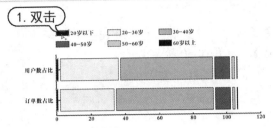

图 10-43　更改数据列颜色(1)

(6) 使用与步骤(5)相同的操作方法，分别设置堆积条形图中的图表数据的填色为 C=7 M=23 Y=56 K=0、C=8 M=30 Y=67 K=0、C=27 M=70 Y=84 K=0、C=38 M=87 Y=98 K=3、C=55 M=64 Y=74 K=11，效果如图 10-44 所示。

(7) 使用【选择】工具选中编辑后的图表，按住 Shift+Ctrl+Alt 键移动并复制图表，然后使用【文字】工具更改年份，如图 10-45 所示。

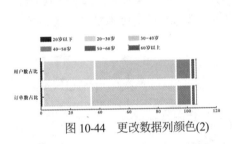 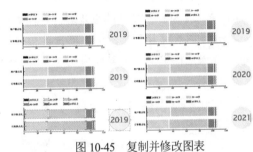

图 10-44　更改数据列颜色(2)　　　　　图 10-45　复制并修改图表

(8) 打开 Word，从中选中所需的表格，按 Ctrl+C 键复制表格内容，如图 10-46 所示。

(9) 返回步骤(1)打开的文档，选中第二个图表，选择【对象】|【图表】|【数据】命令，打开数据输入框，按 Ctrl+V 键粘贴复制的表格内容，单击【应用】按钮✓，然后使用【编组选择】工具调整图例文字位置，如图 10-47 所示。

 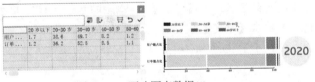

图 10-46　复制表格内容　　　　　图 10-47　更改图表数据(1)

(10) 使用与步骤(8)至步骤(9)相同的操作方法，修改第三个堆积条形图数据，如图 10-48 所示。

(11) 使用【矩形】工具绘制一个矩形，在【颜色】面板中设置填色为 C=4 M=55 Y=84 K=0，如图 10-49 所示。

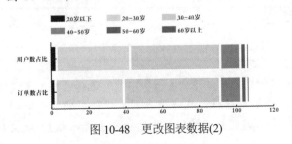 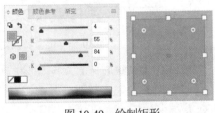

图 10-48　更改图表数据(2)　　　　　图 10-49　绘制矩形

(12) 按 Ctrl+C 键复制刚绘制的矩形，按 Ctrl+F 键应用【贴在前面】命令并调整其大小。然

计算机基础与实训教材系列

后在【颜色】面板中，设置填色为 C=0 M=30 Y=67 K=0；在【透明度】面板中，设置混合模式为【正片叠底】，如图 10-50 所示。

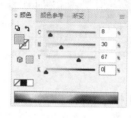

图 10-50　复制并调整图形(1)

(13) 选中步骤(11)至步骤(12)创建的对象，按 Ctrl+G 键编组。然后按 Ctrl+Alt 键移动并复制编组后的对象。再使用【直接选择】工具选中复制得到的对象，在【颜色】面板中，设置填色为 C=68 M=16 Y=84 K=0，如图 10-51 所示。

(14) 使用【选择】工具选中步骤(13)创建的编组图形，然后选择【对象】|【图表】|【设计】命令，打开【图表设计】对话框，单击【新建设计】按钮，在上面的空白框中出现【新建设计】的文字，在预览框中出现了图形预览，如图 10-52 所示。

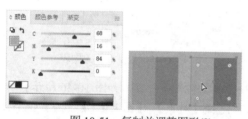

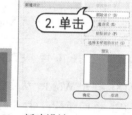

图 10-51　复制并调整图形(2)　　　　　　　　　图 10-52　新建设计

(15) 在【图表设计】对话框中单击【重命名】按钮，打开【图表设计】对话框，可以重新定义图案的名称。在【名称】文本框中输入"女"，单击【确定】按钮关闭【图表设计】对话框，然后再单击【确定】按钮关闭【图表设计】对话框，如图 10-53 所示。

(16) 使用与步骤(14)至步骤(15)相同的操作方法添加另一设计，如图 10-54 所示。

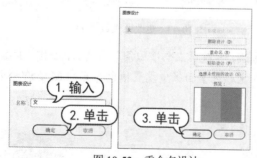

图 10-53　重命名设计　　　　　　　　　　　图 10-54　添加另一设计

(17) 选择【编组选择】工具，选中画板中右侧图表中的【女】图例对象，选择【对象】|【图表】|【柱形图】命令，将打开柱形图的【图表列】对话框。在【图表列】对话框的【选取列设计】列表框中选择对应的"女"图例名称，在【列类型】下拉列表中选择【垂直缩放】，就会得到如图 10-55 所示的图表。

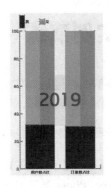

图 10-55 添加图形(1)

(18) 使用与步骤(17)相同的操作方法，为图表添加另一图形设计，如图 10-56 所示。

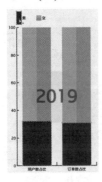

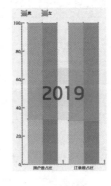

图 10-56 添加图形(2)

提示

在【列类型】下拉列表中，【垂直缩放】这种方式的图表是根据数据的大小对图表的自定义图案进行垂直方向的放大和缩小，而水平方向保持不变得到的。【一致缩放】这种方式的图表是根据数据的大小对图表的自定义图案进行按比例放大和缩小所得到的。选中【重复堆叠】选项，下面的两个选项被激活。【每个设计表示....个单位】中的数值表示每一个图案代表数值轴上多少个单位。【对于分数】有两个选项，【截断设计】表示截取图案的一部分来表示数值的小数部分，【缩放设计】表示对图案进行比例缩放来表示小数部分。

(19) 使用与步骤(7)至步骤(10)相同的操作方法，移动并复制上一步编辑后的表格。然后更改表格数据，如图 10-57 所示。

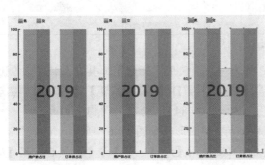
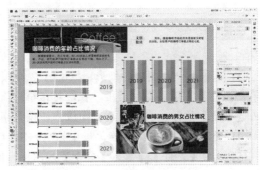

图 10-57 复制并编辑图表

计算机基础与实训教材系列

10.5 实例演练

本章的实例演练通过制作运动健身 App 界面，使用户更好地掌握本章所介绍的图表的创建、编辑的基本操作方法和技巧，以及自定义图表外观的操作方法。

☞【例 10-6】 制作运动健身 App 界面。 🎬视频

(1) 选择【文件】|【新建】命令，打开【新建文档】对话框。在该对话框中，选中【移动设备】选项卡中的 iPhone X 选项，在【画板数量】数值框中输入 3，在【光栅效果】下拉列表中选择【高(300ppi)】；单击【更多设置】按钮，在弹出的【更多设置】对话框中单击【按行排列】按钮，然后单击【创建文档】按钮，如图 10-58 所示。

图 10-58 新建文档

(2) 使用【矩形】工具在画板 1 中绘制与画板同等大小的矩形，并在【颜色】面板中设置描边色为无，填色为 R=246 G=250 B=247。然后按 Ctrl+C 键复制刚绘制的矩形，再分别选中画板 2 和画板 3，按 Ctrl+F 键应用【贴在前面】命令，如图 10-59 所示。

图 10-59 绘制并复制矩形

(3) 选中上一步创建的矩形，按 Ctrl+2 键锁定所选对象。使用【矩形】工具在画板 1 左侧边缘单击，打开【矩形】对话框，在该对话框中设置【宽度】为 1125px，【高度】为 306px，然后单击【确定】按钮。在【颜色】面板中，设置填色为 R=88 G=84 B=223，如图 10-60 所示。

(4) 使用【椭圆】工具在画板中按 Alt+Shift 键拖动绘制圆形，如图 10-61 所示。

(5) 选择【文件】|【置入】命令置入图像，按 Ctrl+[键应用【后移一层】命令，然后使用【选择】工具选中置入的图像和步骤(4)绘制的圆形，右击，在弹出的快捷菜单中选择【建立剪切蒙版】命令，效果如图 10-62 所示。

计算机基础与实训教材系列

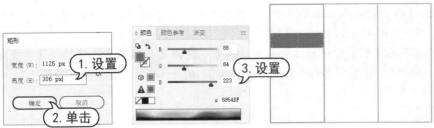

图 10-60　绘制矩形

图 10-61　绘制圆形

图 10-62　建立剪切蒙版

(6) 使用【文字】工具在画板中单击，在控制栏中设置字符颜色为白色，设置字体系列为 Arial，字体样式为 Narrow Bold，字体大小为 100pt，单击【居中对齐】按钮，然后输入文字内容，如图 10-63 所示。

(7) 使用【堆积柱形图】工具在画板中单击，打开【图表】对话框。在该对话框中，设置【宽度】为 940px，【高度】为 1145px，单击【确定】按钮，如图 10-64 所示。

图 10-63　输入文字

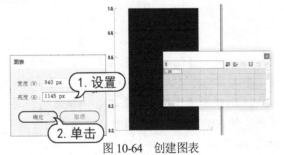

图 10-64　创建图表

(8) 打开 Word，从中选中所需的表格，按 Ctrl+C 键复制表格。在图表数据输入框中，按 Ctrl+V 键贴入相应的图表数据，单击【应用】按钮，效果如图 10-65 所示。

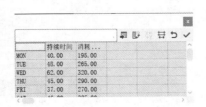
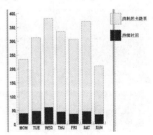

图 10-65　添加数据

(9) 双击【堆积柱形图】工具，打开【图表类型】对话框。在该对话框中选中【在顶部添加图例】复选框，如图 10-66 所示。

(10) 在【图表类型】对话框顶部的下拉列表中选择【数值轴】选项，在【刻度线】选项组的【长度】下拉列表中选择【全宽】选项，如图 10-67 所示。

图 10-66　【图表类型】对话框

图 10-67　设置数值轴

(11) 在【图表类型】对话框顶部的下拉列表中选择【类别轴】选项，在【刻度线】选项组的【长度】下拉列表中选择【全宽】选项，然后单击【确定】按钮，如图 10-68 所示。

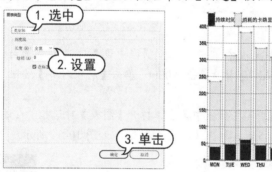
图 10-68　设置类别轴

(12) 使用【编组选择】工具分别选中图例文字、数值轴文字和类别轴文字，在控制栏中，设置字体系列为【方正兰亭超细黑简体】，字体大小为 35pt，如图 10-69 所示。

(13) 使用【直接选择】工具调整图例外观，接着使用【编组选择】工具双击"持续时间"图例，将该组数据选中，然后在【颜色】面板中，设置描边色为无，填色为 R=90 G=84 B=225，如图 10-70 所示。

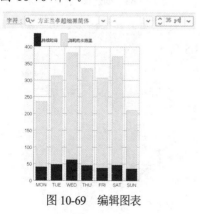
图 10-69　编辑图表

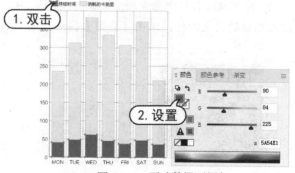
图 10-70　更改数据列颜色

(14) 继续使用【编组选择】工具双击"消耗的卡路里"图例，将该组数据选中，然后在【颜色】面板中，设置描边色为无，填色为 R=255 G=131 B=0，如图 10-71 所示。

(15) 使用【选择】工具选中步骤(3)绘制的矩形，按 Ctrl+C 键复制矩形，再选中画板 2，按 Ctrl+F 键应用【贴在前面】命令，效果如图 10-72 所示。

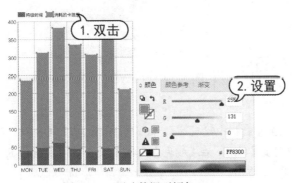

图 10-71　更改数据列颜色

图 10-72　复制、粘贴矩形

(16) 使用【文字】工具在画板中单击，在控制栏中设置字体颜色为白色，字体系列为 Arial，字体样式为 Narrow Bold，字体大小为 45pt，单击【居中对齐】按钮，然后输入文字内容，如图 10-73 所示。

(17) 继续使用【文字】工具在画板中单击，在控制栏中设置字体颜色为白色，字体系列为【方正兰亭粗黑简体】，字体大小为 150pt，单击【居中对齐】按钮，然后输入文字内容，如图 10-74 所示。

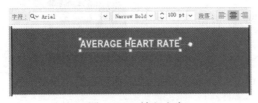

图 10-73　输入文字

图 10-74　输入文字

(18) 使用【文字】工具选中"bpm"，在【字符】面板中单击面板菜单按钮，在弹出的菜单中选择【上标】命令，如图 10-75 所示。

(19) 使用【椭圆】工具在画板中单击，按 Alt+Shift 键拖动绘制圆形，并在控制栏中设置填色为无，【描边】为 0.75pt，如图 10-76 所示。

图 10-75　将文字设置为上标

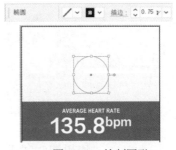

图 10-76　绘制圆形

(20) 选择【文件】|【置入】命令，在打开的【置入】对话框中选择所需的图像文件，单击

【置入】按钮。在上一步绘制的圆形中单击，置入图像，并调整其位置，如图 10-77 所示。

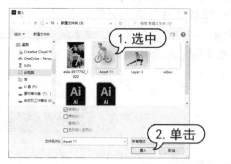

图 10-77　置入图像

(21) 使用【文字】工具在画板中单击，在控制栏中设置字体系列为 Humnst777 Cn BT，字体样式为 Bold，字体大小为 78pt，单击【居中对齐】按钮，在【颜色】面板中设置字体颜色为 R=114 G=114 B=114，然后输入文字内容，如图 10-78 所示。

(22) 使用【面积图】工具在画板中单击，打开【图表】对话框。在该对话框中，设置【宽度】为 940px，【高度】为 1145px，然后单击【确定】按钮。在弹出的图表数据输入框中，使用与步骤(8)相同的操作方法贴入相关数值，如图 10-79 所示。

图 10-78　输入文字

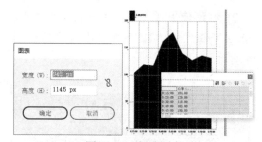

图 10-79　创建图表

(23) 使用【编组选择】工具双击"心率(BPM)"图例，将该组数据选中。在【透明度】面板中，设置混合模式为【正片叠底】。在【渐变】面板中，将描边色设置为无，填色为白色至 R=136 G=103 B=255 的渐变，设置【角度】为 90°，如图 10-80 所示。

(24) 使用与步骤(12)相同的操作方法，将刚创建的图表中文字的字体更改为【方正兰亭超细黑简体】，效果如图 10-81 所示。

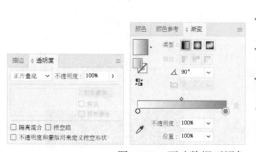

图 10-80　更改数据列颜色

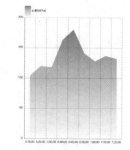

图 10-81　更改图表文字字体后的效果

(25) 使用【文字】工具在画板 3 中单击，在控制栏中设置字体系列为 Humnst777 Cn BT，字

体样式为 Bold，字体大小为 78pt，单击【居中对齐】按钮，在【颜色】面板中设置字体颜色为
R=114 G=114 B=114，然后输入文字内容，如图 10-82 所示。

(26) 使用【圆角矩形】工具在画板 3 中单击，在弹出的【圆角矩形】对话框中，设置【宽
度】为 967px，【高度】为 694px，【圆角半径】为 12px，然后单击【确定】按钮，如图 10-83 所
示。

图 10-82 输入文字

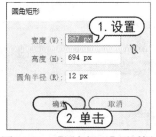

图 10-83 【圆角矩形】对话框

(27) 在控制栏中选择【对齐画板】选项，单击【水平居中对齐】按钮。然后使用【矩形】
工具在圆角矩形右侧绘制矩形，并在【变换】面板中，取消选中【链接圆角半径值】按钮，设置
左侧圆角半径为 12px；在【颜色】面板中，设置填色为 R=88 G=84 B=223，如图 10-84 所示。

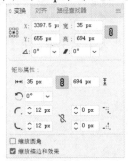

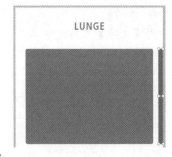

图 10-84 绘制矩形

(28) 右击刚绘制的矩形，在弹出的快捷菜单中选择【变换】|【镜像】命令，在打开的【镜
像】对话框中，选中【垂直】单选按钮，单击【复制】按钮。再在控制栏中，单击【水平左对齐】
按钮，如图 10-85 所示。

(29) 选择【文件】|【置入】命令，在打开的【置入】对话框中选择所需的图像文件，单击
【置入】按钮，如图 10-86 所示。

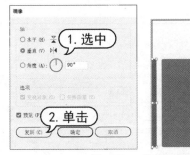
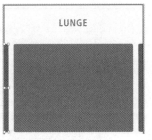

图 10-85 镜像、复制矩形

图 10-86 置入图像

(30) 在画板中单击，置入图像，并调整其大小。然后连续按 Ctrl+[键，将其移动至步骤(23)绘制的圆角矩形下方。选中置入的图像和圆角矩形，右击，在弹出的快捷菜单中选择【建立剪切蒙版】命令，效果如图 10-87 所示。

(31) 选择【文件】|【置入】命令，置入所需的图像。使用【选择】工具选中刚置入的图像和上一步中创建的剪切蒙版对象，在控制栏中选择【对齐关键对象】选项，将剪切蒙版对象设置为关键对象，然后单击【水平居中对齐】按钮和【垂直居中对齐】按钮，效果如图 10-88 所示。

图 10-87　建立剪切蒙版后的效果

图 10-88　对齐对象

(32) 使用【文字】工具在画板中单击，在控制栏中设置字体系列为 Humnst777 Cn BT，字体样式为 Bold，字体大小为 20pt，单击【左对齐】按钮，在【颜色】面板中设置字体颜色为 R=114 G=114 B=114，然后输入文字内容，如图 10-89 所示。

(33) 使用【文字】工具选中第二行文字，在控制栏中更改字体大小为 35pt，在【颜色】面板中设置字体颜色为 R=118 G=160 B=228，如图 10-90 所示。

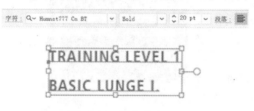
图 10-89　输入文字

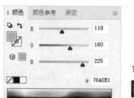
图 10-90　调整文字

(34) 使用【直线段】工具拖动绘制直线，在【颜色】面板中设置描边色为 R=118 G=160 B=228，在【描边】面板中，设置【粗细】为 2pt，如图 10-91 所示。

(35) 使用【条形图】工具在画板中单击，打开【图表】对话框。在该对话框中设置【宽度】为 750px，【高度】为 325px，然后单击【确定】按钮。在弹出的图表数据输入框中，使用与步骤(8)相同的操作方法贴入相关数值，如图 10-92 所示。

图 10-91　绘制直线

图 10-92　创建图表

(36) 双击【条形图】工具，打开【图表类型】对话框，取消选中【在顶部添加图例】复选框；在【图表类型】对话框顶部的下拉列表中选择【数值轴】选项，在【刻度线】选项组的【长度】下拉列表中选择【短】选项；在【图表类型】对话框顶部的下拉列表中选择【类别轴】选项，在【刻度线】选项组的【长度】下拉列表中选择【短】选项，然后单击【确定】按钮，如图 10-93 所示。

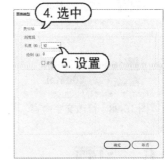

图 10-93 编辑图表

(37) 使用【直接选择】工具调整刚创建的图表的图例效果，如图 10-94 所示。

(38) 选择【编组选择】工具，使用与步骤(13)相同的操作方法将两组图例的填色分别更改为 R=255 G=131 B=0 和 R=103 G=99 B=255，如图 10-95 所示。

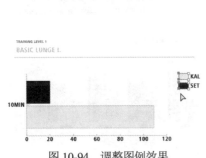

图 10-94 调整图例效果

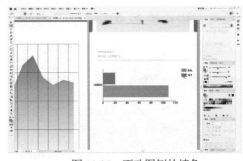

图 10-95 更改图例的填色

(39) 使用【文字】工具在画板中单击，在控制栏中设置字体系列为 Arial，字体样式为 Bold，字体大小为 98pt，然后输入文字内容，如图 10-96 所示。

(40) 使用【选择】工具选中步骤(32)至步骤(39)创建的图表，按 Shift+Ctrl+Alt 键移动并复制图表，如图 10-97 所示。

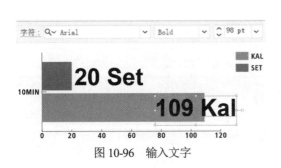

图 10-96 输入文字

图 10-97 移动并复制图表

(41) 使用【文字】工具修改复制的图表的文字内容，如图 10-98 所示。

(42) 选中复制的图表，选择【对象】|【图表】|【数据】命令，打开数据输入框，修改数据，然后单击【应用】按钮，关闭数据输入框，完成效果如图 10-99 所示。

图 10-98　修改文字内容

图 10-99　完成效果

10.6　习题

1. 新建一个文档，创建如图 10-100 所示的图表效果。
2. 创建柱形图图表并自定义图表设计，效果如图 10-101 所示。

图 10-100　图表效果

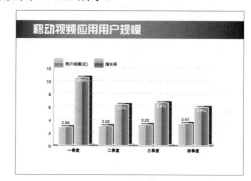

图 10-101　自定义图表设计后的图表效果

第11章

Illustrator滤镜与效果

Illustrator 中提供了多种外观效果设置命令，其中包含 Illustrator 效果和 Photoshop 中的大部分滤镜命令。合理使用这些效果和滤镜命令可以模拟摄影、印刷与数字图像中的多种特殊效果，从而制作更为丰富多彩的画面。用户可以使用【图形样式】面板中提供的 Illustrator 预设效果快速完成设计需求。

本章重点

- 应用效果
- 3D 效果
- 【扭曲和变换】效果
- 【风格化】效果

二维码教学视频

【例 11-1】 应用效果命令
【例 11-2】 制作立体感图标
【例 11-3】 制作绚丽背景图案
【例 11-4】 制作立体文字广告

11.1　应用效果

为图形对象添加一个效果后，该效果会显示在【外观】面板中。用户可以使用【外观】面板随时修改该效果的选项或删除该效果。在【外观】面板中还可以编辑、移动、复制和删除该效果或将它存储为图形样式的一部分。

如果想对一个对象应用效果，可以在选择该对象后，在【效果】菜单中选择一个命令，或单击【外观】面板中的【添加新效果】按钮，然后在弹出的菜单中选择一种效果。如果打开对话框，则设置相应的选项，然后单击【确定】按钮。

【例 11-1】 在 Illustrator 中，应用效果命令制作图像效果。 视频

(1) 选择【文件】|【打开】命令，打开图形文档，使用【选择】工具选中图形对象并打开【外观】面板，如图 11-1 所示。

(2) 单击【外观】面板下方的【添加新效果】按钮，在弹出的菜单中选择【风格化】|【投影】命令，如图 11-2 所示。

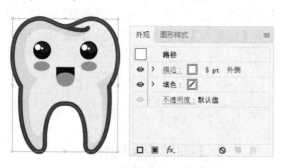

图 11-1　选中图形对象并打开【外观】面板

图 11-2　添加效果

(3) 在打开的【投影】对话框中，设置【不透明度】为 40%，【X 位移】为 0.8 mm，【Y 位移】为 0.8 mm，【模糊】为 0 mm，然后单击【确定】按钮应用效果，如图 11-3 所示。

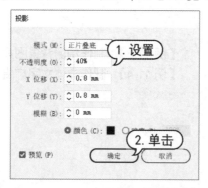
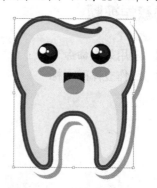

图 11-3　应用【投影】命令

提示

如果对链接的位图应用效果，则效果将应用于嵌入的位图副本，而非原始位图。如果要对原始位图应用效果，则必须将原始位图嵌入文档中。

11.2　3D 效果

3D 效果可用来从二维图稿创建三维对象，可以通过高光、阴影、旋转及其他属性来控制 3D 对象的外观，还可以将图稿贴到 3D 对象中的每一个表面上。

11.2.1　凸出和斜角

通过使用【凸出和斜角】命令可以沿对象的 Z 轴凸出拉伸一个 2D 对象，以增加对象的深度。选中要执行该效果的对象后，选择【效果】|3D|【凸出和斜角】命令，可打开如图 11-4 所示的【3D 凸出和斜角选项】对话框进行设置。

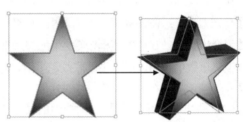

图 11-4　【3D 凸出和斜角选项】对话框

▽　【位置】：在该下拉列表中选中不同的选项可设置对象如何旋转，以及观看对象的透视角度。在该下拉列表中提供了一些预设的位置选项，用户也可以通过右侧的 3 个数值框进行不同方向的旋转调整，还可以直接使用鼠标在示意图中进行拖动来调整相应的角度，如图 11-5 所示。

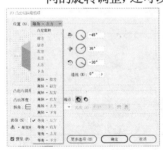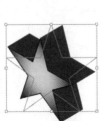

图 11-5　不同位置的效果

▽　【透视】：通过调整该选项中的参数，可调整该 3D 对象的透视效果。数值为 0°时没有任何效果。角度越大，透视效果越明显。

▽　【凸出厚度】：调整该选项中的参数，可定义从 2D 图形凸出为 3D 图形时凸出的尺寸。数值越大，凸出的尺寸越大。

▽　【端点】：在该选项中单击不同的按钮，可定义该 3D 图形是空心还是实心的。

▽ 【斜角】：在该下拉列表中选中不同的选项，可定义沿对象的深度轴(Z 轴)应用所选类型的斜角边缘。

▽ 【高度】：在该选项的数值框中可设置介于 1~100 的高度值。如果对象的斜角高度太大，则可能导致对象自身相交，产生不同的效果。

▽ 【斜角外扩】按钮■：单击该按钮，可将斜角添加至对象的原始形状。

▽ 【斜角内缩】按钮■：单击该按钮，将从对象的原始形状中砍去斜角。

▽ 【表面】：在该下拉列表中选中不同的选项，可定义不同的表面底纹。

当要对对象材质进行更多的设置时，可以单击【3D 凸出和斜角选项】对话框中的【更多选项】按钮，展开更多的选项，如图 11-6 所示。

▽ 【光源强度】：在该数值框中输入相应的数值，在 0~100% 范围内控制光源强度。

▽ 【环境光】：在该数值框中输入 0~100%的数值，控制全局光照，统一改变所有对象的表面亮度。

▽ 【高光强度】：在该数值框中输入相应的数值，用来控制对象反射光的多少，取值范围为 0~100%。较低值产生暗淡的表面，较高值则产生较为光亮的表面。

▽ 【高光大小】：在该数值框中输入相应的数值，用来控制高光的大小。

▽ 【混合步骤】：在该数值框中输入相应的数值，用来控制对象表面所表现出来的底纹的平滑程度。该数值越高，所产生的底纹越平滑，路径也越多。

▽ 【底纹颜色】：在该下拉列表中选中不同的选项，可控制对象的底纹颜色。

单击【3D 凸出和斜角选项】对话框中的【贴图】按钮，可以打开如图 11-7 所示的【贴图】对话框，用户可以为对象设置贴图效果。

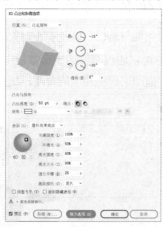

图 11-6 展开更多选项

图 11-7 【贴图】对话框

▽ 【符号】：在该下拉列表中选中不同的选项，定义在选中表面上粘贴的图形。

▽ 【表面】：在该选项中单击不同的按钮，可以查看 3D 对象的不同表面。

▽ 【变形】：在中间的缩略图区域中，可以对图形的尺寸、角度和位置进行调整。

▽ 【缩放以适合】：单击该按钮，可以直接调整该符号对象的尺寸直至和表面的尺寸相同。

▽ 【清除】：单击该按钮，可以将指定的符号对象清除。

▽　【贴图具有明暗调(较慢)】：当选中该复选框后，在符号图形上出现相应的光照效果。

▽　【三维模型不可见】：选中该复选框后，将隐藏 3D 对象。

【例 11-2】　在 Illustrator 中，制作立体感图标。　⊙视频

(1) 选择【文件】|【新建】命令，打开【新建文档】对话框。在该对话框中，设置【宽度】和【高度】均为 90mm，然后单击【创建】按钮，如图 11-8 所示。

(2) 使用【矩形】工具绘制与画板同等大小的矩形，设置描边色为无，在【渐变】面板中单击渐变填色框，在【类型】下拉列表中选择【径向】选项，设置【长宽比】数值为 113%，填色为白色至 R=185 G=188 B=186 的渐变。然后使用【渐变】工具调整渐变中心的位置，如图 11-9 所示。

图 11-8　新建文档

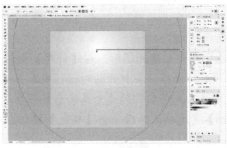

图 11-9　绘制矩形并进行填充

(3) 按 Ctrl+2 键锁定刚绘制的矩形，使用【椭圆】工具在画板中心单击，并按 Alt+Shift 键拖动绘制圆形，再在【颜色】面板中将其填色设置为白色，如图 11-10 所示。

(4) 选择【效果】|【3D】|【凸出和斜角】命令，打开【3D 凸出和斜角选项】对话框。在该对话框的【位置】下拉列表中选择【前方】选项，在【斜角】下拉列表中选择【经典】选项，设置【高度】为 2pt，单击【确定】按钮应用设置，如图 11-11 所示。

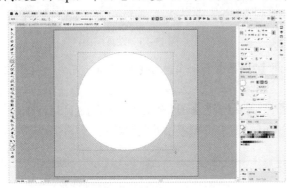

图 11-10　绘制圆形

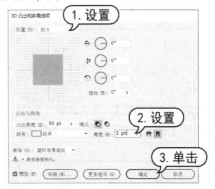

图 11-11　【3D 凸出和斜角选项】对话框

(5) 选择【文件】|【置入】命令，在打开的【置入】对话框中选择所需图像，单击【置入】按钮，如图 11-12 所示。

(6) 在画板外区域单击，置入图像，并在属性栏中单击【嵌入】按钮，弹出【TIFF 导入选项】对话框，单击【确定】按钮嵌入图像，如图 11-13 所示。

计算机基础与实训教材系列

图 11-12 【置入】对话框

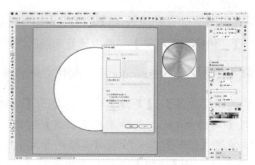

图 11-13 嵌入图像

(7) 使用【选择】工具选中刚嵌入的图像。在【符号】面板中单击【新建符号】按钮,打开【符号选项】对话框。在该对话框的【导出类型】下拉列表中选择【图形】选项,并在【名称】文本框中输入"金属质感",选中【静态符号】单选按钮,然后单击【确定】按钮创建符号,如图 11-14 所示。

(8) 选中先前创建的圆形,在【外观】面板中单击【3D 凸出和斜角】链接,打开【3D 凸出和斜角选项】对话框。在打开的对话框中单击【贴图】按钮,打开【贴图】对话框。在【符号】下拉列表中选择先前制作的【金属质感】符号,并单击【缩放以适合】按钮,选择【贴图具有明暗调(较慢)】复选框,然后单击【确定】按钮应用贴图,如图 11-15 所示。

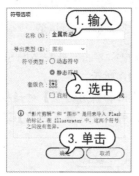

图 11-14 创建符号

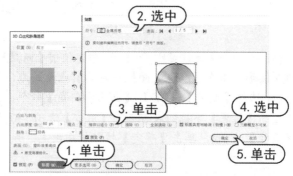

图 11-15 设置贴图

(9) 贴图完成后,单击【确定】按钮关闭【3D 凸出和斜角选项】对话框,完成的贴图效果如图 11-16 所示。

(10) 使用【椭圆】工具在画板中绘制一个圆形,并在【颜色】面板中设置填色为 R=113 G=113 B=113。然后使用【选择】工具选中绘制的圆形,并按 Ctrl+Alt+Shift 键移动并复制圆形,如图 11-17 所示。

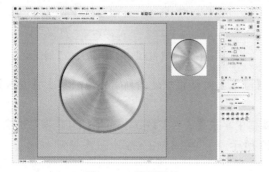

图 11-16 贴图效果

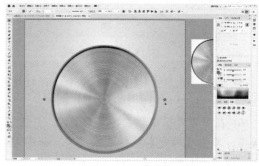

图 11-17 绘制并复制圆形

(11) 使用【混合】工具分别单击步骤(10)中创建的圆形，创建图形混合，如图 11-18 所示。

(12) 选择【对象】|【混合】|【混合选项】命令，打开【混合选项】对话框。在该对话框中设置【间距】选项为【指定的步数】，数值为 13，然后单击【确定】按钮，如图 11-19 所示。

图 11-18　创建图形混合

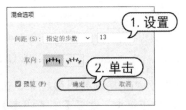

图 11-19　【混合选项】对话框

(13) 使用【直线段】工具在画板中绘制如图 11-20 所示的直线。

(14) 使用【曲率】工具在直线中心单击添加锚点，并拖动添加的锚点调整直线曲率，如图 11-21 所示。

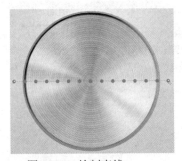

图 11-20　绘制直线

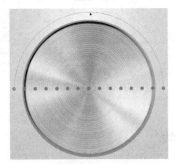

图 11-21　调整直线

(15) 使用【选择】工具选中曲线和混合对象，然后选择【对象】|【混合】|【替换混合轴】命令，结果如图 11-22 所示。

(16) 使用【多边形】工具在画板中单击并拖动，同时按键盘上的↓键减少多边形边数，绘制如图 11-23 所示的三角形，并在【颜色】面板中设置填色为 R=231 G=56 B=40。

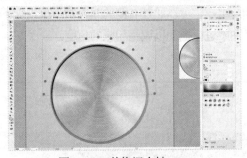

图 11-22　替换混合轴

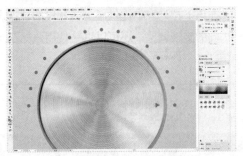

图 11-23　绘制三角形

(17) 选择【效果】|【风格化】|【内发光】命令，打开【内发光】对话框。在该对话框中选中【边缘】单选按钮，设置【模式】为【变暗】，【不透明度】数值为 60%，【模糊】为 0.4 mm，然后单击【确定】按钮，如图 11-24 所示。

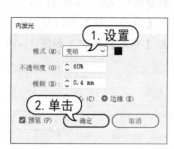
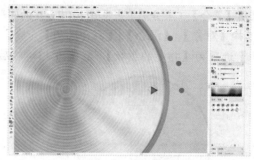

图 11-24　添加内发光效果

(18) 选中步骤(9)完成的图形对象，选择【效果】|【风格化】|【投影】命令，打开【投影】对话框。在该对话框中，设置【不透明度】数值为 75%，【X 位移】为 1 mm，【Y 位移】为 2 mm，【模糊】为 1.5 mm，然后单击【确定】按钮，如图 11-25 所示。

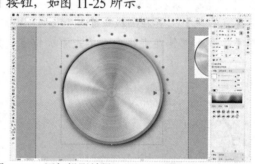

图 11-25　添加投影效果

11.2.2　绕转

通过【绕转】命令可以将用于绕转的路径围绕 Y 轴做圆周运动以形成 3D 对象。由于绕转轴是垂直固定的，因此用于绕转的开放或闭合路径应为所需 3D 对象面向正前方时垂直剖面的一半。选中要执行绕转操作的对象，选择【效果】|3D|【绕转】命令，打开如图 11-26 所示的【3D 绕转选项】对话框。

▽　【位置】：在该下拉列表中选中不同的选项，可设置对象如何旋转及观看对象时的透视角度。在该下拉列表中提供了一些预设的位置选项，用户也可以通过右侧的 3 个数值框进行不同方向的旋转调整，还可以直接使用鼠标在示意图中进行拖动以调整相应的角度。

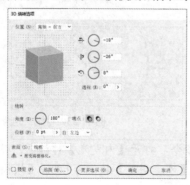
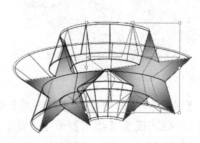

图 11-26　【3D 绕转选项】对话框

▽　【透视】：通过调整该选项中的参数，可调整该 3D 对象的透视效果。数值为 0°时没有任何效果。角度越大，透视效果越明显。

▽　【角度】：在该文本框中输入相应的数值，可设置 0°~360°的路径绕转度数，效果如图 11-27 所示。

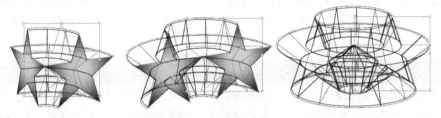

图 11-27　不同角度的效果

▽　【端点】：用于指定显示的对象是实心还是空心对象。

▽　【位移】：用于在绕转轴与路径之间添加距离。例如可以创建一个环状对象，可以输入一个介于 0~1000 的值。

▽　【自】：用于设置对象绕之转动的轴，可以是左边缘，也可以是右边缘。

11.2.3　旋转

使用【旋转】命令可以使 2D 图形在 3D 空间中进行旋转，从而模拟出透视的效果。该命令只对 2D 图形有效，不能像【绕转】命令那样对图形进行绕转，也不能产生 3D 效果。

该命令的使用和【绕转】命令基本相同。绘制好一个图形后，选择【效果】|3D|【旋转】命令，在打开的【3D 旋转选项】对话框中可以设置图形围绕 X 轴、Y 轴和 Z 轴进行旋转的度数，使图形在 3D 空间中进行旋转，如图 11-28 所示。

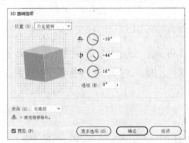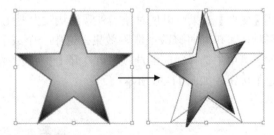

图 11-28　旋转

▽　【位置】：用于设置对象如何旋转及观看对象时的透视角度。

▽　【透视】：用于调整图形透视的角度。在【透视】数值框中可输入一个介于 0~160 的值。

▽　【表面】：用于创建各种形式的表面，包括暗淡、不加底纹的不光滑表面到平滑、光亮、看起来类似塑料的表面。

▽　【更多选项】：单击该按钮，可以查看完整的选项列表；或单击【较少选项】按钮，可以隐藏额外的选项。

11.3 【应用 SVG 滤镜】效果

选择【效果】|【SVG 滤镜】命令子菜单，可以打开一组滤镜效果命令。选择其中的【应用 SVG 滤镜】命令，即可打开【应用 SVG 滤镜】对话框。在该对话框的列表框中可以选择所需的效果，选中【预览】复选框可以查看相应的效果，单击【确定】按钮执行相应的 SVG 滤镜效果，如图 11-29 所示。

> **提示**
>
> 使用【应用 SVG 滤镜】效果时，Illustrator 会在画板上显示效果的栅格化版本，可以通过修改文档的栅格化分辨率来控制此预览图像的分辨率。如果对象使用了多个效果，则 SVG 滤镜必须是最后一个效果；如果 SVG 滤镜后面还有其他效果，则 SVG 输出将由栅格对象组成。

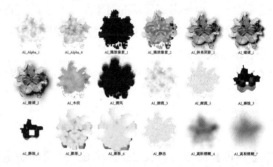

图 11-29　SVG 滤镜

11.4 【变形】效果

使用【变形】效果可以使对象的外观形状发生变化。变形效果是实时的，不会永久改变对象的基本形状，可以随时修改或删除效果。选中一个或多个对象，选择【效果】|【变形】命令，在弹出的子菜单中选择相应的选项，可打开【变形选项】对话框，对其进行相应的设置，然后单击【确定】按钮，如图 11-30 所示。

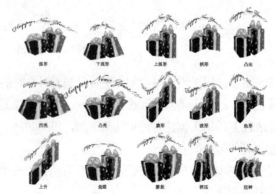

图 11-30　【变形】效果

11.5　【扭曲和变换】效果

　　【扭曲和变换】效果组可以对路径、文本、网格、混合及位图图像使用一种预定义的变形进行扭曲或变换。在【扭曲和变换】效果组中提供了【变换】【扭拧】【扭转】【收缩和膨胀】【波纹】【粗糙化】和【自由扭曲】7 种效果。

11.5.1　变换

　　使用【变换】效果，可以通过重设大小、旋转、移动、镜像和复制等来改变对象形状。选中要添加效果的对象，选择【效果】|【扭曲和变换】|【变换】命令，打开如图 11-31 所示的【变换效果】对话框。

▽ 【缩放】：在该选项组中分别调整【水平】和【垂直】数值框中的参数，可以定义缩放的比例。

▽ 【移动】：在该选项组中分别调整【水平】和【垂直】数值框中的参数，可以定义移动的距离。

▽ 【角度】：在该数值框中输入相应的数值，可定义旋转的角度，正值为顺时针旋转，负值为逆时针旋转。

▽ 镜像 X、Y：当选中【镜像 X(X)】或【镜像 Y(Y)】复选框时，可以对对象进行镜像处理。

▽ 【随机】：当选中该复选框时，将对调整的参数进行随机变换，而且每一个对象的随机数值并不相同。

▽ 定位器：在 选项中，通过单击相应的按钮，可以定义变换的中心点。

▽ 【副本】：在该数值框中输入相应的数值，可将变换对象复制相应的份数。

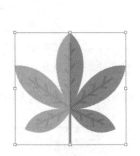

图 11-31　【变换效果】对话框

【例 11-3】制作绚丽背景图案。　📹视频

　　(1) 新建一个宽度和高度都为 80mm 的空白文档。使用【直线段】工具在绘图页面中拖曳绘制一条直线，并在【变换】面板中设置参考点为上中，【高度】为 20mm，在控制栏中设置【描边】为 0.25pt，如图 11-32 所示。

(2) 选择【效果】|【扭曲和变换】|【变换】命令，打开【变换效果】对话框。在该对话框左下角的区域中，设置对象变换中心参考点为下中，设置【角度】为15°，【副本】数值为23，然后单击【确定】按钮，如图11-33所示。

图11-32　绘制直线

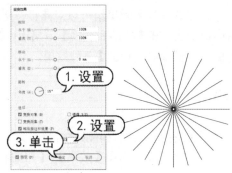

图11-33　变换对象

(3) 双击工具栏中的【旋转扭曲】工具，打开【旋转扭曲工具选项】对话框。在该对话框中，设置【宽度】和【高度】均为40mm，【强度】数值为80%，设置【旋转扭曲速率】为180°，【细节】数值为4，单击【确定】按钮。然后使用【旋转扭曲】工具在变换对象上单击以旋转扭曲对象，如图11-34所示。

(4) 在控制栏中选择【对齐画板】选项，再单击【水平左对齐】按钮和【垂直顶对齐】按钮，然后调整扭曲对象的大小，如图11-35所示。

(5) 右击图形对象，在弹出的快捷菜单中选择【变换】|【移动】命令，打开【移动】对话框。在该对话框中设置【水平】为25mm，【垂直】为0mm，然后单击【复制】按钮，如图11-36所示。

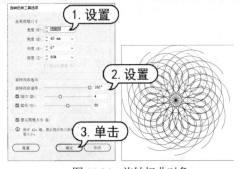

图11-34　旋转扭曲对象

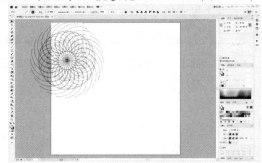

图11-35　对齐对象并调整大小

(6) 按Ctrl+D键两次重复上一步操作，然后使用【选择】工具选中全部图形，按Ctrl+G键进行编组，如图11-37所示。

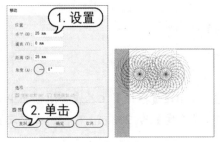

图11-36　移动并复制对象

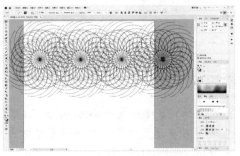

图11-37　移动并复制对象

(7) 右击编组对象，在弹出的快捷菜单中选择【变换】|【移动】命令，打开【移动】对话框。在该对话框中，设置【水平】为 12.5mm，【垂直】为 25mm，然后单击【复制】按钮，如图 11-38 所示。

(8) 右击刚复制的编组对象，在弹出的快捷菜单中选择【变换】|【移动】命令，打开【移动】对话框。在该对话框中，设置【水平】为-12.5mm，然后单击【复制】按钮，如图 11-39 所示。

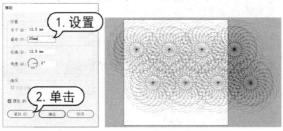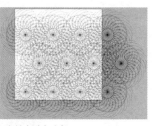

图 11-38　移动并复制对象　　　　图 11-39　移动并复制对象

(9) 按 Ctrl+A 键全选对象，按 Ctrl+G 键编组对象，并调整编组对象在画板中的位置。然后使用【矩形】工具绘制一个与画板同等大小的矩形，如图 11-40 所示。

(10) 按 Ctrl+A 键全选对象，右击，在弹出的快捷菜单中选择【建立剪切蒙版】命令，结果如图 11-41 所示。

(11) 使用【矩形】工具绘制一个与页面同等大小的矩形，按 Shift+Ctrl+[键将其放置在最下层。然后将描边色设置为无，在【渐变】面板中单击【径向渐变】按钮，设置渐变填色为 R=255 G=156 B=0 至 R=150 G=45 B=0，如图 11-42 所示。

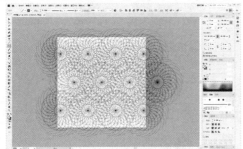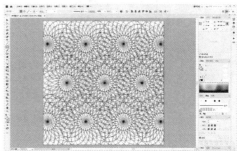

图 11-40　绘制矩形　　　　图 11-41　建立剪切蒙版

(12) 使用【选择】工具双击步骤(10)建立的剪切蒙版对象，进入隔离编辑模式，选中编组图形对象，在【颜色】面板中设置描边色为白色，在【透明度】面板中设置混合模式为【叠加】，如图 11-43 所示。

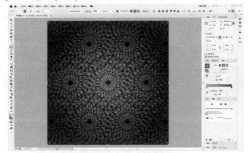

图 11-42　绘制矩形　　　　图 11-43　编辑对象

计算机基础与实训教材系列

(13) 按 Esc 键退出隔离编辑模式，使用【文字】工具在画板中单击并输入文字内容。然后在【颜色】面板中，设置字体颜色为白色；在【字符】面板中，设置字体系列为 Source Code Variable，字体样式为 Medium，字体大小为 25pt，字符间距为－25；在控制栏中，选择【对齐画板】选项，单击【水平居中对齐】按钮和【垂直居中对齐】按钮，完成效果如图 11-44 所示。

图 11-44　完成效果

11.5.2　扭拧

使用【扭拧】效果，可以随机地向内或向外弯曲或扭曲路径，使用绝对量或相对量设置垂直和水平扭曲，指定是否修改锚点、移动通向路径锚点的控制点(【导入】控制点、【导出】控制点)。选中要添加效果的对象，选择【效果】|【扭曲和变换】|【扭拧】命令，可打开如图 11-45 所示的【扭拧】对话框。

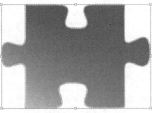  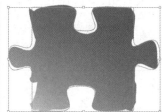

图 11-45　【扭拧】对话框

▽　【水平】：通过调整该选项中的参数，可定义该对象在水平方向的扭拧幅度。
▽　【垂直】：通过调整该选项中的参数，可定义该对象在垂直方向的扭拧幅度。
▽　【相对】：当选中该单选按钮时，将定义调整的幅度为原水平的百分比。
▽　【绝对】：当选中该单选按钮时，将定义调整的幅度为具体的尺寸。
▽　【锚点】：当选中该复选框时，将修改对象中的锚点。
▽　【"导入"控制点】：当选中该复选框时，将修改对象中的导入控制点。
▽　【"导出"控制点】：当选中该复选框时，将修改对象中的导出控制点。

11.5.3　扭转

使用【扭转】效果旋转一个对象，中心的旋转程度比边缘的旋转程度大。输入正值将顺时针扭转，输入负值将逆时针扭转。选中要添加效果的对象，选择【效果】|【扭曲和变换】|【扭转】

命令，可打开如图 11-46 所示的【扭转】对话框。在该对话框的【角度】数值框中输入相应的数值，可以定义对象扭转的角度。

11.5.4　收缩和膨胀

使用【收缩和膨胀】效果，在将线段向内弯曲(收缩)时，向外拉出矢量对象的锚点；或将线段向外弯曲(膨胀)时，向内拉入锚点。【收缩】和【膨胀】这两个选项都可相对于对象的中心点来拉伸锚点。选中要添加效果的对象，选择【效果】|【扭曲和变换】|【收缩和膨胀】命令，可打开如图 11-47 所示的【收缩和膨胀】对话框。在该对话框的【收缩/膨胀】数值框中输入相应的数值。该数值控制对象的膨胀或收缩。正值使对象膨胀，负值使对象收缩。

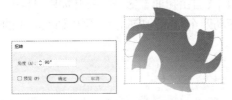

图 11-46　【扭转】对话框　　　　　　图 11-47　【收缩和膨胀】对话框

11.5.5　波纹效果

使用【波纹】效果，可将对象的路径段变换为同样大小的尖峰和凹谷形成的锯齿和波形数组。使用绝对大小或相对大小设置尖峰与凹谷之间的长度。设置每个路径段的脊状数量，并在波形边缘或锯齿边缘之间做出选择。选择【效果】|【扭曲和变换】|【波纹效果】命令，可打开如图 11-48 所示的【波纹效果】对话框。

▽　【大小】：通过调整该选项中的参数，可定义波纹效果的尺寸。

▽　【相对】：当选中该单选按钮时，将定义调整的幅度为原水平的百分比。

▽　【绝对】：当选中该单选按钮时，将定义调整的幅度为具体的尺寸。

▽　【每段的隆起数】：通过调整该选项中的参数，可定义每一段路径出现波纹隆起的数量。

▽　【平滑】：当选中该单选按钮时，将使波纹的效果比较平滑。

▽　【尖锐】：当选中该单选按钮时，将使波纹的效果比较尖锐。

11.5.6　粗糙化

使用【粗糙化】效果，可将矢量对象的路径段变形为各种大小的尖峰和凹谷的锯齿数组。使用绝对大小和相对大小设置路径段的最大长度。设置每英寸锯齿边缘的密度，并在圆滑边缘和尖锐边缘之间选择。选中要添加效果的对象，选择【效果】|【扭曲和变换】|【粗糙化】命令，打开如图 11-49 所示的【粗糙化】对话框。该对话框中的参数设置与波纹效果设置类似，【细节】数值框用于定义粗糙化细节每英寸出现的数量。

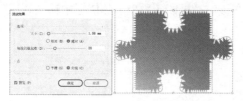

图 11-48 【波纹效果】对话框   图 11-49 【粗糙化】对话框

11.5.7 自由扭曲

使用【自由扭曲】效果，可以通过拖动四个角中任意控制点的方式来改变矢量对象的形状。选中要添加效果的对象，选择【效果】|【扭曲和变换】|【自由扭曲】命令，打开如图 11-50 所示的【自由扭曲】对话框。在该对话框中的缩略图中拖动四个角上的控制点，可以调整对象的变形。单击【重置】按钮可以恢复原始效果。

图 11-50 【自由扭曲】对话框

11.6 【栅格化】效果

在 Illustrator 中，栅格化是指将矢量图转换为位图图像的过程。在栅格化过程中，Illustrator 会将图形路径转换为像素。选择【效果】|【栅格化】命令可以栅格化单独的矢量对象，也可以通过将文档导入为位图格式来栅格化文档。选择需要进行栅格化的图形，选择【效果】|【栅格化】命令，打开如图 11-51 所示的【栅格化】对话框。

▽ 【颜色模型】：用于确定在栅格化过程中所用的颜色模式。

▽ 【分辨率】：用于确定栅格化图像中的每英寸像素数。

▽ 【背景】：用于确定矢量图形的透明区域如何转换为像素。

▽ 【消除锯齿】：使用消除锯齿效果，以改善栅格化图像的锯齿边缘外观。

▽ 【创建剪切蒙版】：创建一个使栅格画图像的背景显示为透明的蒙版。

▽ 【添加】：围绕栅格化图像添加指定数量的像素。

图 11-51　【栅格化】对话框

11.7　【转换为形状】效果

【转换为形状】命令子菜单中共有 3 个命令，分别是【矩形】【圆角矩形】【椭圆】命令，使用这些命令可以把一些简单的图形转换为这 3 种形状。

使用【转换为形状】命令的操作比较简单。创建或选择图形后，在【转换为形状】子菜单中选择一个命令，将会打开如图 11-52 所示的【形状选项】对话框。在该对话框中可以对要转换的形状进行设置。

图 11-52　转换为形状

在【形状选项】对话框中设置好参数之后，单击【确定】按钮即可生成需要的形状。需要注意的是，不能把一些复杂的图形转换为矩形或者其他形状。

11.8　【风格化】效果

在 Illustrator 中，【风格化】子菜单中有几个比较常用的效果命令，比如【内发光】【外发光】【投影】【羽化】命令等。

11.8.1　内发光

在 Illustrator 中，使用【内发光】命令可以模拟在对象内部或者边缘发光的效果。选中需要设置内发光的对象后，选择【效果】|【风格化】|【内发光】命令，打开【内发光】对话框，设置好选项后，单击【确定】按钮即可，如图 11-53 所示。

图 11-53　应用【内发光】命令

▽ 【模式】：指定发光的混合模式。

▽ 【不透明度】：指定所需发光的不透明度百分比。

▽ 【模糊】：指定要进行模糊处理之处到选区中心或选区边缘的距离。

▽ 【中心】：使用从选区中心向外发散的发光效果。

▽ 【边缘】：使用从选区内部边缘向外发散的发光效果。

11.8.2　圆角

在 Illustrator 中，使用【圆角】命令可以使带有锐角边的图形产生圆角效果，从而获得一种更加自然的效果。其操作非常简单，绘制好图形或选择需要修改为圆角的图形后，选择【效果】|【风格化】|【圆角】命令，打开【圆角】对话框，如图 11-54 所示。在【圆角】对话框中设置好参数后，单击【确定】按钮即可获得圆角效果。

图 11-54　应用【圆角】命令

11.8.3　外发光

【外发光】命令的使用方法与【内发光】命令相同，只是产生的效果不同。选择【效果】|【风格化】|【外发光】命令，打开【外发光】对话框，设置好选项后，单击【确定】按钮即可，如图 11-55 所示。

图 11-55　应用【外发光】命令

11.8.4　投影

使用【投影】命令可以在一个图形的下方产生投影效果。其操作非常简单，绘制好图形或选

择需要设置投影的图形对象后，选择【效果】|【风格化】|【投影】命令，打开【投影】对话框。在【投影】对话框中设置好参数后，单击【确定】按钮即可获得投影效果，如图 11-56 所示。

▽　【模式】：用于指定投影的混合模式。

▽　【不透明度】：用于指定所需的投影不透明度百分比。

▽　【X 位移】和【Y 位移】：用于指定希望投影偏离对象的距离。

▽　【模糊】：用于指定要进行模糊处理之处到阴影边缘的距离。

▽　【颜色】：用于指定阴影的颜色。

▽　【暗度】：用于指定希望为投影添加的黑色深度百分比。

图 11-56　应用【投影】命令

11.8.5　涂抹

在 Illustrator 中，涂抹效果也是经常使用的一种效果。使用该效果可以把图形转换成各种形式的草图或涂抹效果。添加该效果后，图形将以不同的颜色和线条形式来表现原来的图形。选择好需要进行涂抹的对象或组，或在【图层】面板中选择一个图层。选择【效果】|【风格化】|【涂抹】命令，打开【涂抹选项】对话框。设置完成后，单击【确定】按钮即可，如图 11-57 所示。

▽　【角度】：用于控制涂抹线条的方向。用户可以单击角度图标中的任意点，然后围绕角度图标拖移角度线，或在【角度】文本框中输入一个介于－179°~180°的值(如果输入一个超出此范围的值，则该值将被转换为与其相当且处于此范围内的值)。

▽　【路径重叠】：用于控制涂抹线条在路径边界内部距路径边界的量或路径边界外部距路径边界的量。负值表示将涂抹线条控制在路径边界内部，正值则表示将涂抹线条延伸至路径边界外部。

▽　【变化】(适用于路径重叠)：用于控制涂抹线条之间的相对长度差异大小。

▽　【描边宽度】：用于控制涂抹线条的宽度。

▽　【曲度】：用于控制涂抹曲线在改变方向之前的曲度。

▽　【变化】(适用于曲度)：用于控制涂抹曲线之间的相对曲度差异大小。

▽　【间距】：用于控制涂抹线条之间的折叠间距量。

▽　【变化】(适用于间距)：用于控制涂抹线条之间的折叠间距差异量。

图 11-57　应用【涂抹】命令

11.8.6　羽化

在 Illustrator 中，使用【羽化】命令可以制作出图形边缘虚化或过渡的效果。选择需要进行羽化的对象或组，或在【图层】面板中选择一个图层，选择【效果】|【风格化】|【羽化】命令，打开【羽化】对话框，如图 11-58 所示。设置好对象从不透明到透明的中间距离后，单击【确定】按钮。

图 11-58　应用【羽化】命令

11.9　实例演练

本章的实例演练通过制作立体文字广告，使用户更好地掌握本章所介绍的效果命令的基本操作方法。

【例 11-4】 制作立体文字广告。 视频

(1) 新建一个 A4 横向空白文档，选择【文件】|【置入】命令，在打开的【置入】对话框中选择所需的图像文件，单击【置入】按钮。然后在画板中单击，置入图像，如图 11-59 所示。

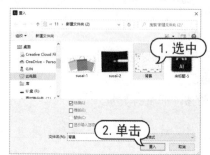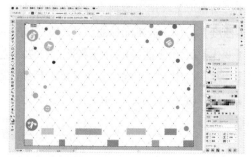

图 11-59　置入图像

(2) 使用【文字】工具在画板中单击并输入文字内容，然后在【字符】面板中，设置字体系列为【方正正大黑简体】，字体大小为 173pt，字符间距数值为 - 60，如图 11-60 所示。

(3) 继续使用【文字】工具在画板中单击并输入文字内容，然后在【字符】面板中，设置字体大小为 77pt，字符间距数值为 100，如图 11-61 所示。

图 11-60　输入并设置文字　　　　　　　　　　图 11-61　输入并设置文字

(4) 选中步骤(2)输入的文字，按 Ctrl+C 键复制文字，按 Ctrl+F 键应用【贴在前面】命令，再右击，在弹出的快捷菜单中选择【创建轮廓】命令。在【图层】面板中，关闭步骤(2)创建的 "51特惠" 图层视图，然后调整刚创建的文字轮廓的形状，如图 11-62 所示。

图 11-62　编辑文字形状

(5) 选中步骤(4)创建的文字形状，按 Ctrl+C 键复制文字形状，按 Ctrl+F 键应用【贴在前面】命令，并在【颜色】面板中设置填色为 C=5 M=0 Y=90 K=0，如图 11-63 所示。

(6) 再按 Ctrl+C 键复制文字形状，按 Ctrl+F 键应用【贴在前面】命令，并在【颜色】面板中设置填色为 C=5 M=60 Y=90 K=0，如图 11-64 所示。

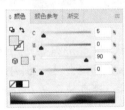

图 11-63　复制并编辑文字形状

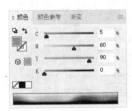

图 11-64　继续复制并编辑文字形状

(7) 选择【效果】|3D|【凸出和斜角】命令，打开【3D 凸出和斜角选项】对话框。在该对话框的【位置】下拉列表中选择【前方】选项，设置【凸出厚度】为 80pt，在【斜角】下拉列表中选择【圆形】选项，设置【高度】为 10pt，单击【斜角内缩：自原始对象减去斜角】按钮，单击【更多选项】按钮，在显示的【底纹颜色】下拉列表中选择【自定】选项，并设置颜色为 C=10 M=0 Y=83 K=0，然后单击【确定】按钮，如图 11-65 所示。

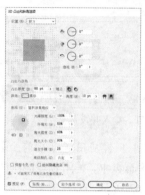

图 11-65　添加 3D 效果

(8) 选中步骤(5)创建的文字形状，按 Ctrl+C 键复制文字形状，按 Ctrl+F 键应用【贴在前面】命令，再按 Shift+Ctrl+]键将复制的文字形状置于顶层。然后在【渐变】面板中，设置填色为 K=0 至【不透明度】数值为 0%的 K=0，设置【角度】为－90°；在【透明度】面板中，设置混合模式为【叠加】，如图 11-66 所示。

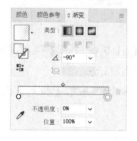

图 11-66　复制并编辑文字形状

(9) 使用【选择】工具选中步骤(5)至步骤(9)创建的文字形状，按 Ctrl+G 键进行编组，按 Ctrl+2 键锁定对象。选中步骤(4)创建的文字形状，按 Ctrl+C 键复制文字形状，按 Ctrl+B 键应用【贴在后面】命令，并按 Shift+Alt 键缩小对象。然后在【颜色】面板中，设置填色为 C=100 M=100 Y=50 K=0，如图 11-67 所示。

图 11-67　复制并编辑文字形状

(10) 使用【选择】工具选中步骤(4)创建的文字形状，在【颜色】面板中设置填色为 C=100 M=0

Y=0 K=0。然后使用【混合】工具单击步骤(4)和步骤(9)创建的文字形状，选择【对象】|【混合】|【混合选项】命令，打开【混合选项】对话框。在该对话框的【间距】下拉列表中选择【指定的步数】选项，设置数值为 20，然后单击【确定】按钮，如图 11-68 所示。

图 11-68　创建混合

(11) 使用与步骤(4)至步骤(10)相同的方法，为文字添加效果，如图 11-69 所示。

(12) 选择【文件】|【置入】命令，在打开的【置入】对话框中选择所需的图像文件，单击【置入】按钮。然后在画板中单击，置入图像，并调整其位置及大小，如图 11-70 所示。

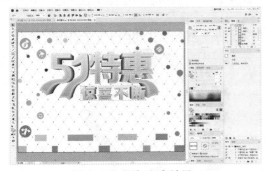
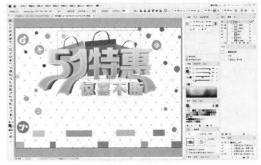

图 11-69　添加文字效果　　　　　图 11-70　置入图像

(13) 选择【文件】|【置入】命令，置入所需的图像文件。在【透明度】面板中，设置置入图像的混合模式为【滤色】。然后按 Ctrl+Alt 键移动并复制置入的图像，如图 11-71 所示。

(14) 使用【文字】工具在画板中单击，在【字符】面板中设置字体系列为【方正正中黑简体】，字体大小为 72pt，字符间距数值为－60，然后输入文字内容，如图 11-72 所示。

(15) 继续使用【文字】工具在画板中单击，在【字符】面板中设置字体系列为【微软雅黑】，字体大小为 42pt，字符间距数值为－60，然后输入文字内容，完成效果如图 11-73 所示。

图 11-71　置入图像

图 11-72　输入文字

图 11-73　完成效果

11.10　习题

1. 使用 3D 滤镜制作如图 11-74 所示的效果。
2. 选择打开的图形对象，使用【变换】和【投影】滤镜效果制作如图 11-75 所示的效果。

图 11-74　图形效果

图 11-75　滤镜效果

本套教材涵盖了计算机各个应用领域，包括计算机硬件知识、操作系统、数据库、编程语言、文字录入和排版、办公软件、计算机网络、图形图像、三维动画、网页制作以及多媒体制作等。众多的图书品种可以满足各类院校相关课程设置的需要。已出版的图书书目如下表所示。

图 书 书 名	图 书 书 名
《中文版 Photoshop CC 2018 图像处理实用教程》	《中文版 Office 2016 实用教程》
《中文版 Animate CC 2018 动画制作实用教程》	《中文版 Word 2016 文档处理实用教程》
《中文版 Dreamweaver CC 2018 网页制作实用教程》	《中文版 Excel 2016 电子表格实用教程》
《中文版 Illustrator CC 2018 平面设计实用教程》	《中文版 PowerPoint 2016 幻灯片制作实用教程》
《中文版 InDesign CC 2018 实用教程》	《中文版 Access 2016 数据库应用实用教程》
《中文版 CorelDRAW X8 平面设计实用教程》	《中文版 Project 2016 项目管理实用教程》
《中文版 AutoCAD 2019 实用教程》	《中文版 AutoCAD 2018 实用教程》
《中文版 AutoCAD 2017 实用教程》	《中文版 AutoCAD 2016 实用教程》
《电脑入门实用教程(第三版)》	《电脑办公自动化实用教程(第三版)》
《计算机基础实用教程(第三版)》	《计算机组装与维护实用教程(第三版)》
《新编计算机基础教程(Windows 7+Office 2010 版)》	《中文版 After Effects CC 2017 影视特效实用教程》
《Excel 财务会计实战应用(第五版)》	《Excel 财务会计实战应用(第四版)》
《Photoshop CC 2018 基础教程》	《Access 2016 数据库应用基础教程》
《AutoCAD 2018 中文版基础教程》	《AutoCAD 2017 中文版基础教程》
《AutoCAD 2016 中文版基础教程》	《Excel 财务会计实战应用(第三版)》
《Photoshop CC 2015 基础教程》	《Office 2010 办公软件实用教程》
《Word+Excel+PowerPoint 2010 实用教程》	《AutoCAD 2015 中文版基础教程》
《Access 2013 数据库应用基础教程》	《Office 2013 办公软件实用教程》
《中文版 Photoshop CC 2015 图像处理实用教程》	《中文版 Office 2013 实用教程》
《中文版 Flash CC 2015 动画制作实用教程》	《中文版 Word 2013 文档处理实用教程》
《中文版 Dreamweaver CC 2015 网页制作实用教程》	《中文版 Excel 2013 电子表格实用教程》
《中文版 Illustrator CC 2015 平面设计实用教程》	《中文版 PowerPoint 2013 幻灯片制作实用教程》
《中文版 InDesign CC 2015 实用教程》	《中文版 Access 2013 数据库应用实用教程》
《中文版 CorelDRAW X7 平面设计实用教程》	《中文版 Project 2013 实用教程》
《电脑入门实用教程(第二版)》	《电脑办公自动化实用教程(第二版)》
《计算机基础实用教程(第二版)》	《计算机组装与维护实用教程(第二版)》
《中文版 Photoshop CC 图像处理实用教程》	《中文版 Office 2010 实用教程》
《中文版 Flash CC 动画制作实用教程》	《中文版 Word 2010 文档处理实用教程》
《中文版 Dreamweaver CC 网页制作实用教程》	《中文版 Excel 2010 电子表格实用教程》
《中文版 Illustrator CC 平面设计实用教程》	《中文版 PowerPoint 2010 幻灯片制作实用教程》
《中文版 InDesign CC 实用教程》	《中文版 Access 2010 数据库应用实用教程》

丛书书目

图 书 书 名	图 书 书 名
《中文版 CorelDRAW X6 平面设计实用教程》	《中文版 Project 2010 实用教程》
《中文版 AutoCAD 2015 实用教程》	《中文版 AutoCAD 2014 实用教程》
《中文版 Premiere Pro CC 视频编辑实例教程》	《电脑入门实用教程(Windows 7+Office 2010)》
《Oracle Database 12c 实用教程》	《ASP.NET 4.5 动态网站开发实用教程》
《AutoCAD 2014 中文版基础教程》	《Windows 8 实用教程》
《Mastercam X6 实用教程》	《C#程序设计实用教程》
《中文版 Photoshop CS6 图像处理实用教程》	《中文版 Office 2007 实用教程》
《中文版 Flash CS6 动画制作实用教程》	《中文版 Word 2007 文档处理实用教程》
《中文版 Dreamweaver CS6 网页制作实用教程》	《中文版 Excel 2007 电子表格实用教程》
《中文版 Illustrator CS6 平面设计实用教程》	《中文版 PowerPoint 2007 幻灯片制作实用教程》
《中文版 InDesign CS6 实用教程》	《中文版 Access 2007 数据库应用实用教程》
《中文版 Premiere Pro CS6 多媒体制作实用教程》	《中文版 Project 2007 实用教程》
《网页设计与制作(Dreamweaver+Flash+Photoshop)》	《AutoCAD 机械制图实用教程(2018 版)》
《Access 2010 数据库应用基础教程》	《计算机基础实用教程(Windows 7+Office 2010 版)》
《ASP.NET 4.0 动态网站开发实用教程》	《中文版 3ds Max 2012 三维动画创作实用教程》
《AutoCAD 机械制图实用教程(2012 版)》	《Windows 7 实用教程》
《多媒体技术及应用》	《Visual C# 2010 程序设计实用教程》
《AutoCAD 机械制图实用教程(2011 版)》	《AutoCAD 机械制图实用教程(2010 版)》